时间序列与机器学习

张戎　罗齐◎著

电子工业出版社
Publishing House of Electronics Industry
北京·BEIJING

内 容 简 介

本书分为 8 章，内容包括时间序列分析的基础知识、时间序列预测的常用方法，以及神经网络在时间序列预测中的应用；时间序列异常检测算法的技术与框架，如何识别异常的时间点及多种异常检测方法；时间序列的相似性度量方法、聚类算法；多维时间序列在广告分析和业务运维领域的应用，利用 OLAP 技术对多维时间序列进行有效处理，通过根因分析技术获得导致故障的维度和元素；智能运维领域（AIOps）和金融领域的两个应用场景。

本书适合数据科学家、机器学习工程师、金融领域从业者，以及对时间序列分析和机器学习感兴趣的读者阅读。本书可作为高等院校计算机、统计学、金融学等相关专业师生的教材和参考资料。

图书在版编目（CIP）数据

时间序列与机器学习/张戎，罗齐著. —北京：电子工业出版社，2024.5

ISBN 978-7-121-47817-8

Ⅰ．①时… Ⅱ．①张… ②罗… Ⅲ．③时间序列分析 ②机器学习 Ⅳ．①O211.61②TP181

中国国家版本馆 CIP 数据核字（2024）第 088542 号

责任编辑：张爽
印　　刷：天津千鹤文化传播有限公司
装　　订：天津千鹤文化传播有限公司
出版发行：电子工业出版社
　　　　　北京市海淀区万寿路 173 信箱　　邮编：100036
开　　本：787×980　1/16　印张：16.25　　字数：365 千字
版　　次：2024 年 5 月第 1 版
印　　次：2024 年 12 月第 3 次印刷
定　　价：100.00 元

凡所购买电子工业出版社图书有缺损问题，请向购买书店调换。若书店售缺，请与本社发行部联系，联系及邮购电话：（010）88254888，88258888。

质量投诉请发邮件至 zlts@phei.com.cn，盗版侵权举报请发邮件至 dbqq@phei.com.cn。

本书咨询联系方式：faq@phei.com.cn。

前　言

编写背景

当今时代，数据无处不在，我们在互联网、经济、金融、气象等诸多领域都能见到时间序列数据的身影。有效分析这些随时间变化的数据样本，提炼有价值的信息，不仅有助于企业和机构的决策优化，而且对科学研究和技术创新具有重要意义。近年来，由于数据量的增加、计算能力的提升、学习算法的成熟以及应用场景的多样化，人工智能技术（如机器学习）逐渐普及并取得了显著的成果，越来越多的人开始关注这个充满潜力的研究领域。ChatGPT等大语言模型亦掀起一波新的人工智能热潮。正因如此，我们决定着手编写一本关于时间序列分析与机器学习的图书，希望它能作为广大读者的理论指南和实践参考。

我们在腾讯工作期间相识，参与过许多一线机器学习项目，其中不少与时间序列相关，如异常检测、预测、根因定位等。我们在工作之余总结了不少这方面的技术帖子，陆续发表在知乎（数学人生/曲奇）上，访问量颇高。电子工业出版社的张爽老师联系到我们，希望能够将帖子编写成书，并给予了很多意见，在此感谢她的支持。尽管如此，我们仍然低估了编写图书所面临的困难。一方面，机器学习和深度学习技术的发展非常迅速，我们的认知也在提升和更新，担心写作的内容是否已经过时。另一方面，由于日常工作相当繁重，我们很难抽出连续的时间全身心地专注于写作。因此，本书的创作是颇为艰辛的。

国内外已出版了许多关于时间序列分析和机器学习的图书，它们各自都支撑起一个庞大的学科，与诸多经典图书比起来，本书显得颇为拙劣。理想中，著书立说的前提是要构建起一个完整的知识体系，该体系能容纳新老技术。我们希望能够借助自身的经验和专业知识，对这一领域进行系统的梳理和总结。写作本书的过程也促使我们更加深入地理解时间序列分析和机器学习。

由于作者水平所限，书中难免有纰漏和不足之处，恳请各位专家和读者给予批评指正，不吝赐教，请发邮件至 zr9558@163.com 或 qiluo_work@163.com。

内容概要

本书内容由 8 章组成。

第 1 章 "时间序列概述"：介绍时间序列分析的基础知识、发展历程、应用现状、分类及其与其他领域（如自然语言处理、计算机视觉等）的关联。

第 2 章 "时间序列的信息提取"：介绍特征工程的核心概念及其在时间序列分析中的应用，比如对原始数据进行归一化、缺失值填充等转换；以及如何通过特征工程从时间序列数据中提取有用的特征，例如时间序列的统计特征、熵特征和降维特征等，以及如何判断时间序列的单调性。

第 3 章 "时间序列预测"：介绍常用的时间序列预测方法，包括自回归模型、移动平均模型、自回归差分移动平均模型、指数平滑方法、Prophet，以及神经网络，例如循环神经网络、长短期记忆网络、Transformer、Informer 等。

第 4 章 "时间序列异常检测"：介绍时间序列异常检测算法的技术与框架，如何识别异常的时间点，包括基于概率密度的方法（如 3-Sigma、核密度估计）、基于重构的方法（如变分自编码器、Donut）、基于距离的方法（如孤立森林、RRCF）、基于有监督的方法和基于弱监督的方法等。

第 5 章 "时间序列的相似度与聚类"：介绍时间序列的相似性度量方法，如欧氏距离、动态时间规整算法等，用于衡量两个或多个时间序列在形状和模式上的相似程度；聚类算法，如 K-Means、DBSCAN 等，可以将相似的时间序列分组，以便进一步理解时间序列数据中的结构和模式。

第 6 章 "多维时间序列"：介绍多维时间序列在广告分析和业务运维领域的应用，包括如何利用 OLAP 技术对多维时间序列进行有效处理，以及如何通过根因分析技术获得导致故障的维度和元素，包括基于时间序列异常检测算法的根因分析、基于熵的根因分析、基于树模型的根因分析、规则学习等。

第 7 章 "智能运维的应用场景"：介绍智能运维领域的应用，包括指标监控、容量预估、弹性伸缩、告警关联、告警收敛和告警系统评估等，以及监控中出现的节假日效应、持续异常等实际情况。

第 8 章 "金融领域的应用场景"：介绍量化交易的概念、发展历程，如何通过因子挖掘从时间序列数据中提取特征并将其转化为交易策略，以及机器学习在其他金融领域（包括资产定价、资产配置、波动率预测）的应用。

读者定位

本书主要面向以下四类读者群体。

1. 机器学习领域的研究人员

针对机器学习领域的研究人员，本书将深入探讨时间序列相关的各种技术。你将了解到如何将这些技术应用于实际问题中，并且能够深入理解这些方法的工作原理和优劣之处。本书中还引用了大量的参考文献，其中不少来自计算机领域顶级会议，适合作为扩展阅读材料。

2. 时间序列领域的研究人员

本书为时间序列领域的研究人员提供了一个全面的时间序列分析和预测的框架。你将找到最新的研究成果和趋势，以及深入的理论分析。同时，你将看到如何将时间序列方法应用到各种真实场景中，如金融、运维等领域。

3. 工业界从业者

针对工业界的从业者，本书将提供实用的工具和技术，以帮助你更好地处理时间序列数据。你将学习到如何使用不同的模型和算法来预测未来、检测异常、进行聚类等。本书中包含大量的示例和案例研究，可以让你快速地掌握这些技术，并将其应用到你的工作中。

4. 未来想从事时间序列研究的高年级本科生和研究生

本书也适合想要进入时间序列研究领域的高年级本科生和研究生。本书从基础概念开始学习，逐渐深入更复杂的主题，内容深入浅出，实例丰富，可以帮助你理解和掌握时间序列分析的基本技能，并激发你对这个领域的学习和研究兴趣。

总的来说，无论你是初学者，还是有经验的专业人士，本书都将为你提供有价值的知识。我们希望本书能够激发你学习时间序列分析和机器学习的热情，引导你探索这个充满挑战和机会的领域。

张戎　罗齐

2024 年 3 月 1 日

目　　录

第 1 章

时间序列概述

1.1 发展历程

时间序列分析的早期探索可以追溯到公元前 5000 年的古埃及。古埃及人详细记录了尼罗河水位波动的数据，形成了一个时间序列。经过长时间的观察，他们发现尼罗河的水位变化存在规律性。正是因为掌握了这些规律，古埃及的农业得到了迅速发展。在我国古代，春秋时期知名的谋士计然（又称计倪）根据太岁所处的不同位置，指出"天下六岁一穰，六岁一康，凡十二岁一饥，是以民相离也。故圣人早知天地之反，为之预备"。农业有丰歉，存在周期性，就要提前预备救灾物资。随着时间的推移，我们通过记录随机变量的数据，并直观地比较数据或制作图表，以观察和寻找序列潜在的发展规律。这种分析方法被称为描述性时间序列分析。从根本上说，时间序列分析方法的发展与经济、金融和工程等领域的实际应用紧密相连。在时间序列分析方法的演进过程中，每个发展阶段都受到应用场景的强烈影响。

时间序列分析方法大致可以分为两类：频域分析方法和时域分析方法。

- 频域分析方法关注时间序列数据频率特征的提取和分析。频域分析旨在将时间序列数据从时间维度转变为频率维度，描述数据在各个频率上的成分。频域分析从 20 世纪初期开始发展，随着傅里叶分析的广泛应用，其在频域分析方法中的地位逐渐凸显。频域分析基于的假设是：任何一种无趋势的时间序列都可以分解成若干不同频率的周期波动，应用傅里叶分析的方法，使用正弦函数和余弦函数对这些周期性波动进行拟合和逼近。

- 时域分析方法主要关注时间序列数据在时间维度上的表现。它基于一个假设，即时间的演进具有一定的惯性。这种方法通过引入统计模型来描述和捕捉时间序列中的自相关性。英国统计学家 Yule 在 1927 年首次提出了自回归（Auto Regressive, AR）理论，将其应用于对单摆运动和太阳黑子序列的分析，并指出许多时间序列变量并不与时间本身相关，而与时间序列中的滞后变量相关。同时，观测值的差分也与滞后变量的差分之间具有相关性。苏联统计学家 Slutsky 于 1927 年提出了移动平均（Moving Average, MA）的理论雏形。AR 和 MA 模型构成了时间序列分析的基础，至今仍被大量应用。英国统计学家 Box 和 Jenkins 在 1927 年出版的 *Time Series Analysis Forecasting and Control*

一书被认为是时间序列分析发展的重要里程碑。这本书为实践者提供了一套系统方法以及 ARIMA（Autoregressive Integrated Moving Average）模型，以实现对时间序列的分析和预测。ARIMA 模型也叫 Box-Jenkins 模型，主要适用于单变量且具有同方差性的线性回归场景。

以往的大部分研究都基于线性场景，例如前述的 AR 模型、MA 模型和 ARIMA 模型，这些模型要求时间序列采用单变量、同方差的线性模型。随着时间序列分析理论的发展，人们发现这些假设在某些情况下并不适用。因此，研究者越来越关注具有异方差、多变量、非线性特点的时间序列问题。在时间序列数据中，我们经常观察到一些非线性性质周期性和不对称性、波动的聚集性、波动中出现的跳跃现象，以及时间的不可逆性。英国统计学家 Tong 于 1978 年提出门限自回归（Threshold Auto Regression, TAR）模型，用来解决此类非线性问题，实际上是应用分区间线性自回归模型的方法来描述研究对象在整个区间的非线性变化特性。随着机器学习的发展，由于其对非线性数据具有很强的拟合能力，自然也被应用在时间序列数据上。机器学习已经是目前非线性时序分析的主攻方向之一。

计算机科学家 Mitchell 于 1997 年在 *Machine Learning*[1] 一书中将机器学习定义为：如果计算机程序在某类任务 T 中的性能表现 P 随着经验 E 的增长而改善，那么该计算机程序可认为是根据任务类别 T 和性能度量 P 从经验 E 中学习。可以简单认为，机器学习研究的是那些能够通过经验自动改进性能的计算机算法，它利用数据或过去的经验来优化计算机程序在特定性能标准上的表现。在计算机系统中，"经验"通常以"数据"的形式存在。因此，机器学习主要研究的内容是关于在计算机上从数据中产生"模型"的算法，即"学习算法"。我们输入经验数据，学习算法就会根据这些数据生成模型。在时间序列的场景中，最直接的应用就是通过过去的数据预测未来。

机器学习的主流方法之一是符号主义学习，代表性方法包括决策树（Decision Tree）和基于逻辑的学习。[2] 典型的决策树学习方法基于信息论，并以信息熵的最小化为目标。这种方法直接模拟了人类在进行概念判断时所采用的树状流程。机器学习的另一种主流技术是基于神经网络的连接主义学习。以多层神经网络为主要技术的"深度学习"在 21 世纪是热门的研究方向。随着数字化进程的展开以及计算能力的提高，可用的数据越来越多，深度学习的效果越来越好。时间序列中常用的神经网络模型是循环神经网络（Recurrent Neural Network, RNN）[3] 和长短期记忆（Long Short-Term Memory, LSTM）网络[4]。传统的神经网络结构，如感知器和多层前馈网络，无法捕捉序列中的时间依赖关系。与之不同，RNN 结构中的循环连接允许模型在处理序列数据时利用过去的信息。LSTM 网络是一类特殊类型的 RNN，可以学习更长时间间隔中的依赖关系。RNN 在 20 世纪 80 年代末期由 Rumelhart 提出，LSTM 在 1997 年由 Hochreiter 和 Schmidhuber 提出。RNN 和 LSTM 网络等深度学习模型在非线性时间序列分析方面为研究人员带来了全新的视角和方法。这些模型的成功应用促进了更多关于非线性模型的发展和研究。例如，基于 RNN 和 LSTM 网络的变体，如 GRU（Gated

Recurrent Unit）和双向 LSTM（Bi-LSTM）。深度学习领域的其他关键技术，如卷积神经网络（Convolutional Neural Network，CNN）和 Transformer，也已应用于时间序列分析任务，这进一步拓展了非线性时间序列方法的应用范围。

1.2 应用现状

在我们的日常生活中，时间序列数据无处不在。从股票价格的波动到电力需求的变化，再到疾病的传播，时间序列数据都扮演着重要的角色。我们在收集、存储、传输和处理数据方面也取得了显著的进步，这使得各个领域都积累了大量数据。因此，我们迫切需要计算机算法有效地分析和利用这些数据。机器学习恰好符合这一时代需求，并为时间序列分析带来了新的可能性。随着 OpenAI 推出 ChatGPT 大模型，机器学习已经成了时代的一大风向标。在各个领域，从自然语言处理到计算机视觉，再到语音识别和推荐系统等，机器学习已经融入我们的生活。下面举几个机器学习在时间序列数据中应用的例子。

在新冠疫情期间，政府依赖预测疫情发展情况来制定新政策，比如增加医疗资源、估计重症监护病房的病人数量和所需床位等。为了深入理解传染病可能的传播和影响情况，获得精确的疫情预测模型至关重要。由于缺乏疫情的非线性、复杂性、短周期、基础数据，标准流行病学模型面临着新挑战。传统流行病学模型在干预或控制措施没有变化的情况下会比较准确，而实际情况是混杂着各种不稳定的因素，所以不少研究人员引入了机器学习方法进行时间序列预测，取得了令人信服的结果。[5, 6]

各行各业都需要通过过往的时间序列数据来预测未来，以适应其业务增长。比如美国的 Uber 公司市场需要预测用户需求，在各个区域订单需求增加前将司机引导至这些区域，实现科学地调度资源，增加营收。这里还涉及路径规划和时空预测等研究方向。在营销方面，机器学习和时间序列亦发挥着重要作用，使企业能够基于大规模数据做出以数据驱动的营销决策。预测需求量还可以有效规划硬件资源，在满足业务需要的同时控制成本。

互联网的迅速发展促进了对大规模数据中心的需求，但也导致了能耗的显著增加。降低能耗可以降低企业成本和减少碳排放。数据中心通常使用"能源利用效率"（Power Usage Effectiveness，PUE）作为衡量能效的指标。PUE 等于数据中心总设备能耗除以 IT 设备能耗，PUE 值越接近 1，表示能效越高。一个典型的 Google 数据中心在初始投产时的 PUE 约为 1.25，通过持续的运营优化，Google 成功地将 PUE 降低至 1.12。然而，即使对于 Google 这样的领先企业来说，进一步降低 PUE 也变得越来越困难。在某个阶段，由于制冷和电气系统之间的相互作用以及各种复杂反馈回路，利用传统工程公式难以准确推导数据中心的效率。Google 数据中心团队的 Jim Gao 收集数据并通过机器学习研究这些数据，建立了时间序列预测模型，以预测并改善数据中心的能效情况，该模型的预测准确率高达 99.6%。如此高的准确率意味着 Google 能够对数据中心下一步的能量需求有清晰的了解，并通过调整参数设置进一步提高能效。举个例子，当服务器需要暂时下线数天时，数据中心的能效可能降低。利用 Jim Gao 的模型，Google 团队临时调整了制冷参数，并结合历史数据进行 PUE 仿真。最终，该团队选择了一套新的运营参数，将 PUE 进一步降低了 0.02。

Kaggle 是一个知名的数据科学和机器学习竞赛平台，其中包含许多与时间序列相关的项目和竞赛，涵盖了诸如杂货销售预测、餐厅访客预测、网络流量时间序列预测、商店销售预测、股票市场预测和波动率预测等不同应用。其中比较知名的是 Makridakis 竞赛（也称"M 竞赛"），它由预测研究者 Spyros Makridakis 领导的团队组织，于 1982 年首次举办，旨在评估和比较不同时间序列预测方法的准确性。例如，2020 年的 M 竞赛提供了沃尔玛的分层销售数据，数据覆盖了美国加利福尼亚州、得克萨斯州和威斯康星州的商店，包括产品类别和商店详情，以及价格、促销、星期几和特殊事件等解释变量。竞赛参与者通过这份数据预测未来 28 天的日销售额。

本书立足于当前时间序列广泛的应用领域和丰富的案例，探讨了机器学习在时间序列中的一些应用，为读者提供基本的理论知识和实践经验。如今，机器学习和时间序列分析已发展成为庞大的学科领域，而本书限于篇幅，仅涉及其中的一部分知识，属于管中窥豹，仍有许多重要技术并未详尽讨论。

1.3   时间序列分类

1.3.1   单维时间序列

单维时间序列，指的是一组有顺序的数组，并且每个取值都有一个相应的时间戳。一般可以写成 $\{x_t : t \geqslant 0\}$ 的形式。时间序列的时间间隔通常可以根据实际的情况自行定义，例如一分钟、一小时、一天、一个月、一年等。时间序列广泛应用于数理统计、信号处理、模式识别、计量经济学、数学金融、天气预报、地震预测、脑电图、控制工程、航空学、通信工程，以及绝大多数涉及时间数据测量的应用科学与工程学。时间序列分析（Time Series Analysis）是一种动态数据处理的统计方法。该方法基于随机过程理论和数理统计学方法，研究随机数据序列遵从的统计规律，以用于解决实际问题。时间序列的构成要素是现象所属的时间，它是反映现象发展水平的指标。在时间序列的研究领域，常见的研究方向包括但不限于以下几个。

- **时间序列异常检测**：这是为了发现在某个时间戳下，时间序列是否出现了不同于平常的状况，也就是出现了异常。
- **时间序列单调性**：这是为了判断时间序列是处于单调上升的状态、单调下降的状态，还是处于平稳波动的状态。

- **时间序列趋势预测**：这是为了判断未来时间序列走势的范围和趋势。
- **时间序列聚类**：这是为了把一批相似的时间序列聚集到一起。
- **时间序列相似性**：这是为了判断哪些时间序列与某条时间序列比较相似。
- **时间序列周期性**：这是为了判断时间序列是否具有周期性，以及时间序列的具体周期。

在商业分析领域，某款 App 的每分钟活跃用户数、每小时活跃用户数、每日活跃用户数、每月活跃用户数都可以形成时间序列。而它们的时间序列的时间间隔分别是一分钟、一小时、一天、一个月。某商品的销售额也可以随着天或者月而形成时间序列，并且有可能具有一定的周期性和季节性。通过对时间序列的分析，我们可以掌握指标的变化情况，无论是上涨还是下跌，都可以在一定程度上进行分析和预估。

在业务运维领域，按照分钟的粒度、服务器的 CPU 使用率、磁盘 I/O、进程数量等各种各样的基础指标都可以形成时间序列。如果需要更粗的粒度（例如小时、天、月等粒度），只需要对分钟量级的指标进行一定程度的汇聚即可。除此之外，数据库的耗时次数、耗时占比也可以形成时间序列。另外，某个网站或者页面的成功率、失败数等指标也可以形成时间序列，在这种情况下，对时间序列的分析就是业务运维领域的主要任务之一。

时间序列的离线存储格式通常包含的信息如表 1.1 所示，timestamp 指的是某个特定的时间戳，id 表示某条时间序列的 id（id 是唯一确定的），value 指的是该时间序列 id 在某个时间戳的取值。从这个描述来看，只要知道一个 timestamp 和一个时间序列的 id，就可以得到唯一的 value 取值。

表 1.1　时间序列包含的信息

timestamp	id	value
2017-10-22 10:00:00	id1	10
2017-10-22 10:01:00	id1	9
2017-10-22 10:02:00	id1	0
2017-10-22 10:03:00	id1	0
2017-10-22 10:04:00	id1	0
2017-10-22 10:05:00	id1	0
2017-10-22 10:06:00	id1	10
2017-10-22 10:07:00	id1	9
2017-10-22 10:08:00	id1	0
2017-10-22 10:09:00	id1	0
2017-10-22 10:10:00	id1	0
2017-10-22 10:11:00	id1	0
……	……	……

虽然时间序列（Time Series）与自然语言处理（Natural Language Processing，NLP）分别属于不同的研究领域，但是二者有着一定的相似之处，详见表 1.2。时间序列分析与自然语言处理、计算机视觉在许多方面都有联系。它们都试图从数据中获取信息、发现模式，并在某种程度上预测未来的数据。

- 时间序列与自然语言处理：自然语言处理中有一种情况就是处理序列数据，例如单词的序列（句子）。这些序列数据可以被看作一种时间序列，其中时间的"步进"可以是单词或句子。在处理这种类型的数据时，循环神经网络和长短期记忆网络等方法被广泛应用，它们本质上就是处理时间序列数据的方法。
- 时间序列与计算机视觉：在处理视频（连续的图像帧）时，每帧都可以看作时间序列的一个点。此外，通过将图像的像素行或列视为时间序列，也可以应用时间序列的方法来检测图像中的模式。

时间序列分析是机器学习的一个重要应用领域。机器学习中的许多技术和模型，如线性回归、神经网络、支持向量机、随机森林等，都可以用来分析和预测时间序列数据。同时，在构建机器学习模型时，也需要对时间序列数据的特性，如时间的顺序性、趋势、季节性等，进行特殊处理。总的来说，时间序列分析在自然语言处理、图像识别和机器学习中都有广泛的应用，并有许多可以与这些领域共享的技术和方法。同时，时间序列数据的特殊性也引发了一些独特的挑战和研究问题。

表 1.2   时间序列与自然语言处理的类比

研究方向	时间序列	自然语言处理
表示（Representation）	整段时间序列 时间序列的片段 时间序列的点	段落 句子 词语
分类（Classification）	异常/正常 形状/走势	情感分析，词语分析 verb. adj. noun.
聚类（Clustering）	相似的时间序列聚集	相似的段落、句子、词语聚集
索引搜索（Index Search）	寻找相似的时间序列	寻找相似的段落、句子、词语
摘要（Summary）	关键片段	关键词语
信息提取（Information Extraction）	主要特征	主要思想

1.3.2   多维时间序列

多维时间序列是指在同一时间点上收集的多个相关变量的观测值。在实际应用中，往往有多个相互关联的时间序列数据，这些数据通常被称为多维时间序列。这种数据类型允许我们同时分析多个变量，并考察它们之间的关系。

在气象观测领域，有一项任务是预测一个城市的未来气温。一个单维时间序列可能只包括过去的温度记录，而一个多维时间序列可能包含过去的温度、湿度、风速、降雨量、日照时间等因素，这些因素都可能影响气温。多维时间序列可以用于分析长期的气候模式和趋势。例如，分析温度、降雨量和日照时间等变量的长期变化，以识别全球变暖或季节性变化的趋势。在气象数据中，可能出现一些异常情况，如仪器故障造成的错误读数，或者极端天气事件造成的突然变化。多维时间序列的异常检测方法可以帮助我们检测并处理这些异常。

在业务运维领域，一个服务器的指标可以包括 CPU 使用率、内存使用率、吞吐量。它们互相之间既有联系，又有区别。如何将这些指标结合到一起分析并得到最后的结果，就是多维时间序列分析的技术范畴。通过监控 CPU 和内存的使用率，运维团队可以及时发现资源不足的问题；通过预测网络带宽的使用情况，运维团队可以提前扩容网络设备，以应对未来的流量峰值。除此之外，多维时间序列也可以用于故障诊断。当系统出现问题时，运维团队可以通过分析各个指标的时间序列数据，找出问题的根源。多维时间序列分析的难点在于理解和建模不同变量之间的复杂关系。

同时，多维时间序列分析与日志分析也有紧密的联系。日志分析（Log Analysis），是对计算机生成的日志（或日志文件）进行系统的检查和解读的过程。日志文件记录了特定系统、网络或者 App 中的各种活动和事件，通常包括时间戳、事件类型、来源、目标等信息。日志文件可以帮助我们理解系统的运行情况，如检测系统性能问题、网络安全事故、系统故障等。例如，通过分析应用程序的错误日志，运维团队可以快速地找到导致系统故障的原因；通过分析系统的安全日志，运维团队可以发现恶意的网络攻击或内部的数据泄露。多维时间序列分析和日志分析在 IT 运维中有广泛的应用，它们为运维团队提供了强大的工具，保障系统的稳定运行，提高服务的质量，有效地降低成本。

日志分析与多维时间序列的关系主要体现在以下几个方面。

- 时间戳：日志文件中的每个条目都有一个时间戳，记录了事件发生的时间。这使得日志数据自然地形成一个或多个时间序列，我们可以对其进行分析以查找模式和趋势。
- 多种数据：日志文件中通常会记录多种类型的事件和数据，如 CPU 使用率、内存使用情况、网络流量、错误消息等。这些数据形成了多元时间序列，可以用于系统性能监控、故障预测等。
- 故障预测：多维时间序列分析方法可以应用于日志数据，以预测系统的未来行为。如果服务器的 CPU 使用率显示出明显的上升趋势，那么就可能需要预测未来的负载并采取行动，而采取什么行动就需要通过分析日志来决定；系统和网络日志可以用来跟踪多种性能指标，如 CPU 利用率、内存利用率、磁盘 I/O、网络带宽使用情况等。这些数据形成了多元时间序列，可以用来识别性能问题的模式、预测未来的性能趋势，或者设定阈值进行自动化的性能报警。
- 异常检测：多维时间序列分析方法可以应用于日志数据，以检测异常事件。如果错误日志增多，就有可能导致失败数等指标发生突变。一旦发现失败数、成功率等指标发生了变化，则需要及时进行关注与分析。在网站服务器日志中，可以通过用户请求的时间序列分析用户行为模式，了解用户在网站上的活动情况，这对于用户体验改善、个性化推荐、用户留存等都有重要作用。

在使用多维时间序列分析进行日志分析时，也存在很多的挑战。例如数据清洗和预处理（包括解析日志文件、处理缺失值和异常值等），选取合适的模型来处理可能存在的非线性和复杂的依赖关系，以及解释和呈现结果。尽管有挑战，但正确应用多维时间序列分析方法可以帮助我们从日志数据中提取有价值的信息。

1.4　小结

本章详细探讨了时间序列分析的基础知识、发展历程、应用现状、分类及其与其他领域（如自然语言处理、计算机视觉等）的关联。希望本章内容可以帮助读者建立对时间序列分析的初步理解，为进一步学习打下基础。

第 2 章

时间序列的信息提取

时间序列的信息提取是时间序列分析的一个重要环节，目标是从给定的时间序列数据中提取出有用的信息和特征，以支持后续的分析和预测任务。这些信息和特征包括但不限于统计特征、熵特征、降维特征和时间序列的单调性。在提取时间序列的信息后，可以利用这些信息来建立时间序列模型，进行异常检测、趋势预测、聚类分析，或者完成其他的数据分析任务。时间序列的信息提取是时间序列分析的关键步骤，对理解时间序列的内在结构和动态变化具有重要的作用。

2.1 特征工程的入门知识

2.1.1 特征工程简介

特征工程是数据挖掘和机器学习中的一个重要步骤，它用于解决如何展示和表现数据的问题。在机器学习流水线中，需要以一种"良好"的方式把数据展示出来，以便能够使用各种各样的机器学习模型来得到更好的效果。

> **定义 2.1 特征工程**
>
> 特征工程（Feature Engineering）是将数据转换为更好地表示潜在问题的特征，从而提高机器学习模型效果与性能的过程。 ♣

事实上，很多机器学习算法的效果和性能都在于如何展示数据，不同的展示方法和技巧会直接导致不同的机器学习算法效果，从原始数据中提取的特征质量会直接影响机器学习模型的效果。从某些角度来说，使用的特征越好，得到的模型效果就越好；使用的特征越差，得到的模型效果就越差。有时，如果我们选择的特征足够好，那么使用一些专家规则或者非最优的模型来训练数据，依然可以得到一个还不错的结果。很多机器学习的模型都能够从数据中选择出合适的样本，从而进行良好的预测。优秀的特征具有很强的灵活性，可以使用不那么复杂的，运算速度快的，容易理解、解释和维护的模型来得到不错的效果。

下面来看看特征工程的定义。

1. 数据：在现实生活中，原始数据的类型是多种多样的，例如视频、图片、文本、语音和表格数据。这些数据都需要转换成机器学习模型能够理解的特征，才能够让它们学习样本数据和进行预测。通常可以使用字母 D 来表示数据。

2. 特征：特征是对原始数据的一种数值表示，有很多办法可以把原始数据转换成特征。我们需要做的就是在给定数据、任务和模型的情况下设计出最合适的特征数据。在构建特征的过程中，特征的数量也非常重要，如果没有足够多的特征，机器学习模型很难从中得到有用的信息。通常可以用字母 E 来表示特征。

3. 机器学习模型效果与性能：有很多指标可以用来衡量机器学习的模型效果，例如精确率、召回率、准确率、AUC 等。机器学习的性能包括模型大小、预测速度等指标。

在实际的工作中，首先要确定具体的问题，然后选择合适的数据和特征工程，接下来是模型的训练和预测工作，最后展示模型的效果和性能。

示例 2.1   假设你是一名数据分析工程师，正在处理一个预测房价的问题，原始数据包括每套房子的"面积（平方米）"和"卧室数量"。这两个变量就是原始特征。但是，在工作过程中，你发现这两个特征不足以描述房价问题，于是，你开启了特征工程的工作。

- 你可能觉得，房间的大小（面积除以卧室数量）会影响房价。于是，你创建了一个新的特征"平均房间大小"。这就是特征构造。
- 你可能还注意到，房价与面积的关系并非线性的，也就是说，面积每增加一个单位，房价不会增加一个固定的金额。为了捕捉这种非线性关系，你决定对面积进行对数转换，创建一个新的特征"面积的对数"。这就是特征转换。
- 再如，你想做一个关于"卧室数量"的特征，如果想把它当成一个类别特征来处理，可能会进行一次独热编码（One-Hot Encoding）处理，转换成二进制的形式。比如卧室数量 3 会被转换成 100，卧室数量 4 会被转换成 010，等等。这就是特征编码。

这些都是特征工程的例子，经过这些处理过程，数据会更适合机器学习模型来使用，从而提高模型的预测性能。

从机器学习的流水线的情况来看，构造特征的一般步骤如下。

1. 任务的确定。
2. 数据的选择。
3. 数据的预处理。
4. 特征的构造。

首先，来看任务的确定。在机器学习领域，常见的问题类型包括分类问题、回归问题、聚类问题、异常检测问题等。面对不同类型的问题，我们需要有针对性地给出相应的解决方案。不同的机器学习模型对应的任务不一样，例如 K-Means 算法是针对聚类问题而设计的，孤立森林算法是针对异常点检测问题而设计的。针对不同的任务，我们需要基于相应的模型来构建最恰当的特征，才能够使特征工程的效果达到最优。

其次，来看数据的选择。在选择数据时，需要对数据的可用性进行评估，可以从以下几个方面来考虑。

- 获取数据的难易程度：有的平台获取某些数据较为简单，同时获取其他的数据较为困难。
- 数据的覆盖率：有的平台中的部分数据会存在一定程度的缺失，基于缺失数据构建的特征对模型会有一定的影响。例如，要构造某个年龄的特征，那么这些用户中具有年龄特征的比例就是一个关键的指标。如果覆盖率低，那么最后构造的特征可以影响的用户数量就有限。如果覆盖率高，那么年龄特征做得好，最后的模型训练结果会有明显的提升。
- 数据的准确率：从网络中或者其他地方获取的数据会由于各种各样的因素（用户或者数据上报的因素）导致数据无法完整地反映真实情况。这时就需要事先对这批数据的准确性做出评估。

再次，来看数据的预处理。一般情况下，我们需要对数据进行必要的预处理，然后进行特征的构造。数据的预处理可以从以下几个方面考虑。

- 不合理数据的排除：例如年龄特征是空值、负数或者大于 200 等，或者某个页面的播放数据多于曝光数据。这类数据就是不合理的数据，需要在使用之前把这一批数据排除掉，清洗异常样本是数据处理的核心步骤之一。
- 缺失值的填充：表格中的某些特征会出现缺失的情况，有可能是平台数据上报故障导致的，有可能是用户忘记填写，也有可能是其他的因素导致的。在时间序列领域，缺失值是常见的问题，我们需要对其进行必要的填充。
- 标准的统一：例如有一些数字的单位是千克，另一些数字的单位是克，这时需要统一单位。如果没有标准化，在不同的单位下得到的数据肯定是不合理的。

表 2.1 中有 m 行数据，每行数据被转换成相应的 n 个特征，分别是特征 1 到特征 n。

表 2.1 特征工程的案例

数据	特征 1	特征 2	$\cdots$	特征 n
第 1 行数据	x_1	y_1	$\cdots$	z_1
第 2 行数据	x_2	y_2	$\cdots$	z_2
$\vdots$	$\vdots$	$\vdots$	$\vdots$	$\vdots$
第 m 行数据	x_m	y_m	$\cdots$	z_m

最后，来看常见的特征构造技巧，列举如下。

- 特征的缩放与归一化。
- 二值化与离散化。
- 对数变换与指数变换。
- 交叉特征。

2.1.2 数值型特征

数值型特征是特征工程中的常见情况，是指这一列特征都是以实数来描述的。为简单起见，可以把一个 $m \in \mathbb{N}^+$ 维的特征用向量 $\boldsymbol{X} = (x_1, x_2, \cdots, x_m) \in \mathbb{R}^m$ 来表示。

定义 2.2 特征的最小最大缩放

假设 $m \in \mathbb{N}^+$，$\boldsymbol{X} = (x_1, x_2, \cdots, x_m) \in \mathbb{R}^m$ 是一个特征向量，定义它的最小最大缩放为 $\hat{\boldsymbol{X}} = (\hat{x}_1, \hat{x}_2, \cdots, \hat{x}_m) \in \mathbb{R}^m$，那么

$$\hat{x}_i = \frac{x_i - \min \boldsymbol{X}}{\max \boldsymbol{X} - \min \boldsymbol{X}}$$

对于所有的 $1 \leqslant i \leqslant m$ 成立。$\max \boldsymbol{X} = \max_{1 \leqslant i \leqslant m} x_i$，$\min \boldsymbol{X} = \min_{1 \leqslant i \leqslant m} x_i$ 分别表示特征 $\boldsymbol{X}$ 的最大值和最小值。

命题 2.1 特征的最小最大缩放的性质

假设 $m \in \mathbb{N}^+$，$\boldsymbol{X} = (x_1, x_2, \cdots, x_m) \in \mathbb{R}^m$，它的最小最大缩放是 $\hat{\boldsymbol{X}} = (\hat{x}_1, \hat{x}_2, \cdots, \hat{x}_m) \in \mathbb{R}^m$。那么

（1）$\max \hat{\boldsymbol{X}} = 1$，$\min \hat{\boldsymbol{X}} = 0$；

（2）$\forall 1 \leqslant i < j \leqslant m$，$x_i < x_j \iff \hat{x}_i < \hat{x}_j$；$x_i = x_j \iff \hat{x}_i = \hat{x}_j$；$x_i > x_j \iff \hat{x}_i > \hat{x}_j$。

证明   使用函数 $y = (x - \min \boldsymbol{X})/(\max \boldsymbol{X} - \min \boldsymbol{X})$ 是严格单调递增函数，就可以直接得到结论。 $\square$

示例 2.2   假设现在有一份原始特征数据如表 2.2 所示。

表 2.2   原始特征数据

样本	特征 1	特征 2
1	100	2000
2	200	4000
3	300	6000
4	400	8000
5	500	10000

对原始特征数据进行最小最大缩放后可以得到表 2.3。

表 2.3 经过最小最大缩放的特征数据

样本	特征 1	特征 2
1	0	0
2	0.25	0.25
3	0.5	0.5
4	0.75	0.75
5	1	1

对于特征 1 而言，原始数据的范围是 100 到 500，经过最小最大缩放后，数据的范围变为 0 到 1。同样，对于特征 2 而言，原始数据的范围是 2000 到 10000，经过最小最大缩放后，数据的范围也变为 0 到 1。在 Python 中，可以使用 sklearn 库的 MinMaxScaler 类实现最小最大缩放，以下是相应的代码。

```
from sklearn.preprocessing import MinMaxScaler
import numpy as np

# 原始数据
feature_x = np.array([[100, 2000], [200, 4000], [300, 6000], [400, 8000], [500,
    10000]])

# 创建一个最小最大缩放器
scaler = MinMaxScaler()

# 对数据进行缩放
feature_x_scaled = scaler.fit_transform(feature_x)

# 输出
print(feature_x_scaled)
```

定义 2.3 特征的标准化

假设 $m \in \mathbb{N}^+$，$\boldsymbol{X} = (x_1, x_2, \cdots, x_m) \in \mathbb{R}^m$ 是一个特征向量，定义它的标准化为 $\hat{\boldsymbol{X}} = (\hat{x}_1, \hat{x}_2, \cdots, \hat{x}_m) \in \mathbb{R}^m$，那么

$$\hat{x}_i = \frac{x_i - \mu}{\sigma}$$

对于所有的 $1 \leqslant i \leqslant m$ 成立。其中

$$\mu = \frac{x_1 + x_2 + \cdots + x_m}{m}$$

$$\sigma^2 = \frac{(x_1 - \mu)^2 + (x_2 - \mu)^2 + \cdots + (x_m - \mu)^2}{m}$$

μ 为 $\boldsymbol{X}$ 的均值，σ^2 为 $\boldsymbol{X}$ 的方差。

> **命题 2.2 特征的标准化的性质**
>
> 假设 $m \in \mathbb{N}^+$，$\boldsymbol{X} = (x_1, x_2, \cdots, x_m) \in \mathbb{R}^m$ 是一个特征向量，它的标准化就是 $\hat{\boldsymbol{X}} = (\hat{x}_1, \hat{x}_2, \cdots, \hat{x}_m) \in \mathbb{R}^m$。
> （1）$\hat{\boldsymbol{X}}$ 的均值是 0，方差是 1；
> （2）$\hat{\boldsymbol{X}}$ 的元素有正有负；
> （3）$\forall 1 \leqslant i < j \leqslant m$，$x_i < x_j \iff \hat{x}_i < \hat{x}_j$；$x_i = x_j \iff \hat{x}_i = \hat{x}_j$；$x_i > x_j \iff \hat{x}_i > \hat{x}_j$。

证明　（1）

$$\hat{\mu} = \frac{\sum\limits_{i=1}^m \hat{x}_i}{m} = \frac{\sum\limits_{i=1}^m (x_i - \mu)}{m\sigma} = \frac{\sum\limits_{i=1}^m x_i - m\mu}{m\sigma} = 0$$

$$\hat{\sigma}^2 = \frac{\sum\limits_{i=1}^m (\hat{x}_i - \hat{\mu})^2}{m} = \frac{\sum\limits_{i=1}^m \hat{x}_i^2}{m} = \frac{\sum\limits_{i=1}^m (x_i - \mu)^2}{m\sigma^2} = 1$$

（2）因为 $\hat{\boldsymbol{X}}$ 的均值是 0，所以由反证法可知它的元素有正有负。

（3）使用函数 $y = (x - \mu)/\sigma$ 是严格单调递增函数，就可以直接得到结论。　□

示例 2.3　假设有一份关于样本的原始特征数据，如表 2.4 所示。

表 2.4　原始特征数据

样本	特征 1	特征 2
1	100	2000
2	200	4000
3	300	6000
4	400	8000
5	500	10000

对特征 1 和特征 2 进行标准化后，可以得到表 2.5。

表 2.5 经过标准化的特征数据

样本	特征 1	特征 2
1	−1.41	−1.41
2	−0.71	−0.71
3	0	0
4	0.71	0.71
5	1.41	1.41

在 Python 中，可以使用 sklearn 库的 StandardScaler 类实现标准化，其代码如下。

```python
from sklearn.preprocessing import StandardScaler
import numpy as np

# 原始数据
feature_x = np.array([[100, 2000], [200, 4000], [300, 6000], [400, 8000], [500,
    10000]])

# 创建一个标准化缩放器
scaler = StandardScaler()

# 对数据进行缩放
feature_x_scaled = scaler.fit_transform(feature_x)

# 输出结果
print(feature_x_scaled)
```

定义 2.4 特征的 ℓ^p 范数归一化

假设 $p \in \mathbb{N}^+$，$\boldsymbol{X} = (x_1, x_2, \cdots, x_m) \in \mathbb{R}^m$ 是一个特征向量，它的 ℓ^p 范数定义为

$$||\boldsymbol{X}||_{\ell^p} = (|x_1|^p + \cdots + |x_m|^p)^{\frac{1}{p}}$$

进一步地，它的 ℓ^p 范数归一化定义为 $\hat{\boldsymbol{X}} = (\hat{x}_1, \hat{x}_2, \cdots, \hat{x}_m) \in \mathbb{R}^m$，其中

$$\hat{x}_i = \frac{x_i}{||\boldsymbol{X}||_{\ell^p}}$$

对于所有的 $1 \leqslant i \leqslant m$ 成立。

命题 2.3 特征的 ℓ^p 范数归一化的性质

假设 $p \in \mathbb{N}^+$，$\boldsymbol{X} = (x_1, x_2, \cdots, x_m) \in \mathbb{R}^m$ 是一个特征向量，它的 ℓ^p 范数归一化是 $\hat{\boldsymbol{X}} = (\hat{x}_1, \hat{x}_2, \cdots, \hat{x}_m) \in \mathbb{R}^m$，那么

（1）$||\hat{\boldsymbol{X}}||_{\ell^p} = 1$；

（2）$\forall 1 \leqslant i < j \leqslant m$，$x_i < x_j \iff \hat{x}_i < \hat{x}_j$；$x_i = x_j \iff \hat{x}_i = \hat{x}_j$；$x_i > x_j \iff \hat{x}_i > \hat{x}_j$。

示例 2.4   现在有一份原始特征数据，如表 2.6 所示。

表 2.6   原始特征数据

样本	特征 1	特征 2
1	3	4
2	6	8
3	9	12

使用 ℓ^2 范数（$p = 2$ 的情况）进行归一化，可以得到表 2.7。

表 2.7   经过 ℓ^2 范数归一化的特征数据

样本	特征 1	特征 2
1	0.26726124	0.26726124
2	0.53452248	0.53452248
3	0.80178373	0.80178373

下面使用 Python 代码实现 ℓ^2 范数归一化。

```python
from sklearn.preprocessing import Normalizer
import numpy as np

# 原始数据
feature_x = np.array([[3, 4], [6, 8], [9, 12]])

# 按列进行归一化, L2范数
normalizer = Normalizer(norm='l2')

# 转置 feature_x
feature_x_t = feature_x.T
# 对 feature_x_t 进行归一化
feature_x_t_normalized = normalizer.fit_transform(feature_x_t)

# 转置 feature_x_t_normalized
feature_x_normalized = feature_x_t_normalized.T

print(feature_x_normalized)
```

备注：如果需要计算 ℓ^1 或者 ℓ^∞ 范数，只需要修改函数 Nomalizer 的参数 norm 即可，不需要修改其他代码。

```python
# 创建一个L1范数归一化器
normalizer = Normalizer(norm='l1')
# 创建一个L-infinity范数归一化器
normalizer = Normalizer(norm='max')
```

2.1.3 类别型特征

类别型特征与数值型特征有明显的差异。类别型特征的值代表的是某个类别。类别的种类既可以用数字表示，也可以用英文符号表示，甚至可以用汉字表示。但是，用数字表示的类别型特征并不意味着它们之间有大小关系。

示例 2.5　判断某个用户是否收听某个节目，可以用类别型特征进行描述。如果某个用户收听了这个节目，就用 1 来表示，否则用 0 来表示。为了描述用户的性别，可以使用 F 来描述男性用户，用 M 来描述女性用户。如果想用字符来描述用户的血型，可以直接使用 A、B、AB、O 等英文字符串。

另外，数值型特征可以通过特征的离散化转换成类别型特征。

示例 2.6　年龄特征是一个连续的特征，考虑年龄 x 上的一个分段函数：

$$f(x) = \begin{cases} 婴幼儿时期, & x \in [0,7) \\ 中小学生, & x \in [7,18) \\ 大学生, & x \in [18,23) \\ 初入职场时期, & x \in [24,30) \\ 成家立业时期, & x \in [30,40) \\ 中年时期, & x \in [40,60) \\ 老年时期, & x \in [60,+\infty) \end{cases}$$

这样可以把年龄层分成一个离散的特征。在某些时候，离散的特征能比连续的特征更好地描述用户的特点。

除此之外，也可以根据特征的分布图像做出不同的分割，例如，通过等频率（Equal-Frequency）分割得到的特征比等区间（Equal-Interval）分割得到的特征具有更好的区分性。典型的离散化步骤：对特征做排序 → 选择合适的分割点 → 对整体做分割 → 查看分割是否合理，能否达到停止条件。

2.1.4 交叉特征

假设某个男性用户在一级分类新闻资讯的取值是 1，那么他在这个新闻资讯下的所有专辑和节目的取值都是 1：对娱乐新闻的取值也是 1，对八卦头条的取值也是 1，对 NBA 战况直播的取值还是 1。也就是说，（男性，娱乐新闻）、（男性，八卦头条）、（男性，NBA 战况直播）这三个分类的取值都是 1。这样看起来很不符合常理，通常男性用户对 NBA 战况直播的兴趣程度应该是远高于娱乐新闻的。比较合理的做法是：男性在某个专题的取值是所有男性对这个专题的点击率。也就是说，（男性，娱乐新闻）的取值是男性对娱乐新闻的点击率，（男性，NBA 战况直播）的取值是男性对 NBA 战况直播的点击率。此时的值不再是 0 或者 1，而是区间 [0,1] 内的某个实数，可以对这个实数进行加减乘除等运算操作。除了性别和点击率的交叉特征，还可以对年龄、地域、收入等特征和点击率进行交叉。

2.2　时间序列的预处理

2.2.1　时间序列的缺失值

时间序列的缺失值填充是处理时间序列数据的一个重要环节。在真实世界中，时间序列数据往往会有缺失值，可能是由设备故障、数据丢失或者其他原因导致的。缺失值会对时间序列的分析和预测造成困扰，因此需要通过一些方法对它们进行填充。

以下是一些常用的缺失值填充方法。

- 插值法：插值法是一种基于已有数据点来估算缺失值的方法。常见的插值方法包括线性插值、多项式插值和样条插值等。其中，线性插值假设数据在缺失值处呈线性变化，它是一种简单但有效的方法。多项式插值和样条插值则可以处理数据在缺失值处呈非线性变化的情况。

- 回归填充：回归填充是一种基于已有数据来估算缺失值的方法。它首先使用已有的完整数据来训练一个回归模型，然后用这个模型来预测缺失值。这种方法假设数据之间有一定的关联性，可以用于处理更复杂的情况。

- 均值/中位数/众数填充：这些是最简单的填充方法，分别直接使用数据的均值、中位数或众数来填充缺失值。这些方法虽然简单，但在某些情况下，它们可能会改变数据的分布，因此在使用时需要根据具体的情况来调整。

示例 2.7　假设有一个时间序列数据，但是部分天数的数据存在缺失值，详见表 2.8。我们希望对缺失值 NaN 进行填充，让后续的特征工程等下游任务更加顺畅。

我们可以借助 Python 的 Pandas 库，使用多种方法为该时间序列填充缺失值。

1. 前向填充：使用前一时间点的数据填充缺失值。在 Pandas 中，可以使用 fillna 方法和参数 method='ffill' 来实现。
2. 后向填充：使用后一时间点的数据填充缺失值。在 Pandas 中，可以使用 fillna 方法和参数 method='bfill' 来实现。
3. 线性插值：对缺失值进行线性插值。在 Pandas 中，可以使用 interpolate 方法来实现。
4. 均值/中位数/众数填充：计算整个序列的均值、中位数或众数，然后用这个值来填充缺失值。这种方法的缺点是不能捕捉到时间序列的动态变化。

表 2.8 存在缺失值的时间序列

time_stamp	value
2021-01-01	1.0
2021-01-02	NaN
2021-01-03	NaN
2021-01-04	4.0
2021-01-05	5.0
2021-01-06	5.0
2021-01-07	1.0
2021-01-08	NaN
2021-01-09	3.0
2021-01-10	5.0

5. 零值填充：使用数值 0 对缺失值进行填充。

```python
import pandas as pd
import numpy as np
# 创建一个包含缺失值的时间序列，dataframe 格式，第一列是 time_stamp，第二列是 value，
    10 行数据

df = pd.DataFrame({'time_stamp': pd.date_range(start='2021-01-01', periods=10, freq=
    'D'),
                   'value': [1, np.nan, np.nan, 4, 5, 5, 1, np.nan, 3, 5]})

# 前向填充
df_ffill = df.fillna(method='ffill')
# 输出前向填充后的结果
print(df_ffill)

# 后向填充
df_bfill = df.fillna(method='bfill')
# 输出后向填充后的结果
print(df_bfill)

# 线性插值
df_linear = df.interpolate()
# 输出线性插值后的结果
print(df_linear)

# 用均值填充
df_mean = df.fillna(df.mean())
# 输出用均值填充后的结果
print(df_mean)

# 用中位数填充
```

```
df_median = df.fillna(df.median())
# 输出用中位数填充后的结果
print(df_median)

# 用众数填充
df_mode = df.fillna(df.mode().iloc[0])
# 输出用众数填充后的结果
print(df_mode)

# 用 0 填充
df_zero = df.fillna(0)
# 输出用 0 填充后的结果
print(df_zero)
```

2.2.2　时间序列的缩放

时间序列的缩放是指对原有的时间序列数据进行数据范围的调整，以便更好地完成后续的数据分析或机器学习任务。时间序列数据可能因为度量单位、数据源、历史时期等不同而存在巨大的差异，进而可能对分析结果产生影响。通过对原有的时间序列进行缩放，可以将不同的时间序列数据转换到一个统一的度量空间，从而更易于比较和分析，以便开展下一步的数据分析和机器学习任务。

定义 2.5 时间序列的最小最大缩放

假设 $X = (x_1, x_2, \cdots, x_n)$ 是一个长度为 n 的时间序列，它的最小最大缩放是 $\hat{X} = (\hat{x}_1, \hat{x}_2, \cdots, \hat{x}_n)$，那么对于所有的 $1 \leqslant i \leqslant n$，有

$$\hat{x}_i = \frac{x_i - \min X}{\max X - \min X}$$

其中 $\min X = \min_{1 \leqslant i \leqslant n} x_i, \max X = \max_{1 \leqslant i \leqslant n} x_i$。♣

示例 2.8　假设有一组股票价格的时间序列数据 $X = (100, 110, 105, 115, 120)$，其中 $x_1 = 100, x_2 = 110, x_3 = 105, x_4 = 115, x_5 = 120$。我们希望对这条时间序列数据进行最小最大缩放，并且保留两位小数。首先，计算最大值 $\max X = 120$ 和最小值 $\min X = 100$。然后根据公式计算 $\hat{x}_i (1 \leqslant i \leqslant 5)$，分别为

$$\hat{x}_1 = \frac{x_1 - \min X}{\max X - \min X} = 0$$

$$\hat{x}_2 = \frac{x_2 - \min X}{\max X - \min X} = 0.5$$

$$\hat{x}_3 = \frac{x_3 - \min X}{\max X - \min X} = 0.25$$

$$\hat{x}_4 = \frac{x_4 - \min X}{\max X - \min X} = 0.75$$

$$\hat{x}_5 = \frac{x_5 - \min X}{\max X - \min X} = 1$$

最后将 x_i 替换为最小最大归一化的 $\hat{x}_i$, 得到最小最大缩放后的时间序列是 $(0, 0.5, 0.25,$ $0.75, 1)$。除了使用数学公式直接计算，也可以通过以下 Python 代码实现对时间序列的最小最大缩放:

```python
from sklearn.preprocessing import MinMaxScaler
import numpy as np

# 原始数据
time_series = np.array([100, 110, 105, 115, 120]).reshape(-1, 1)

# 创建MinMaxScaler对象
scaler = MinMaxScaler()

# 使用MinMaxScaler对象对数据进行拟合和转换
normalized_time_series = scaler.fit_transform(time_series)

print(normalized_time_series)
```

定义 2.6 时间序列的最大绝对值缩放

假设 $X = (x_1, x_2, \cdots, x_n)$ 是一个长度为 n 的时间序列，它的最大绝对值缩放是 $\hat{X} = (\hat{x}_1, \hat{x}_2, \cdots, \hat{x}_n)$，那么对于所有的 $1 \leqslant i \leqslant n$, 有

$$\hat{x}_i = \frac{x_i}{|\max X|}$$

其中 $\max X = \max_{1 \leqslant i \leqslant n} x_i$。 ♣

示例 2.9 假设有一个时间序列 $X = (4, -3, 2, -1, 6, 0, -2, 3)$，其中最大绝对值是 6，使用最大绝对值缩放，得到新时间序列:

$$\hat{X} = \left(\frac{4}{6}, -\frac{3}{6}, \frac{2}{6}, -\frac{1}{6}, \frac{6}{6}, \frac{0}{6}, -\frac{2}{6}, \frac{3}{6}\right)$$

简化后得到:

$$\hat{X} = (0.67, -0.5, 0.33, -0.17, 1, 0, -0.33, 0.5)$$

通过最大绝对值缩放得到了一个新时间序列 $\hat{X}$, 它的所有值都在 -1 到 1 之间。除了使用数学公式直接计算，也可以通过以下 Python 代码实现对时间序列的最大绝对值缩放:

```python
from sklearn.preprocessing import MaxAbsScaler
import numpy as np

# 原始时间序列
time_series = np.array([4, -3, 2, -1, 6, 0, -2, 3]).reshape(-1, 1)

# 创建 MaxAbsScaler 对象
scaler = MaxAbsScaler()

# 使用 MaxAbsScaler 对数据进行拟合和转换
time_series_scaled = scaler.fit_transform(time_series)

print(time_series_scaled)
```

定义 2.7 时间序列的稳健缩放

假设 $X = (x_1, x_2, \cdots, x_n)$ 是一个长度为 n 的时间序列，它的稳健缩放就是 $\hat{X} = (\hat{x}_1, \hat{x}_2, \cdots, \hat{x}_n)$，那么对于所有的 $1 \leqslant i \leqslant n$，有

$$\hat{x}_i = \frac{x_i - \text{median} X}{\text{percentile}(X, 0.75) - \text{percentile}(X, 0.25)}$$

其中 $\text{median} X$ 表示时间序列 X 的中位数，$\text{percentile}(X, 0.75)$ 和 $\text{percentile}(X, 0.25)$ 分别表示时间序列 X 的 3/4 和 1/4 分位数。

示例 2.10　将稳健缩放应用到给定的时间序列 $X = (100, 110, 105, 115, 120)$ 上：

1. 首先，计算时间序列的上下四分位数。根据定义，下四分位数（Q_1）是时间序列数据的下半部分的中位数，上四分位数（Q_3）是时间序列数据的上半部分的中位数。该时间序列数据的 $Q_1 = 105$，$Q_3 = 115$。

2. 接下来，将每个数减去 Q_1，然后除以四分位数范围 $Q_3 - Q_1 = 115 - 105 = 10$。这样得到的新数据就是经过稳健缩放后的时间序列数据：

$$(100 - 105)/10 = -0.5$$
$$(110 - 105)/10 = 0.5$$
$$(105 - 105)/10 = 0.0$$
$$(115 - 105)/10 = 1.0$$
$$(120 - 105)/10 = 1.5$$

3. 因此，经过稳健缩放后的时间序列为 $\hat{X} = (-0.5, 0.5, 0.0, 1.0, 1.5)$。
    除此之外，也可以用以下 Python 代码实现对时间序列的稳健缩放：

```
import numpy as np
# 原始时间序列
time_series = np.array([100, 110, 105, 115, 120]).reshape(-1, 1)

def quantile_of_time_series(X):
    quantile_1_4 = np.quantile(X, 0.25)
    quantile_3_4 = np.quantile(X, 0.75)
    return quantile_1_4, quantile_3_4

# 计算原始时间序列的 1/4 分位数和 3/4 分位数
quantile_1_4_time_series, quantile_3_4_time_series = quantile_of_time_series
(time_series)

# 缩放
time_series_scaled = (time_series - quantile_1_4_time_series) /
(quantile_3_4_time_series - quantile_1_4_time_series)

# 输出缩放后的时间序列
print(time_series_scaled)
```

定义 2.8 时间序列的标准化

假设 $X = (x_1, x_2, \cdots, x_n)$ 是一个长度为 n 的时间序列，它的标准化是 $\hat{X} = (\hat{x}_1, \hat{x}_2, \cdots, \hat{x}_n)$，那么对于所有的 $1 \leqslant i \leqslant n$，有

$$\hat{x}_i = \frac{x_i - \mu}{\sigma}$$

其中 $\mu = \sum_{i=1}^{n} x_i / n$ 表示时间序列 X 的均值，$\sigma^2 = \sum_{i=1}^{n} (x_i - \mu)^2 / n$ 表示时间序列 X 的方差。 ♣

示例 2.11　假设有一组股票价格的时间序列数据 $x = (100, 110, 105, 115, 120)$，其中 $x_1 = 100, x_2 = 110, x_3 = 105, x_4 = 115, x_5 = 120$。我们希望对这条时间序列数据进行标准化，并且保留两位小数。首先，需要计算平均值 μ 和标准差 σ：

$$\mu = \frac{1}{n} \sum_{i=1}^{n} x_i = 110$$

$$\sigma = \sqrt{\frac{1}{n} \sum_{i=1}^{n} (x_i - \mu)^2} = 7.07$$

然后计算 $\hat{x}_i (1 \leqslant i \leqslant 5)$，分别为

$$\hat{x}_1 = \frac{x_1 - \mu}{\sigma} = -1.41$$

$$\hat{x}_2 = \frac{x_2 - \mu}{\sigma} = 0$$

$$\hat{x}_3 = \frac{x_3 - \mu}{\sigma} = -0.71$$

$$\hat{x}_4 = \frac{x_4 - \mu}{\sigma} = 0.71$$

$$\hat{x}_5 = \frac{x_5 - \mu}{\sigma} = 1.41$$

最后将 x_i 替换为标准化的 $\hat{x}_i$，得到归一化之后的序列是 $(-1.41, 0, -0.71, 0.71, 1.41)$。除了使用数学公式直接计算，也可以用以下 Python 代码对这组时间序列数据进行标准化：

```python
from sklearn.preprocessing import StandardScaler
import numpy as np

# 原始数据
time_series = np.array([100, 110, 105, 115, 120]).reshape(-1, 1)

# 创建标准化对象
scaler = StandardScaler()

# 使用标准化对象对数据进行拟合和转换
normalized_time_series = scaler.fit_transform(time_series)

print(normalized_time_series)
```

2.3   时间序列的特征工程

对于长度为 n 的时间序列 $X = (x_1, x_2, \cdots, x_n)$，可以有两种看法：第一种是从时间序列的定义出发，把它看成一个具有先后顺序的序列；第二种是把时间序列看成一个多重集合（multi-set），暂且放下它的先后顺序的关系。如果作为集合，那么 $S = \{x_1, x_2, \cdots, x_n\}$ 可以看成一个多重集合，意思是它的元素可以重复。集合的势由其每个元素的重数之和组成，将该集合的元素打乱，集合依然是不变的。在做时间序列特征时，针对先后顺序可以做出一批特征，针对多重集合可以做出另一批特征。在不同的场景下，这些特征发挥的作用是截然不同的。

每条时间序列（Sample）都有其原始值（Raw Time Series），基于相应的特征工程提取工具，就可以得到加工后的特征（Aggregated Features）。提取时间序列特征的工具包括最大值（max）、最小值（min）、均值（avg）等。然后使用机器学习中的特征工程重要性的选择方法（Feature Importance Calculation），得到相对重要的一批特征（Selected Features）。最后可以根据相应的分类、回归或者聚类，对模型进行训练和预测。

如果需要构建时间序列中每个时间戳对应值的特征，可以使用当前的值以及历史上的一段时间序列来实现。在表 2.9 所示的单维时间序列的基础上，使用合适的特征构造方法，就可以得到表 2.10 中的特征。

表 2.9 单维时间序列

时间戳	时间序列 id	时间序列的值
20230101 00:00:00	id1	x_0
20230101 00:01:00	id1	x_1
⋮	⋮	⋮
20230101 01:00:00	id1	x_{60}

表 2.10 时间序列的特征

时间戳	时间序列 id	时间序列的值	特征 1	⋯	特征 n
20230101 00:00:00	id1	x_0	$f_1(0)$	⋯	$f_n(0)$
20230101 00:01:00	id1	x_1	$f_1(1)$	⋯	$f_n(1)$
⋮	⋮	⋮	⋮	⋮	⋮
20230101 01:00:00	id1	x_{60}	$f_1(60)$	⋯	$f_n(60)$

时间序列有一种比较特殊的特征，就是时间序列的时间戳特征。它是指从时间序列的时间戳中提取必要的信息，进一步反映时间序列的特点。常见的时间戳特征如下。

- 年份、季度、月份、星期、日期：这些是时间序列最常见的时间戳特征，可以直接从日期中提取到这些信息。在某些特定的阶段，时间序列数据可能呈现出与历史数据不相符的特征。
- 早上、下午、晚上：这些是针对时间序列的早晚特点来构建的特征。例如，针对某款 App 的在线用户数，早上、下午和晚上的在线用户数可能不同，不同时间段的在线用户数可能相差甚远。
- 节假日：这是可能对很多类型的时间序列造成影响的重要特征，节假日既有可能出现在工作日，也有可能出现在周末。它的出现可能造成时间序列的变化。例如，节假日可能影响大家的购物行为、旅游行为、娱乐方式，从而进一步反映到时间序列的走势上。

- 业务周期：许多商业和经济周期的时间序列会存在一定的业务周期，有可能以月为周期，还有可能以年为周期，甚至以更长的时间为周期。例如，每年 6 月，有关高考的话题就会增多，那么关于这类话题的访问数和请求量也会随之变化。

因此，在研究时间序列时，时间戳是一个不容忽视的特征。具体可以参考下面的例子。

示例 2.12　假设一组时间序列数据中包含从 2023 年 7 月 7 日至 2023 年 7 月 13 日的日销售额，如表 2.11 所示。

表 2.11　销售额的时间序列数据

日期	销售额（元）
2023-07-07	50003
2023-07-08	40002
2023-07-09	30001
2023-07-10	60002
2023-07-11	55001
2023-07-12	65002
2023-07-13	70003

根据上述的销售额和相应的日期数据，可以从中提取出各种日期特征，如表 2.12 所示。

表 2.12　时间序列数据和相关的日期特征

日期	销售额（元）	年份	月份	日期	星期几	季度	是否工作日
2023-07-07	50003	2023	7	7	5	3	是
2023-07-08	40002	2023	7	8	6	3	否
2023-07-09	30001	2023	7	9	7	3	否
2023-07-10	60002	2023	7	10	1	3	是
2023-07-11	55001	2023	7	11	2	3	是
2023-07-12	65002	2023	7	12	3	3	是
2023-07-13	70003	2023	7	13	4	3	是

示例 2.13　假设有一组时间序列数据，其中包含从 2023 年 7 月 7 日到 2023 年 7 月 8 日某公园每小时的游客数。可以从中提取出日期和时间特征，如表 2.13 所示。

表 2.13　某公园实时游客数和相关的日期及时间特征

日期和时间	游客数	年份	季度	月份	星期几	是否工作日	一天中的时间
2023-07-07 00:00	50	2023	3	7	5	是	晚上
2023-07-07 01:00	45	2023	3	7	5	是	晚上
2023-07-07 02:00	35	2023	3	7	5	是	晚上
2023-07-07 06:00	200	2023	3	7	5	是	早上
2023-07-07 10:00	500	2023	3	7	5	是	早上
2023-07-07 14:00	650	2023	3	7	5	是	下午
2023-07-07 18:00	700	2023	3	7	5	是	下午
2023-07-07 22:00	300	2023	3	7	5	是	晚上
2023-07-08 02:00	60	2023	3	7	6	否	晚上

我们可以使用 Python 的 NumPy 和 Pandas 库生成时间序列，并对其日期及时间特征进行计算，详细代码如下。

```python
import numpy as np
import pandas as pd

# 创建一个以小时为间隔的日期范围
rng = pd.date_range('2023-07-07', periods=48, freq='H')

# 假设某公园的游客数是随机生成的
user_counts = np.random.randint(0, 1000, size=(len(rng)))

# 创建一个数据框
df = pd.DataFrame({'Datetime': rng, 'User_Count': user_counts})

# 从日期中提取特征
df['Year'] = df['Datetime'].dt.year
df['Quarter'] = df['Datetime'].dt.quarter
df['Month'] = df['Datetime'].dt.month
df['Day_of_Week'] = df['Datetime'].dt.dayofweek
df['Is_Workday'] = df['Datetime'].dt.dayofweek < 5

# 从时间中提取特征
df['Time_of_Day'] = pd.cut(df['Datetime'].dt.hour, bins=[0, 6, 12, 18, 24], labels=
['Night', 'Morning', 'Afternoon', 'Evening'])

# 输出
print(df)
```

2.4　时间序列的统计特征

统计过程主要关注数据的收集、分析、解释、展示和组织。统计学可以分为描述性统计和推理性统计两大分支。

1. 描述性统计：这个分支主要关注对数据集的描述和总结。描述性统计的目标是通过一些度量（如平均值、中位数和标准差）或图形（如直方图、散点图和箱形图）来描述和理解数据。例如，如果你想知道一个班级学生的平均身高，那么可以收集所有学生的身高数据，然后计算平均值。

2. 推理性统计：这个分支主要关注如何根据数据做出推断和预测。推理性统计使用概率理论来衡量统计结论的不确定性，并做出关于总体的结论。例如，如果你想知道一个城市的所有成年男性的平均身高，但是无法收集所有数据，那么可以通过收集和分析一部分男性身高的数据，然后使用推理性统计方法来预测整个城市成年男性的平均身高。

统计学在许多领域都有着广泛的应用，如医学研究、市场研究、质量控制、金融分析及政策决策等。在时间序列领域，可以使用统计类的特征对时间序列进行合理的描述，从而让下游的时间序列任务表现更加优异。假设长度为 n 的时间序列是 $X = (x_1, x_2, \cdots, x_n)$，那么可以直接写出该时间序列的最大值（max）、最小值（min）、均值（mean）、中位数（median）、方差（variance）、标准差（standard variance）、偏度（skewness）和峰度（kurtosis）指标。偏度和峰度用数学公式表示为

$$\text{skewness}(X) = E\left[\left(\frac{X-\mu}{\sigma}\right)^3\right] = \frac{1}{n}\sum_{i=1}^{n}\frac{(x_i-\mu)^3}{\sigma^3}$$

$$\text{kurtosis}(X) = E\left[\left(\frac{X-\mu}{\sigma}\right)^4\right] = \frac{1}{n}\sum_{i=1}^{n}\frac{(x_i-\mu)^4}{\sigma^4}$$

其中，μ 和 σ 分别表示时间序列 X 的均值和方差。

示例 2.14　考虑某只股票价格的时间序列，如 $x = (100, 101, 102, 103, 104, 105)$。这是一个均匀增长的时间序列，可以预期它的偏度是 0（表示它是对称的），用 Python 的 NumPy 库可以直接计算出偏度与峰度的值。

```python
import numpy as np

# 定义时间序列
x = [100, 101, 102, 103, 104, 105]

# 计算偏度
skewness = np.mean((x - np.mean(x)) ** 3) / np.power(np.std(x), 3)
print(skewness)
```

```
# 计算峰度
kurtosis = np.mean((x - np.mean(x)) ** 4) / np.power(np.std(x), 4)
print(kurtosis)
```

示例 **2.15** 考虑某个公司的月销量数据，如 $x = (100, 200, 150, 250, 300, 350, 400, 450, 500, 550)$。可以看出，该序列显示出产品销售量随时间逐步增长。偏度和峰度可以用来量化产品销售的增长趋势和市场的稳定性。通过计算，可以得出它的偏度是 0。用 Python 的 NumPy 库可以直接计算出偏度与峰度的值。

```
import numpy as np

# 定义时间序列
x = [100,200,150,250,300,350,400,450,500,550]

# 计算偏度
skewness = np.mean((x - np.mean(x)) ** 3) / np.power(np.std(x), 3)
print(skewness)

# 计算峰度
kurtosis = np.mean((x - np.mean(x)) ** 4) / np.power(np.std(x), 4)
print(kurtosis)
```

在时间序列的特征工程开源工具库中，可以考虑使用开源工具 tsfresh，它提供了很多开源函数[7, 8]。例如，时间序列开源工具库 tsfresh 中的特征函数 sum_values(X) 返回时间序列的和，用数学公式表示为

$$\text{sum\_values}(X) = \sum_{i=1}^{n} x_i$$

特征函数 abs_energy(X) 返回时间序列的值的平方和，用数学公式表示为

$$\text{abs\_energy}(X) = \sum_{i=1}^{n} x_i^2$$

特征函数 root_mean_square(X) 表示计算时间序列 X 的平方的均值的平方根，用数学公式表示为

$$\text{root\_mean\_square}(X) = \sqrt{\frac{x_1^2 + x_2^2 + \cdots + x_n^2}{n}}$$

特征函数 absolute_maximum(X) 返回时间序列 X 的最大绝对值，absolute_minimum(X) 返回时间序列 X 的最小绝对值，用数学公式表示为

$$\text{abs\_maximum}(X) = \max_{1 \leqslant i \leqslant n} |x_i|$$

$$\text{abs\_minimum}(X) = \min_{1 \leqslant i \leqslant n} |x_i|$$

特征函数 absolute_sum_of_change(X) 返回时间序列 X 差分的绝对值之和，特征函数 mean_abs_change(X) 返回时间序列 X 的差分的绝对值的均值，特征函数 mean_change(X) 返回时间序列 X 的差分的均值，特征函数 mean_second_derivative_central(X) 返回时间序列 X 的二阶差分的均值，分别用数学公式表示为

$$\text{absolute\_sum\_of\_change}(X) = \sum_{i=1}^{n-1} |x_{i+1} - x_i|$$

$$\text{mean\_abs\_change}(X) = \frac{1}{n-1} \sum_{i=1}^{n-1} |x_{i+1} - x_i|$$

$$\text{mean\_change}(X) = \frac{\displaystyle\sum_{i=1}^{n-1}(x_{i+1} - x_i)}{n-1} = \frac{(x_n - x_1)}{n-1}$$

$$\text{mean\_second\_derivative\_central}(X) = \frac{\displaystyle\sum_{i=1}^{n-1}(x_{i+2} - 2x_{i+1} + x_i)}{4(n-2)}$$

与差分相关的还有函数 cid_ce(X)，用数学公式表示为

$$\text{cid\_ce}(X) = \sqrt{\sum_{i=1}^{n-1}(x_{i+1} - x_i)^2}$$

如果想计算时间序列 $X = (x_1, x_2, \cdots, x_n)$ 是否位于某个值上方或者某个值下方，可以考虑使用以下几个特征函数。count_above(X, t)，count_above_mean(X)，count_below(X, t)，count_below_mean(X) 用来计算时间序列的取值分布，更精确地说：

- count_above(X, t) 返回时间序列 X 中大于 t 的值的比例。
- count_above_mean(X) 返回时间序列 X 中大于均值的个数。
- count_below(X, t) 返回时间序列 X 中小于 t 的值的比例。
- count_below_mean(X) 返回时间序列 X 中小于均值的个数。

特别地，如果想知道时间序列 X 大于或者小于某个值的最长的连续长度，可以使用以下两个特征函数：

- longest_strike_above_mean(X) 返回大于时间序列 X 均值的最长连续子串的长度。
- longest_strike_below_mean(X) 返回小于时间序列 X 均值的最长连续子串的长度。

如果想知道时间序列的最大值、最小值在时间序列中的相对位置，则可以使用 first_location_of_maximum(X)、first_location_of_minimum(X)、last_location_of_maximum(X)

和 last_location_of_minimum(X) 这四个特征函数。它们返回的是时间序列 X 的最大值或者最小值的相对位置，相对时间序列 X 的长度而言，返回的值范围是 $[0,1]$。

- first_location_of_maximum(X) 和 first_location_of_minimum(X) 分别指最大值和最小值第一次出现在时间序列中的相对位置。
- last_location_of_maximum(X) 和 last_location_of_minimum(X) 分别指最大值和最小值最后一次出现在时间序列中的相对位置。

如果想知道时间序列中某个值出现的次数，可以参考特征函数 value_count(X, value)，它返回的是时间序列 X 中的 value 值的个数。特别地，如果想知道时间序列中是否存在重复的值，那么可以参考 tsfresh 中的 duplicate 类特征函数。

- has_duplicate(X) 返回时间序列 X 中是否存在一个值出现多次，如果存在，则返回 True，否则返回 False。
- has_duplicate_max(X) 返回时间序列 X 中的最大值是否出现多次，如果是，则返回 True，否则返回 False。
- has_duplicate_min(X) 返回时间序列 X 中的最小值是否出现多次，如果是，则返回 True，否则返回 False。

如果想进一步知道重复出现的值所占的比例，那么可以考虑使用 percentage 类函数。

- percentage_of_reoccurring_datapoints_to_all_datapoints(X) 返回重复出现的值所占的比例。
- percentage_of_reoccurring_values_to_all_values(X) 返回 "不同值出现的次数" 除以 "不同值的个数" 所得的商。

如果想查看时间序列 X 中只出现了一次的值在全局中的占比，则可以直接使用函数 ratio_value_number_to_time_series_length(X)，它返回的是时间序列 X 中唯一值的个数除以时间序列 X 的长度所得的商。除了计算重复值的比例，也可以计算这些重复值的和。

- sum_of_reoccurring_data_points(X) 表示对时间序列 X 的重复数据点进行求和。
- sum_of_reoccurring_values(X) 表示对时间序列 X 的重复值进行求和。

举例来看：

- sum_of_reoccurring_data_points($[2, 2, 2, 2, 1]$) = 8。
- sum_of_reoccurring_values($[2, 2, 2, 2, 1]$) = 2。

时间序列很可能多次穿越某个值 m。所谓穿越，就是时间序列的连续两个点 x_{i-1} 和 x_i 满足 $(x_i - m) \cdot (x_{i-1} - m) < 0$。这个定义对应一个特征函数 number_crossing_m(X, m)，它返回时间序列 X 穿越 m 的次数。穿越一次指的是时间序列的连续两个点中的一个大于 m，另一个小于 m。

由于时间序列是一个离散的序列，对于极大值点而言，可以查看它在多大的邻域内是极大值点。使用特征函数 number_peaks(X, n)，其中 X 是时间序列，n 是邻域（support）的大小（单边），该函数返回邻域 n 的极大值个数。例如，对于时间序列 $(3,0,0,4,0,0,13)$，4 是大小为 1 的邻域和大小为 2 的邻域的极大值（peak），但是对于大小为 3 的邻域而言，4 就不是极大值。另外，特征函数 number_cwt_peaks(X,n) 也具有同样的含义，它在对时间序列 X 进行小波变换之后再考虑其邻域 n 的极大值。

为了计算在给定的最小值和最大值范围内的时间序列的点的个数，可以使用函数 range_count$(X,\min,\max)$，它返回的是时间序列 X 在 $[\min,\max)$ 内的点的个数，注意这里是左闭右开区间。除此之外，如果要查看时间序列中大于一定比例标准差的情况，可以使用函数 ratio_beyond_r_sigma(X,r)，它返回的是在时间序列 X 中，有多少比例的点大于 $\mu + r\cdot$ std，其中 μ 是时间序列的均值，$r \geqslant 0$ 是比例值，std 是标准差。

如果均值和中位数偏差在一定的比例范围内，那么时间序列 X 看上去具有某种对称性，可以表示为函数 symmetry_looking(X,params)，其中 params 包含字典 $\{r:x\}$，x 是一个浮点型的数字。该函数返回一个布尔型的值，如果满足条件 $|\text{mean}(X) - \text{median}(X)| < r(\max X - \min X)$，则返回 1，否则返回 0。

基于一个滞后的参数 ℓ，可以构造出时间序列的自相关性特征，例如：

$$\text{autocorrelation}(X,\ell) = \frac{1}{(n-\ell)\sigma^2}\sum_{i=1}^{n-\ell}(x_i-\mu)\cdot(x_{i+\ell}-\mu), \quad 0\leqslant\ell\leqslant n$$

$$\text{c3}(X,\ell) = \frac{1}{n-2\ell}\sum_{i=1}^{n-2\ell}x_{i+2\ell}^2\cdot x_{i+\ell}\cdot x_i, \qquad 0\leqslant\ell\leqslant[n/2]$$

$$\text{tras}(X,\ell) = \frac{1}{n-2\ell}\sum_{i=1}^{n-2\ell}x_{i+2\ell}^2\cdot x_{i+\ell} - x_{i+\ell}^2\cdot x_i^2$$

其中 tras 是 time_reversal_asymmetry_statistic 的简称。不同的滞后系数 ℓ 可以产生不同的值，所以把这些值拼接起来可以生成一个向量。基于特征函数 agg_autocorrelation(X,params)，不同的系数 params 可以生成不同的特征值，因此对于 $m=\max(n,\text{maxlag})$，可以返回 m 个特征值。这 m 个特征值可以拼接为一个 m 维向量 $f_{\text{agg}}(R(1),R(2),\cdots,R(m))$，其中 $R(\ell)$ 表示参数为 ℓ 时的 agg_autocorrelation 的特征值。

2.5   时间序列的熵特征

为什么要研究时间序列的熵呢？请看下面两个时间序列：

$$X = (1,2,1,2,1,2,1,2,1,2,\cdots)$$

$$Y = (1,1,2,1,2,2,2,2,1,1,\cdots)$$

在时间序列 X 中，1 和 2 是交替出现的，而在时间序列 Y 中，1 和 2 是随机出现的。在这种情况下，时间序列 X 更加确定，时间序列 Y 更加随机。两个时间序列的统计特征，例如均值、方差、中位数等几乎是一致的，说明用之前的统计特征并不足以精准地区分这两个时间序列。

通常，要想描述确定性与不确定性，熵是一个不错的指标。

定义 2.9

在离散空间中，一个系统的熵（entropy）可以表示为

$$H(X) = -\sum_{i=1}^{\infty} P\{x = x_i\} \ln(P\{x = x_i\})$$

一个系统的熵越大，说明这个系统越混乱；一个系统的熵越小，说明这个系统越确定。

命题 2.4

熵满足以下几个数学性质。

1. 非负性：对于任何随机变量 X，其熵总是非负的，即 $H(X) \geqslant 0$。

2. 确定性事件的熵为 0：如果一个事件发生的概率为 1（确定性事件），那么这个事件的熵为 0。

3. 熵的最大值：对于给定的随机变量 X，其熵的最大值出现在所有事件发生的概率都相等时，即当 $P(x_1) = P(x_2) = \cdots = P(x_n) = \dfrac{1}{n}$ 时，$H(X) = -\sum_{i=1}^{n} \dfrac{1}{n} \ln \dfrac{1}{n} = \ln n$。

证明

1. 由于概率总是在 0 和 1 之间，而 $\ln x$ 函数在 $(0,1]$ 区间上是负的，所以 $H(X)$ 的值总是大于或等于 0。即如果 $P(x_i) = 1$，那么 $H(X) = 0$。

2. 对于一个确定性事件，它发生的概率是 1，同时它的不确定性为 0，所以其熵也为 0。

3. Jensen 不等式是凸函数的一个重要性质。假设 f 是一个凸函数，而 X 是一个随机变量，那么 Jensen 不等式表示为

$$E[f(X)] \geqslant f(E[X])$$

对于熵的最大值，可以通过 Jensen 不等式来证明。熵的公式可以表示为

$$H(X) = -\sum p(x) \ln p(x)$$

其中 $p(x)$ 表示 x 的概率。可以看到，$\ln x$ 是一个凹函数，因此 $-\ln x$ 是一个凸函数。因此，可以应用 Jensen 不等式：

$$-E[\ln p(X)] \geqslant -\ln E[p(X)]$$

等价于

$$-H(X) \geqslant -\ln\left(\frac{1}{n}\right)$$

其中 n 是事件总数，$\frac{1}{n}$ 是等概率的情况。这样就证明了，对于给定的事件总数，熵的最大值出现在所有事件等概率时，此时 $H(X) = \ln n$。 □

示例 2.16

1. 假设有一个公平的六面骰子，每面出现的概率都是 1/6。在这种情况下，可以计算熵（使用以 2 为底的对数）：

$$H(X) = -\sum_{i=1}^{6}[(1/6)\log_2(1/6)]$$
$$\approx 2.585$$

所以，一个公平的六面骰子的熵约为 2.585。

2. 假设从一副没有大小王的扑克牌中随机抽取一张牌，每张牌被抽中的概率都是 1/52。可以计算这个随机变量的熵：

$$H(X) = -\sum_{i=1}^{52}(1/52)\log_2(1/52) \approx 5.700$$

所以，抽取这副扑克牌的过程的熵约为 5.700。

3. 假设有一个有偏的硬币，正面出现的概率是 0.8，反面出现的概率是 0.2。在这种情况下，可以计算熵：

$$H(X) = -[(0.8)\log_2(0.8) + (0.2)\log_2(0.2)] \approx 0.722$$

所以，这个有偏的硬币的熵约为 0.722。

4. 假设有一个天气预报系统，预报明天下雨的概率为 0.9，不下雨的概率为 0.1。可以通过计算这个系统的熵来度量其预报的不确定性：

$$H(X) = -[(0.9)\log_2(0.9) + (0.1)\log_2(0.1)] \approx 0.469$$

所以，这个天气预报系统的熵约为 0.469。

时间序列的熵特征有几个常用的函数，分别是分桶熵（binned entropy）、近似熵（approximate entropy）、样本熵（sample entropy）。下面来一一介绍。

首先来看分桶熵的定义。从熵的定义出发，可以考虑对时间序列 X_T 的取值进行分桶操作。例如，把 $[\min(X_T), \max(X_T)]$ 等分为 10 个小区间，那么时间序列的取值就会分散在 10 个桶中。根据这个等距分桶的情况，就可以计算出这个概率分布的熵。分桶熵就可以定义为

$$\text{binned entropy}(X_T) = -\sum_{k=0}^{\min(\text{maxbin}, \text{len}(X_T))} p_k \ln(p_k) \cdot 1_{(p_k > 0)}$$

其中 p_k 表示时间序列 X_T 的取值落在第 k 个桶的比例（概率），maxbin 表示桶的个数，$\text{len}(X_T) = T$ 表示时间序列 X_T 的长度。

如果一个时间序列的分桶熵较大，那么说明这段时间序列的取值较为均匀地分布在区间 $[\min(X_T), \max(X_T)]$ 上；如果一个时间序列的分桶熵较小，说明这段时间序列的取值集中在某一段上。

示例 2.17　假设有时间序列数据：

$$X = (1, 1, 2, 3, 4, 4, 5, 6, 7, 8, 8, 9, 9, 9, 10)$$

首先，对这些数据进行分桶。例如，选择每个整数作为一个桶，那么共有 10 个桶，每个桶中的数据如下。

- 桶 1：$(1, 1)$
- 桶 2：(2)
- 桶 3：(3)
- 桶 4：$(4, 4)$
- 桶 5：(5)
- 桶 6：(6)
- 桶 7：(7)
- 桶 8：$(8, 8)$
- 桶 9：$(9, 9, 9)$
- 桶 10：(10)

然后，计算每个桶中数据点的频率，用这些频率来估计概率分布。例如，桶 1 中有两个数据点，所以它的频率为 2/15。

最后，计算这个频率分布的熵。将每个桶中的频率代入熵的公式，得到

$$H(X) = -[(2/15)\log_2(2/15) + (1/15)\log_2(1/15) + (1/15)\log_2(1/15) + (2/15)\log_2(2/15) +$$
$$(1/15)\log_2(1/15) + (1/15)\log_2(1/15) + (1/15)\log_2(1/15) +$$

$$(2/15)\log_2(2/15) + (3/15)\log_2(3/15) + (1/15)\log_2(1/15)]$$

这就是分桶熵的计算方法。注意，如何进行分桶是一个重要的决定，它可以影响到计算出的熵。一般来说，更多的桶会得到更精确的频率分布估计，但如果桶太多，可能会过度拟合数据。

示例 2.18　假设有以下时间序列数据：

$$X = (10, 20, 30, 40, 50, 60, 70, 80, 90, 100)$$

首先，对这些数据进行分桶。例如，将数据分为 5 个桶，每个桶对应的区间长度为 10，每个桶中的数据如下。

- 桶 1：$(10, 20)$
- 桶 2：$(30, 40)$
- 桶 3：$(50, 60)$
- 桶 4：$(70, 80)$
- 桶 5：$(90, 100)$

然后，计算每个桶中数据点的频率，用这些频率来估计概率分布。例如，桶 1 中有 2 个数据点，所以它的频率为 2/10。

最后，计算这个频率分布的熵。将每个桶中的频率代入熵的公式，得到

$$H(X) = -[(2/10)\log_2(2/10) + (2/10)\log_2(2/10) + (2/10)\log_2(2/10) +$$
$$(2/10)\log_2(2/10) + (2/10)\log_2(2/10)]$$
$$= -5 \times (2/10)\log_2(2/10) = 2.322$$

这就是这个时间序列数据的分桶熵。在这个例子中，因为所有的桶都有相同的频率，所以得到的熵是最大的。这说明这个时间序列数据的不确定性非常高，所有数据被均匀地分配在 5 个桶中，得到的熵值最大。

其次来看近似熵的定义。回到本节的问题，如何判断一个时间序列是具备某种趋势，还是随机出现呢？这就需要介绍近似熵的概念了。近似熵的思想是把一维空间的时间序列提升到高维空间中，通过判断高维空间的向量之间的距离或者相似度，推导出一维空间的时间序列是否存在某种趋势或者确定性。假设时间序列 $X_N = (x_1, x_2, \cdots, x_N)$ 的长度是 N，同时近似熵函数拥有两个参数 m 与 r，下面来详细介绍近似熵的算法细节。

第 1 步：固定两个参数正整数 m 和正数 r，正整数 m 用于为时间序列提取一个片段，正数 r 用于表示时间序列的距离。需要构造新的 m 维向量如下：

$$\boldsymbol{X}_1(m) = (x_1, x_2, \cdots, x_m) \in \mathbb{R}^m$$
$$\boldsymbol{X}_i(m) = (x_i, x_{i+1}, \cdots, x_{m+i-1}) \in \mathbb{R}^m$$

$$\boldsymbol{X}_{N-m+1}(m) = (x_{N-m+1}, x_{N-m+2}, \cdots, x_N) \in \mathbb{R}^m$$

第 2 步：通过新向量 $\boldsymbol{X}_1(m), \boldsymbol{X}_2(m), \cdots, \boldsymbol{X}_{N-m+1}(m)$ 可以计算哪些向量与 $\boldsymbol{X}_i$ 较为相似。

$$C_i^m(r) = \{使得\ d(\boldsymbol{X}_i(m), \boldsymbol{X}_j(m)) \leqslant r)/(N-m+1)\ 成立的\ \boldsymbol{X}_j(m)\ 的个数\}$$

其中，距离 d 可以选择使用 L^1, L^2, L^p, L^∞ 范数。在这个场景下，距离 d 通常选择为 L^∞ 范数。

第 3 步：考虑函数

$$\Phi^m(r) = (N-m+1)^{-1} \cdot \sum_{i=1}^{N-m+1} \ln(C_i^m(r))$$

第 4 步：近似熵可以定义为

$$\text{approximate entropy}(m, r) = \Phi^m(r) - \Phi^{m+1}(r)$$

其中，
- 正整数 m 一般可以取值为 2 或者 3，$r > 0$ 会基于具体的时间序列进行调整。
- 如果某个时间序列具有很多重复的片段（Repetitive Pattern）或者自相似性片段（Self-Similarity Pattern），那么它的近似熵就会相对较小；反之，如果某个时间序列几乎是随机出现的，那么它的近似熵就会相对较大。

最后来看样本熵的定义。除了近似熵，样本熵也可以衡量时间序列，它通过计算自然对数来表示时间序列是否具备某种自相似性。

按照上述近似熵的定义，可以基于 m 与 r 定义两个指标 A 和 B，分别是

$$A = \{使得\ d(\boldsymbol{X}_i(m+1), \boldsymbol{X}_j(m+1)) < r\ 成立的长度为\ m+1\ 的向量对的个数\}$$

$$B = \{使得\ d(\boldsymbol{X}_i(m), \boldsymbol{X}_j(m)) < r\ 成立的长度为\ m\ 的向量对的个数\}$$

根据度量 d（无论是 L^1, L^2 范数，还是 L^∞ 范数）的定义可知 $A \leqslant B$，因此样本熵总是非负数，即

$$\text{sample entropy} = -\ln(A/B) \geqslant 0$$

其中，
- 样本熵总是非负数。
- 样本熵越小，表示该时间序列具有越高的自相似性。
- 通常，在样本熵的参数选择中，可以选择 $m = 2, r = 0.2 \cdot \text{std}$。

2.6   时间序列的降维特征

时间序列有一定的自相似性（Self-Similarity），能否说明这两个时间序列就完全相似呢？答案是否定的。例如，两个长度都是 1000 的时间序列如下。

- 时间序列 A：它是一个重复 500 次 $(1,2)$ 模式的时间序列，周期是 2，振幅在 1 和 2 之间变化。形如：$(1,2)*500$。
- 时间序列 B：它是一个重复 100 次 $(1,2,3,4,5,6,7,8,9,10)$ 模式的时间序列，周期为 10，振幅在 1 和 10 之间变化。形如：$(1,2,3,4,5,6,7,8,9,10)*100$。

时间序列 A 是 1 到 2 循环的，时间序列 B 是从 1 到 10 循环的，从图像上看它们完全是不一样的曲线，并且它们的近似熵和样本熵都非常小。那么有没有办法提炼出信息，从而表示它们的不同点呢？答案是肯定的。

首先，介绍一下 Riemann 积分和 Lebesgue 积分的定义和不同之处。Riemann 积分用于计算曲线下面所围成的面积，把横轴划分成一个个小区间，按照长方形累加的算法来计算面积。而 Lebesgue 积分恰好相反，它把纵轴切分成一个个小区间，然后按照长方形累加的算法来计算面积。

分桶熵方案是根据值域进行切分的，好比 Lebesgue 积分的计算方法。现在可以按照 Riemann 积分的计算方法表示一个时间序列的特征，有学者把时间序列沿横轴切分成很多段，每段使用某个简单函数（线性函数等）来表示，于是就有了以下方法。

- 分段聚合逼近（Piecewise Aggregate Approximation，PAA）
- 分段线性逼近（Piecewise Linear Approximation，PLA）
- 分段常数逼近（Piecewise Constant Approximation，PCA）

这几种算法的本质思想是数据降维，用少量的数据对原始时间序列进行表示（Representation）。用数学化的语言来描述时间序列的数据降维（Data Reduction）就是：把原始的时间序列 $(x_1, x_2, \cdots, x_n)$ 用 $(x'_1, x'_2, \cdots, x'_d)$ 来表示，其中 $d < n$。后者就是对原始序列的一种降维表示。

2.6.1   分段聚合逼近

分段聚合逼近（PAA）是一种非常经典的算法。假设原始时间序列是 $X = (x_1, x_2, \cdots, x_n)$，定义 PAA 的序列是 $\overline{X} = (\overline{x}_1, \overline{x}_2, \cdots, \overline{x}_w)$，当 $1 \leqslant i \leqslant w$ 时，

$$\overline{x}_i = \frac{w}{n} \cdot \sum_{i=\frac{n}{w}(i-1)+1}^{\frac{n}{w}i} x_j$$

示例 2.19   假设某时间序列包含 8 个数据点，原始时间序列是 $X = (1, 2, 3, 4, 5, 6, 7,$

8)。我们希望将这个序列简化为只包含 4 个数据点，可以使用分段聚合逼近来实现。首先，将原始序列分为 4 个相等的段，每段包含两个数据点，分段后的序列为

$$[(1,2),(3,4),(5,6),(7,8)]$$

然后，计算每段的平均值，得到简化后的序列为

$$\overline{X} = (1.5, 3.5, 5.5, 7.5)$$

这个新序列是对原始序列的分段聚合逼近。可以看到，虽然新序列只包含 4 个数据点，但它依然能够捕捉到原始序列的上升趋势。

示例 **2.20**　假设某时间序列包含 12 个数据点，原始序列是 $X = (1,3,4,2,6,5,7,9,8,10,12,11)$。我们想将这个序列简化为只包含 6 个数据点，可以使用分段聚合逼近来实现。首先，将原始序列分为 6 个相等的段，每段包含两个数据点，分段后的序列为

$$[(1,3),(4,2),(6,5),(7,9),(8,10),(12,11)]$$

然后，计算每段的平均值，得到简化后的序列为

$$\overline{X} = (2, 3, 5.5, 8, 9, 11.5)$$

新序列依然能够体现原始序列的关键趋势和模式。虽然新序列的长度只有原始序列的一半，但它仍然保留了原始序列的主要信息。这种数据压缩可以大大减少下游任务的计算量。

2.6.2　分段线性逼近

时间序列的分段线性逼近（PLA）是一种数据简化技术，用于将长时间序列数据转换为更易于分析和处理的格式。这种方法的目标是使用少量的线段尽可能逼近原始时间序列的数据。分段线性逼近主要分为两步。

1. 时间分段：将时间序列数据分成若干段，这些段既可以是等长度的，也可以根据数据的特点进行动态调整。
2. 线性逼近：在每段中找到一条最佳拟合线，可以通过最小二乘法等方法实现。

假设有一个长时间的股票价格时间序列，可以使用分段线性逼近将其转换为少量的线段。然后，使用这些线段的斜率、长度等特性来捕捉股票价格的主要变化和趋势。如果发现某个时间段的斜率异常高，那么可能就是股票价格出现异常波动的信号。

分段线性逼近的主要优点是简单、易于理解、计算效率高。同时，由于分段线性逼近只需要存储线段的起点和终点，因此对于长时间序列数据，它也可以大大节省存储空间。它的一个主要缺点是可能丢失一些原始数据的细节，特别是当数据中存在噪声或者非线性变化时。

假设有一个原始时间序列 $X = (x_1, x_2, \cdots, x_n)$，我们想在从 t_1 到 t_k 的时间段上拟合一

条直线。可以找到一条直线 $y = at + b$，使它最好逼近这段时间序列。

为了找到最佳的 a 和 b，需要最小化以下目标函数，这是所有点到直线的垂直距离的平方和：

$$\min_{a,b} \sum_{i=1}^{k} (x_i - at_i - b)^2$$

通过对 a 和 b 求偏导并令其等于 0，可以得到最佳拟合线的参数 a 和 b 的闭式解为

$$a = \frac{t_k \sum_{i=1}^{k} t_i x_i - \sum_{i=1}^{k} t_i \sum_{i=1}^{k} x_i}{t_k \sum_{i=1}^{k} t_i^2 - \left(\sum_{i=1}^{k} t_i\right)^2}$$

$$b = \frac{\sum_{i=1}^{k} x_i - a \sum_{i=1}^{k} t_i}{t_k}$$

在时间序列的每个分段上重复以上过程，就可以得到分段线性逼近的结果。划分分段可以有多种策略，例如等长分段、根据数据的变化情况动态分段等，具体选择哪种策略取决于问题的具体情况和需求。

示例 2.21　假设有一个时间序列数据：

$$X = (1, 2, 3, 1, 2, 3, 1, 2, 3, 10, 11, 12, 10, 11, 12, 10, 11, 12),$$

将它分成三段，每段包含 6 个数据点。

- 第一段：$(1, 2, 3, 1, 2, 3)$，相应的横坐标是 $(1, 2, 3, 4, 5, 6)$。
- 第二段：$(1, 2, 3, 10, 11, 12)$，相应的横坐标是 $(7, 8, 9, 10, 11, 12)$。
- 第三段：$(10, 11, 12, 10, 11, 12)$，相应的横坐标是 $(13, 14, 15, 16, 17, 18)$。

对于每段，使用最小二乘法找到一条最佳拟合线。

- 第一段的拟合方程是 $y = 0.229x + 1.2$，拟合直线基本上是平的，斜率接近 0，因为数据点在 1 到 3 之间往复。
- 第二段的拟合方程是 $y = 2.543x - 17.657$，拟合直线的斜率大于 2，因为数据点从 1 上升到 12。
- 第三段的拟合方程是 $y = 0.229x + 7.457$，拟合直线也基本上是平的，斜率接近 0，因为数据点在 10 到 12 之间往复。

因此，通过分段线性逼近，可以将原始的 18 个数据点的时间序列简化为三条直线，每条直线由两个点（起点和终点）决定。

2.6.3　分段常数逼近

时间序列的分段常数逼近用于将长时间序列数据转换为更易于分析和处理的格式。与分段线性逼近类似，分段常数逼近也分为两个步骤：分段和常数逼近。但是，在常数逼近的阶段，每段被一个常数逼近，而不是一条线。

假设有一个时间序列 $x = (x_1, x_2, \cdots, x_n)$，将其分成 m 段，第 i 段为 $x_{i1}, x_{i2}, \cdots, x_{ik_i}$，其中 k_i 是第 i 段的长度，那么对于第 i 段，其逼近常数 c_i 可以有多种选择。

- 平均值：$c_i = \dfrac{1}{k_i} \displaystyle\sum_{j=1}^{k_i} x_{ij}$，这就是之前提到的分段聚合逼近。

- 中位数：在某些情况下，使用中位数可能是一个更好的选择，特别是当数据中存在异常值或噪声时。中位数对这些值具有较好的鲁棒性。

- 众数：对于离散的或者具有重复模式的时间序列，可能更适合使用众数作为每段的代表值。

- 最大值与最小值：在某些应用中，我们可能对时间序列的极值（如最大值或最小值）更感兴趣。

- 其余自定义的取值：可以根据具体的应用场景选择相应的常数。

分段常数逼近是一种降维技术，可以将长时间序列数据简化为少数的常数。不过，它也有可能丢失原始数据的一些细节，因此需要根据具体的需求和可容忍的误差来选择适当的分段策略和常数策略。

示例 2.22　假设有一个时间序列数据：

$$X = (2, 2, 3, 3, 3, 10, 10, 10, 11, 11, 20, 20, 20, 21, 21)$$

将它分成三段，每段包含 5 个数据点。

- $(2, 2, 3, 3, 3)$。
- $(10, 10, 10, 11, 11)$。
- $(20, 20, 20, 21, 21)$。

对于每段，计算数据点的平均值作为该段的常数逼近。

- 第一段的平均值是 $(2 + 2 + 3 + 3 + 3)/5 = 2.6$。
- 第二段的平均值是 $(10 + 10 + 10 + 11 + 11)/5 = 10.4$。
- 第三段的平均值是 $(20 + 20 + 20 + 21 + 21)/5 = 20.4$。

因此，通过基于平均值的分段常数逼近，将原始的 15 个数据点的时间序列简化为三个常数，即 $\overline{X} = (2.6, 10.4, 20.4)$。

如果选择中位数作为分段常数逼近的常数，会得到不同的结果，仍然用相同的时间序列数据：

$$X = (2, 2, 3, 3, 3, 10, 10, 10, 11, 11, 20, 20, 20, 21, 21)$$

将它分成三段：

- $(2, 2, 3, 3, 3)$。
- $(10, 10, 10, 11, 11)$。
- $(20, 20, 20, 21, 21)$。

对于每段，计算数据点的中位数作为该段的常数逼近。

- 第一段的中位数是 3。
- 第二段的中位数是 10。
- 第三段的中位数是 20。

因此，通过分段常数逼近，将原始的 15 个数据点的时间序列简化为三个常数，新序列是 $\overline{X} = (3, 10, 20)$。

2.6.4　符号逼近

在推荐系统的特征工程中，特征通常可以做归一化、二值化、离散化等操作。例如，对于用户的年龄特征，一般不是直接使用具体的年月日，而是划分为某个区间段，比如 $0 \sim 6$（婴幼儿时期）、$7 \sim 12$（小学）、$13 \sim 17$（中学）、$18 \sim 22$（大学）等。在某种程度上来说，分段特征依旧是某些连续值，那么能否把连续值划分为一些离散值呢？有学者提出使用一些符号来表示时间序列的关键特征，也就是所谓的符号表示法（Symbolic Representation）。下面来介绍符号逼近算法的步骤。

使用 α 个符号，例如 $(\ell_1, \ell_2, \cdots, \ell_\alpha)$ 来表示时间序列。同时，考虑正态分布 $N(0,1)$，用 $(z_{1/\alpha}, z_{2/\alpha}, \cdots, z_{(\alpha-1)/\alpha})$ 来表示高斯曲线下方的一些点，而这些点把高斯曲线下方的面积等分成了 α 段。

符号逼近（Symbolic Approximation，SAX）方法的流程如下。

1. 标准化（Standardization）：将该时间序列映射到均值为 0、方差为 1 的区间上。
2. 分段逼近：使用 PAA 方法将时间序列 $X = (x_1, x_2, \cdots, x_n)$ 降维成 $\overline{X} = (\overline{x}_1, \overline{x}_2, \cdots, \overline{x}_w)$。
3. 符号逼近：对于 $1 \leqslant i \leqslant w$，$\hat{x}_i = \begin{cases} \ell_1, & \overline{x}_i < \ell_1 \\ \ell_j, & z_{(j-1)/\alpha} \leqslant \overline{x}_i < z_{j/\alpha}, 1 \leqslant j \leqslant \alpha-1 \\ \ell_\alpha, & \overline{x}_i \geqslant z_{(\alpha-1)/\alpha} \end{cases}$。
4. 序列 $\hat{X} = (\hat{x}_1, \hat{x}_2, \cdots, \hat{x}_w)$ 就是用 $(\ell_1, \ell_2, \cdots, \ell_\alpha)$ 来表示的降维时间序列。

示例 2.23　假设有一个时间序列数据

$$X = (10, 15, 20, 30, 25, 20, 15, 10, 5)$$

可以通过将每个数值数据点映射为一个预定义的符号集合中的符号，实现符号逼近。例如，定义以下的映射规则。

- 如果数据点的值在 $(-\infty, 10)$ 内，将其映射为符号 A。
- 如果数据点的值在 $[10, 20)$ 内，将其映射为符号 B。
- 如果数据点的值在 $[20, 30)$ 内，将其映射为符号 C。
- 如果数据点的值在 $[30, +\infty)$ 内，将其映射为符号 D。

根据以上映射规则，可以将原始的数值型时间序列转化为符号型时间序列：

$$\hat{X} = (B, B, C, D, C, C, B, B, A)$$

接下来就可以使用各种符号序列分析的方法来处理和分析时间序列数据。例如，使用序列模式挖掘、序列分类、序列聚类等技术来提取和识别时间序列的模式或者特征。

示例 2.24 假设有一组温度读数的时间序列数据：

$$X = (15, 22, 18, 20, 25, 30, 28, 35, 33, 30, 25, 20)$$

这些数据代表一天内每两小时的温度变化。可以通过以下映射规则将这些数据转换为符号形式：

- 如果温度在 $(-\infty, 10]$ 摄氏度内，将其映射为符号 A。
- 如果温度在 $(10, 20]$ 摄氏度内，将其映射为符号 B。
- 如果温度在 $(20, 30]$ 摄氏度内，将其映射为符号 C。
- 如果温度在 $(30, +\infty)$ 摄氏度内，将其映射为符号 D。

根据以上映射规则，原始的数值型时间序列可以被转换为符号型时间序列：

$$\hat{X} = (B, C, B, B, C, C, C, D, D, C, C, B)$$

这个符号型时间序列可以让我们更加直观地理解原始数据的趋势和模式。例如，通过观察这个符号型时间序列，可以明显看出一天的早晚阶段温度比较低（符号 B），中午和下午阶段温度比较高（符号 C 和 D）。

2.6.5 最大三角形三桶算法

最大三角形三桶（Largest Triangle Three Buckets，LTTB）算法是一种常用于数据可视化的降维技术。它的目标是通过减少数据点的数量来提高图形渲染的效率，同时保持图形的总体形状和趋势不变。假设有一组按照时间顺序排列的数据点，我们希望减少数据点的数量，可以在较低的分辨率下渲染图形，同时保持数据的主要特征。LTTB 算法通过在数据中选择那些能够最大化三角形面积的点来实现这个目标。这些三角形的顶点就是要保留的数据点。

假设对于长度为 n 的时间序列 $X = (x_1, x_2, \cdots, x_n)$，我们希望将其压缩成 m 维（$m \ll n$）的。那么 LTTB 的算法过程如下。

1. 数据分桶：将整个数据集分为 m 个桶，每个桶包含大约 n/m 个点。
2. 选择桶中的代表点：对于每个桶，选择第一个点、最后一个点，以及使得由这三个点构成的三角形面积最大的点作为代表点。也就是说，对于每个桶，需要找到一个点 k，使得

$$\text{Area} = 0.5 * \text{abs}((\text{point\_first.index} - \text{point\_k.index}) * (\text{point\_last.y} - \text{point\_first.y}) -$$
$$(\text{point\_first.index} - \text{point\_last.index}) * (\text{point\_k.y} - \text{point\_first.y}))$$

最大。这里的 point_first、point_last 和 point_k 分别代表桶中的第一个点、最后一个点和其他的点。Area 表示由这三个点构成的三角形的面积。

3. 生成降维后的数据：每个桶的代表点就是降维后的数据。

在这个过程中，LTTB 算法尝试找到那些在视觉上最重要的点，让原始序列在降维之后依然能够近似保持原本的视觉效果。

2.6.6　用神经网络自动生成特征的算法

魏尔斯特拉斯逼近定理（Weierstrass Approximation Theorem）是实分析和复分析中的一个基本结果，说明了连续函数可以被多项式序列在闭区间上一致逼近。这是数学分析中的一个重要结论，因为在计算中，多项式函数比其他函数更易于处理。

定理 2.1 魏尔斯特拉斯逼近定理

假设 $f : [a, b] \to \mathbb{R}$ 是定义在闭区间 $[a, b]$ 上的一个连续函数，那么对于任意的 $\epsilon > 0$，存在一个多项式函数 $P(x)$，使得对于所有的 $x \in [a, b]$，都有

$$|f(x) - P(x)| < \epsilon$$

也就是说，任何闭区间上的连续实值函数都可以被一系列多项式一致逼近。

这个定理的证明涉及伯恩斯坦多项式（Bernstein Polynomials），这是一类可以用来逼近连续函数的多项式。证明这个定理需要一些实分析的知识，包括连续函数的性质、极限的性质、序列的收敛性等。

神经网络逼近理论中的关键定理是万能逼近定理（Universal Approximation Theorem）。这个定理说明了单隐藏层的前馈神经网络可以逼近任意连续函数，只要网络中有足够多的神经元。它是神经网络中的一个基本结果，也是深度学习领域的理论基础之一。

定理 2.2 万能逼近定理

假设 $f : [0,1]^m \to \mathbb{R}$ 是定义在 m 维单位超立方体上的一个连续函数。那么对于任意的 $\epsilon > 0$，存在一个含有有限个神经元的单隐藏层前馈神经网络 $G(\boldsymbol{x}, w)$，使得对于所有的 $\boldsymbol{x} \in [0,1]^m$，都有

$$|f(\boldsymbol{x}) - G(\boldsymbol{x}, w)| < \epsilon$$

也就是说，在适当选择权重和偏置参数的情况下，单隐藏层的前馈神经网络可以逼近任何连续函数，只要网络中有足够多的神经元。

　　这个定理的证明涉及神经网络的结构和激活函数的性质，包括激活函数的非线性和可微性。证明这个定理需要一些实分析和神经网络的知识，包括连续函数的性质、极限的性质、神经网络的结构和运算等。

　　最简单的深度学习模型是前馈神经网络（FNN）。当隐藏层的层数较少时，当前的前馈神经网络可以称为浅层神经网络；当隐藏层的层数达到一定的数量时，当前的前馈神经网络就是深度前馈神经网络。前馈神经网络涉及必要的矩阵运算，以及激活函数的设置等。比较常见的激活函数有 Sigmoid 函数、tanh 函数、ReLU 函数、ReLU 函数的各种变体（如 LeakyReLU、PreLU、ELU），以及 Softplus 函数等。

定义 2.10 Sigmoid 函数

Sigmoid 函数定义在实数轴上，用数学公式表示为

$$\sigma(x) = \frac{1}{1 + \mathrm{e}^{-x}}$$

定义 2.11 tanh 函数

tanh 函数定义在实数轴上，用数学公式表示为

$$\tanh(x) = \frac{\mathrm{e}^x - \mathrm{e}^{-x}}{\mathrm{e}^x + \mathrm{e}^{-x}} = \frac{\sinh(x)}{\cosh(x)}$$

其中，

$$\sinh(x) = \frac{\mathrm{e}^x - \mathrm{e}^{-x}}{2}$$

$$\cosh(x) = \frac{\mathrm{e}^x + \mathrm{e}^{-x}}{2}$$

分别被称为双曲正弦函数和双曲余弦函数。

定义 2.12 ReLU 函数及其相关变体

ReLU 函数用数学公式表示为

$$\mathrm{ReLU}(x) = \max(0, x)$$

它的变体为

$$\mathrm{LeakyReLU}(x) = \begin{cases} x, & x > 0 \\ \alpha x, & \text{其他} \end{cases}$$

$$\mathrm{PReLU}(x) = \begin{cases} x, & x > 0 \\ \alpha x, & \text{其他} \end{cases}$$

$$\mathrm{ELU}(x) = \begin{cases} x, & x > 0 \\ \alpha(\mathrm{e}^x - 1), & \text{其他} \end{cases}$$

其中 $\alpha \in \mathbb{R}$。

定义 2.13 Softplus 函数

Softplus 函数的数学公式为

$$\mathrm{Softplus}(x) = \ln(1 + \mathrm{e}^x)$$

激活函数是神经网络的一个重要组成部分，它们使得神经网络能够学习并适应不同类型的数据。激活函数的主要目标是为神经网络引入非线性。在没有激活函数的情况下，无论神经网络有多少层，它仍然是一个线性回归模型，这是因为线性函数的组合仍然是一个线性函数。引入非线性可以帮助神经网络学习从输入数据到输出数据的复杂映射。在一些复杂任务中，激活函数可以让神经网络有更强的表达能力，捕捉复杂的模式。激活函数也决定了神经元是否应该被激活，这意味着神经元是否应该影响下一层的输出。它们通过计算加权和，并添加偏差，确定输入数据是否足够激活神经元。激活函数的导数在反向传播过程中起着重要作用，可以用于优化神经网络中的权重。一些特定类型的激活函数，如 ReLU 及其变体，可以帮助神经网络更好地拟合训练数据。例如，ReLU 激活函数可以解决梯度消失问题，这个问题常在训练深层神经网络时出现。

命题 2.5 Sigmoid 函数的性质

Sigmoid 函数满足以下性质。

1. $\sigma : \mathbb{R} \to (0,1)$ 是一个 $C^\infty(\mathbb{R})$ 的函数。
2. σ 函数是一个严格单调递增函数。
3. $\sigma'(x) = \sigma(x) \cdot (1 - \sigma(x))$。

证明　根据 $\sigma(x) = 1/(1 + \mathrm{e}^{-x})$ 的定义，可以直接得到它是一个严格单调递增函数，并且

$$\lim_{x \to +\infty} \sigma(x) = \lim_{x \to +\infty} \frac{1}{1 + \mathrm{e}^{-x}} = 1$$

$$\lim_{x \to -\infty} \sigma(x) = \lim_{x \to -\infty} \frac{1}{1 + \mathrm{e}^{-x}} = 0$$

使用导数的链式法则，直接计算可以得到

$$\sigma'(x) = \frac{\mathrm{e}^{-x}}{(1 + \mathrm{e}^{-x})^2} = \frac{(1 + \mathrm{e}^{-x}) - 1}{(1 + \mathrm{e}^{-x})^2} = \sigma(x) \cdot (1 - \sigma(x))$$

命题 2.6 tanh 函数的性质

tanh 函数满足以下性质。

1. $\tanh(x) : \mathbb{R} \to (-1,1)$ 是一个 $C^\infty(\mathbb{R})$ 的函数。
2. $\tanh(x) = 1 - \tanh^2(x)$。
3. $\tanh(x)$ 是一个严格单调递增函数。
4. $\tanh(x) = 2\sigma(2x) - 1$。
5. $\tanh(x)$ 是一个奇函数。

证明　直接计算可以得到

$$\tanh(x) = \frac{\mathrm{e}^x - \mathrm{e}^{-x}}{\mathrm{e}^x + \mathrm{e}^{-x}} = \frac{2}{1 + \mathrm{e}^{-2x}} - 1 = 2\sigma(2x) - 1$$

由于 $\sigma : \mathbb{R} \to (0,1)$，因此 $\tanh(x)$ 也是严格单调递增函数，且 $\tanh : \mathbb{R} \to (-1,1)$。

$$\tanh'(x) = \left(\frac{\sinh(x)}{\cosh(x)}\right)' \frac{\cosh^2(x) - \sinh^2(x)}{\cosh^2(x)} = 1 - \tanh^2(x)$$

命题 2.7 ReLU 函数及其变体的性质

ReLU 函数及其变体满足以下性质。

1. 除 0 点之外, 其他点均可导。

2. 定义域和值域都是 $\mathbb{R}$。

证明   直接通过定义可以得到结论。   □

通常来说, 基于人工的时间序列特征工程比较复杂, 不仅需要包括均值、方差等内容, 还包括各种各样的特征, 如统计特征、拟合特征、分类特征等。在这种情况下, 随着时间的迁移, 特征工程会变得越来越复杂, 并且在预测时, 时间复杂度也会大幅增加。那么有没有办法来解决这个问题呢? 答案是肯定的。时间序列的一部分特征可以表示为均值、方差等, 以及拟合特征和部分分类特征, 如表 2.14 所示。[9, 10]

表 2.14   时间序列的特征工程

检测器和其时间序列的一些特征	参数
简单阈值 (simple threshold)	无
最大值 (max), 最小值 (min), 平均值 (average)	无
差分 (difference), 积分 (integration)	无
绝对变化和 (absolute sum of changes), 平均变化 (mean change), 平均中心二阶导数 (mean second derivative central)	无
高于均值计数 (count above mean), 低于均值计数 (count below mean)	无
历史变化 (Historical Change)	窗口大小 (Window Size) = 1 天, 7 天
简单移动平均 (Simple Moving Average, SMA)	窗口大小 (Window Size) = 10 分钟, 20 分钟, 30 分钟, 40 分钟, 50 分钟
加权移动平均 (Weighted Moving Average, WMA)	窗口大小 (Window Size) = 10 分钟, 20 分钟, 30 分钟, 40 分钟, 50 分钟
指数加权移动平均 (Exponentially Weighted Moving Average, EWMA)	$\alpha = 0.2, 0.4, 0.6, 0.8$

定理 2.3

假设 $n \geqslant 1$ 是一个正整数, 存在一个深度前馈神经网络 D, 使得对于任何实数时间序列 $X_n = (x_1, x_2, \cdots, x_n)$, D 的输入是 X_n, 输出是表 2.14 中列举的 X_n 的特征。

证明   首先, 展示一些基本的运算, 如加法、减法、绝对值、最大值、最小值和平均值, 通过前馈神经网络将它们构造出来。

$$\mathrm{add}(x,y) = x + y$$
$$\mathrm{sub}(x,y) = x - y$$
$$\mathrm{abs}(x) = \mathrm{ReLU}(x) + \mathrm{ReLU}(-x)$$
$$\max(x,y) = (x + y + |x - y|)/2$$
$$\min(x,y) = (x + y - |x - y|)/2$$
$$\mathrm{average}(x_1, x_2, \cdots, x_n) = (x_1 + x_2 + \cdots + x_n)/n$$

其中，$\mathrm{ReLU}(x) = \max(x,0)$。由于神经网络包含矩阵的加法和乘法操作，我们可以容易地看出上述函数可以写成前馈神经网络的形式，如图 2.1 所示。

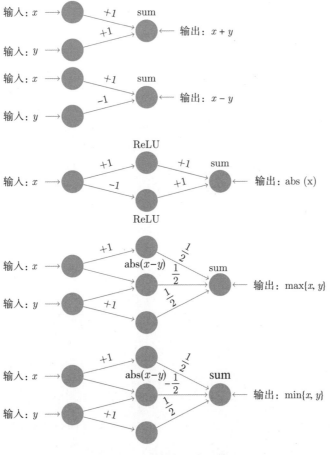

图 2.1　实数的基本运算

我们已经知道两个实数之间的一些基本运算可以通过前馈神经网络构造。接下来将证明表 2.14 中的特征也可以用前馈神经网络构造。假设有一个长度为 n 的时间序列 $X_n = (x_1, x_2, \cdots, x_n)$，它的一些特征的定义如下。

$$\text{最大值}: \max_{1 \leqslant i \leqslant n}\{x_1, x_2, \cdots, x_n\} = \max\{x_1, \max\{x_2, x_3, \cdots, \max\{x_{n-1}, x_n\}\}\}$$

$$\text{最小值}: \min_{1 \leqslant i \leqslant n}\{x_1, x_2, \cdots, x_n\} = \min\{x_1, \min\{x_2, x_3, \cdots, \min\{x_{n-1}, x_n\}\}\}$$

$$\text{平均值}: \sum_{i=1}^{n} x_i / n$$

$$\text{差分}: x_2 - x_1, x_3 - x_2, \cdots, x_n - x_{n-1}$$

$$\text{积分}: \sum_{i=1}^{n} x_i$$

$$\text{绝对变化和}: \sum_{i=1}^{n-1} |x_{i+1} - x_i|$$

$$\text{平均变化}: \sum_{i=1}^{n-1} (x_{i+1} - x_i)/n = (x_n - x_1)/n$$

$$\text{平均中心二阶导数}: \sum_{i=1}^{n-2} (x_{i+2} - 2x_{i+1} + x_i)/(2n)$$

从实数之间的基本运算的角度出发，上述特征也可以通过前馈神经网络构造。回想一下，简单移动平均、加权移动平均、指数加权移动平均算法的定义分别为

$$\text{SMA}_n(w) = \frac{\displaystyle\sum_{k=1}^{w} x_{n-w+1}}{w} = \frac{x_{n-w+1} + x_{n-w+2} + \cdots + x_n}{w}$$

$$\text{WMA}_n(w) = \frac{\displaystyle\sum_{k=1}^{w} k x_{n-w+k}}{\displaystyle\sum_{k=1}^{w} k} = \frac{2 \cdot \displaystyle\sum_{k=1}^{w} k x_{n-w+k}}{w(w+1)}$$

$$\text{EWMA}_j(\alpha) = \begin{cases} x_1, & j = 1 \\ \alpha x_{j-1} + (1-\alpha)\text{EWMA}_{j-1}, & j \geqslant 2 \end{cases}$$

其中 $w \geqslant 1$ 是窗口大小，$\alpha \in [0,1]$ 是一个因子。这些统计模型的拟合特征由模型的拟合值与实际值之间的差构造。更准确地说，拟合特征的公式分别为

$$\text{SMA}_n(w) - x_n, w = 10, 20, 30, 40, 50$$

$$\text{WMA}_n(w) - x_n, w = 10, 20, 30, 40, 50$$

$$\text{EWMA}_n(\alpha) - x_n, \alpha = 0.2, 0.4, 0.6, 0.8$$

由它的定义可知，EWMA 可以写成

$$\text{EWMA}_n(\alpha) = \alpha x_{n-1} + (1-\alpha)\text{EWMA}_{n-1}$$

$$= \alpha x_{n-1} + \alpha(1-\alpha)x_{n-2} + \alpha(1-\alpha)\text{EWMA}_{n-2}$$

$$= \alpha x_{n-1} + \alpha(1-\alpha)x_{n-2} + \cdots + \alpha^{n-2}(1-\alpha)x_1$$

图 2.2 展示了如何利用简单移动平均、加权移动平均、指数移动平均算法构造时间序列的拟合特征。

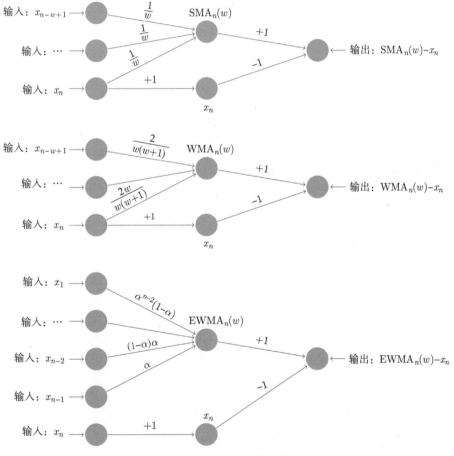

图 2.2 时间序列的拟合特征

接下来，证明简单阈值、高于均值计数和低于均值计数可以写成前馈神经网络的形式。首先，对于一个固定的实数 a，简单阈值的特征被定义为

$$\mathcal{I}_{\{x\geqslant a\}} = \begin{cases} 1, & x \geqslant a \\ 0, & x < a \end{cases}$$

$$\mathcal{I}_{\{x < a\}} = \begin{cases} 0, & x \geqslant a \\ 1, & x < a \end{cases}$$

使得

$$f_a(x) = \sigma(-2 \cdot 10^4 \cdot \mathrm{ReLU}(-x+a) + 10)$$

$$g_a(x) = \sigma(-2 \cdot 10^4 \cdot \mathrm{ReLU}(x-a) + 10)$$

其中，$\sigma(x) = 1/(1+\exp(-x))$。如果 $x > a$，那么 $f_a(x) = \sigma(10) \approx 1$；如果 $x < a - 10^3$，那么 $f_a(x) = \sigma(-2 \cdot 10^4 \cdot (a-x) + 10) < \sigma(-10) \approx 0$。因此，$f_a(x) \approx \mathcal{I}_{\{x\geqslant a\}}$。类似地，$g_a(x) \approx \mathcal{I}_{\{x < a\}}$ 的证明与之相同。

其次，构造高于均值计数和低于均值计数是基于 $f_a(x)$ 和 $g_a(x)$ 的。更准确地说，高于均值计数表示时间序列 $(x_1, x_2, \cdots, x_n)$ 中大于时间序列平均值的元素数量，低于均值计数表示时间序列 $(x_1, x_2, \cdots, x_n)$ 中小于时间序列平均值的元素数量。图 2.3 中展示了如何利用

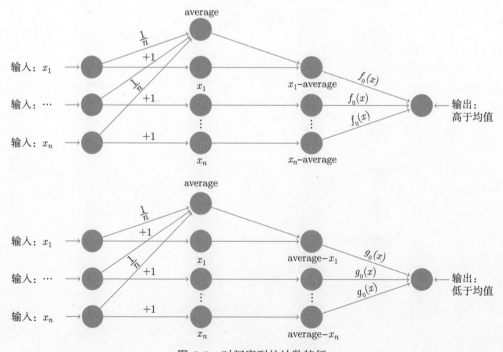

图 2.3   时间序列的计数特征

$f_a(x)$ 和 $g_a(x)$ 构造这两个特征。因此，定理 2.3 得证。[11]　　□

2.7　时间序列的单调性

在微积分中，通常会研究可微函数的导数，导数是反映可微函数单调性的一个重要指标。

定义 2.14 导数

假设 $f(x)$ 是区间 (a,b) 的连续函数，如果存在极限

$$\lim_{x \to x_0} \frac{f(x) - f(x_0)}{x - x_0}$$

则将其称为 $f(x)$ 在 $x_0 \in (a,b)$ 的导数，记为 $f'(x_0)$。 ♣

命题 2.8

假设 $f(x)$ 在区间 (a,b) 上是可导函数：

- 如果对于所有的 $x \in (a,b)$ 有 $f'(x) > 0$，那么函数 $f(x)$ 在区间 (a,b) 上是严格单调递增的。
- 如果对于所有的 $x \in (a,b)$ 有 $f'(x) < 0$，那么函数 $f(x)$ 在区间 (a,b) 上是严格单调递减的。 ♣

对于区间 (a,b) 上的可导函数 $f(x)$ 而言，假设 $x_0 \in (a,b)$。如果 $f'(x_0) > 0$，那么在 x_0 附近，$f(x)$ 是严格单调递增函数；如果 $f'(x_0) < 0$，那么在 x_0 附近，$f(x)$ 是严格单调递减函数；如果 $f'(x_0) = 0$，则基于这个事实无法轻易判断 $f(x)$ 在 x_0 附近的单调性。可以参考这两个例子：（1）$f(x) = x^2$，$x_0 = 0$；（2）$f(x) = x^3$，$x_0 = 0$。这两个例子在 $x_0 = 0$ 的导数都是零，在第一个例子中，$f(x)$ 在 $x_0 = 0$ 附近没有单调性，0 就是最小值点；但是在第二个例子中，$f(x)$ 在 $x_0 = 0$ 处是严格递增的。

时间序列的单调性是指随着时间的推移，时间序列中的数据点呈现一种单调递增或递减的趋势。换句话说，如果一个时间序列是单调递增的，那么在任意时刻，后续的数据点都不会比当前数据点小；同理，如果一个时间序列是单调递减的，那么在任意时刻，后续的数据点都不会比当前数据点大。当 $x_{n-i+1} < x_{n-i+2} < \cdots < x_n$ 时，表示时间序列在 $[n-i+1, n]$ 区间内是严格单调递增的；当 $x_{n-i+1} > x_{n-i+2} > \cdots > x_n$ 时，表示时间序列在 $[n-i+1, n]$ 区间内是严格单调递减的。但是在现实环境中，很难找到这种严格递增或者严格递减的情况。在大部分情况下，只存在上涨或者下跌的趋势，一旦聚焦到某个时间戳附近，时间序列就可能存在抖动性。因此在不同的场景下，可以使用不同的方法来描述时间序列的单调性。

2.7.1 线性拟合方法

线性拟合，也称线性回归，是统计学中的一种回归和预测方法。该方法假设输入数据和目标输出数据之间存在线性关系。其基本思想是通过找到最能代表所有输入数据和目标输出数据之间关系的直线，对新的输入数据进行预测。在二维平面中，线性拟合模型的形式为 $y = ax + b + e$。其中，a 和 b 是模型参数，代表线性模型的斜率和截距，e 是误差项。线性拟合的目标就是找到 a 和 b 的值，使得所有数据点到这条直线的距离（通常是平方距离）之和最小。这种方法也称最小二乘法。

在二维平面中有 n 个点 $(x_1, y_1), (x_2, y_2), \cdots, (x_n, y_n)$，我们希望找到一条直线 $y = ax + b$，使它到这些点的平方误差最小。这 n 个点的平方误差可以表示为

$$E = \sum_{i=1}^{n} (y_i - ax_i - b)^2$$

平方误差 E 是 a 与 b 的二次函数，目标是找到使 E 最小的 a 和 b。为此，可以分别对 a 和 b 求偏导，并令偏导数等于 0：

$$\frac{\partial E}{\partial a} = -2 \sum_{i=1}^{n} x_i(y_i - ax_i - b) = 0$$

$$\frac{\partial E}{\partial b} = -2 \sum_{i=1}^{n} (y_i - ax_i - b) = 0$$

求解这两个方程，可以得到 a 与 b 的取值为

$$a = \frac{\sum_{i=1}^{n} x_i y_i - n\overline{x}\,\overline{y}}{\sum_{i=1}^{n} x_i^2 - n\overline{x}^2} = \frac{\sum_{i=1}^{n} (x_i - \overline{x})(y_i - \overline{y})}{\sum_{i=1}^{n} (x_i - \overline{x})^2}$$

$$b = \overline{y} - a\overline{x}$$

其中，$\overline{x}$ 和 $\overline{y}$ 分别是横坐标和纵坐标的均值，用数学公式表达为 $\overline{x} = \sum_{i=1}^{n} x_i/n$，$\overline{y} = \sum_{i=1}^{n} y_i/n$。

命题 2.9

线性函数 $y = ax + b$ 的单调性取决于斜率 a 的值。

- 如果斜率 $a > 0$，那么该函数是单调递增的。也就是说，随着 x 值的增大，y 值会增大。
- 如果斜率 $a < 0$，那么该函数是单调递减的。也就是说，随着 x 值的增大，y 值会减小。
- 如果斜率 $a = 0$，那么该函数是常数函数。也就是说，y 值不会随着 x 值的变化而变化。

♣

对于时间序列 $X = (x_1, x_2, \cdots, x_n)$ 而言，可以通过线性拟合的方法来判断它的单调性。这里可以将长度为 n 的时间序列看成二维平面中的 n 个点，不妨设横坐标分别是 $1, 2, \cdots, n$。于是，可以得到二维平面中的 n 个点 $(1, x_1), (2, x_2), \cdots, (n, x_n)$。使用最小二乘法，可以得到一条直线 $y = ax + b$ 拟合这 n 个点，a 与 b 的取值是

$$a = \frac{\sum\limits_{i=1}^{n} i x_i - \frac{n(n+1)}{2}\overline{x}}{(n-1)n(n+1)/12}$$

$$b = \overline{x} - a\frac{n(n+1)}{2}$$

其中，$\overline{x} = \sum\limits_{i=1}^{n} x_i / n$。根据直线的单调性判断法则，可以得到下面的命题。

命题 2.10

对于时间序列 $X = (x_1, x_2, \cdots, x_n)$ 而言，令

$$\hat{a} = \sum\limits_{i=1}^{n} i x_i - \frac{n(n+1)}{2}\overline{x}$$

- 当 $\hat{a} > 0$ 时，时间序列 $X = (x_1, x_2, \cdots, x_n)$ 有上涨趋势。
- 当 $\hat{a} < 0$ 时，时间序列 $X = (x_1, x_2, \cdots, x_n)$ 有下降趋势。
- 当 $\hat{a} = 0$ 时，时间序列 $X = (x_1, x_2, \cdots, x_n)$ 处于平稳趋势。

♣

2.7.2 控制图方法

控制图理论（Control Chart Theory）是统计过程中的一种控制方法，主要用于制造业。它的目的是跟踪过程数据，检测出过程中的偏差或异常情况。随着科技的进步与发展，控制

图理论的很多算法也被应用在其他领域，包括互联网行业、服务行业和医疗卫生行业等。

控制图是一种图表，横轴表示时间，纵轴表示在某一过程中参数的测量值。控制图一般包括以下三个部分。

- 中心线：中心线表示过程的平均值，这是一个参考线。
- 控制限：上控制限和下控制限通常位于中心线的上下方。如果数据点超出了上控制限或者下控制限，那么意味着可能出现了异常情况。
- 数据点：统计过程中每个观察期的数据点会被绘制在图上。

控制图方法的基本步骤如下。

1. 收集数据：收集一段时间内过程参数的数据。
2. 计算平均值和标准差：计算这段时间内过程参数的平均值和标准差。
3. 确定控制限：基于平均值和标准差，计算出上控制限和下控制限。
4. 绘制控制图：在控制图上标出每个数据点，然后画出中心线和控制限。
5. 分析控制图：观察数据点是否有系统性的偏离中心线或超出控制限的情况。如果有，则表明过程中可能存在特殊因素导致的变异，需要进一步分析与调查。

定义 2.15 3-Sigma 控制图

假设长度为 n 的时间序列是 $X = (x_1, x_2, \cdots, x_n)$，则它的 3-Sigma 控制图为

$$\text{UCL} = \mu + L\sigma$$
$$\text{Center Line} = \mu$$
$$\text{LCL} = \mu - L\sigma$$

其中，UCL 和 LCL 分别表示上控制限和下控制限。$\mu = \sum_{i=1}^{n} x_i/n$ 和 $\sigma^2 = \sum_{i=1}^{n}(x_i-\mu)^2/n$ 分别表示均值与方差。L 表示系数，通常取 $L = 3$。

示例 2.25　假设我们正在监控一个生产过程，其中的每个项目都有一个质量评分。我们每天会检查一些项目并给它们评分，评分范围从 0 到 100。我们希望这个评分保持在一个稳定的范围内，以此来证明生产过程是稳定的。

首先，需要收集一些初始数据以创建控制图。收集前 30 天的数据，每天评分的结果如下：

$$X = (85, 87, 86, 88, 89, 87, 85, 86, 88, 87, 89, 90, 88, 87, 86,$$
$$85, 88, 89, 90, 87, 88, 86, 85, 89, 90, 91, 87, 88, 89, 90)$$

计算这些数据的平均值和标准差。在这个例子中，平均值 $\overline{X}$ 是 87.67，标准差 s 是 1.68。

接下来，使用这些信息设置控制图的中心线和控制限。中心线就是平均值 $\overline{X}$，上控制限是 $\overline{X} + 3s = 87.67 + 3 \times (1.68) = 92.71$，下控制限是 $\overline{X} - 3s = 87.67 - 3 \times (1.68) = 82.63$。

下面开始收集新的数据，并把每天的评分结果绘制在控制图上。如果某一天的评分超出

了上控制限或下控制限，就知道需要去查找并解决可能存在的问题。例如，某天的评分是 93，超过了上控制限，可能需要查看生产过程是否有所改变，或者测量方法是否有问题。同样，如果某天的评分是 81，低于下控制限，那么可能需要查看是否有生产问题，或者测量方法是否有误差。控制图提供了一种可视化的方式来实时监控过程，如果过程数据超出了控制限，那么就有理由相信过程可能不再处于稳定状态，并需要找出及处理问题的根源。使用这种方法可以保持生产过程的稳定，并确保产品的质量。

除了最简单的 3-Sigma 控制图算法，还有其他的控制图算法可供使用，例如移动平均控制图算法。

定义 2.16 移动平均

假设窗口长度是 $w \in \mathbb{N}^+$，对于长度为 n 的时间序列 $X = (x_1, x_2, \cdots, x_n)$ 而言，它的移动平均值为

$$
M_w(i) = \begin{cases} \dfrac{x_{i-w+1} + x_{i-w+2} + \cdots + x_i}{w} = \dfrac{\displaystyle\sum_{j=n-w+1}^{i} x_j}{w}, & i \geqslant w \\[3ex] \dfrac{x_1 + x_2 + \cdots + x_i}{i} = \dfrac{\displaystyle\sum_{j=1}^{i} x_j}{i}, & 1 \leqslant i < w - 1 \end{cases}
$$

示例 2.26 假设有一个时间序列数据 $X = (4, 8, 6, 5, 3, 4, 9, 7, 2, 5)$，我们想要应用一个 $w = 3$ 的移动平均模型，将每个数据点的值替换为它自身及其前两个数据点的平均值。为了计算前两个数据点的移动平均，需要补充一些初始的数据点。这些数据点可以是 0，或者时间序列的第一个值。在本例中，使用 0 作为初始值。

然后，开始计算移动平均。
- 对于第一个数据点 4，其前两个数据点是 0 和 0，所以其移动平均是 $(0+0+4)/1 = 4$。
- 对于第二个数据点 8，其前两个数据点是 0 和 4，所以其移动平均是 $(0+4+8)/2 = 6$。
- 对于第三个数据点 6，其前两个数据点是 4 和 8，所以其移动平均是 $(4+8+6)/3 = 6$。

以此类推，可以得到时间序列的移动平均序列：

$$(4, 6, 6, 6.33, 4.67, 4, 5.33, 6.67, 6, 4.67)$$

这就是应用移动平均模型后的时间序列。可以看到，这个新时间序列比原始时间序列更平滑，更能反映出数据的长期趋势。其 Python 代码如下。

```
import numpy as np

def moving_average(x, w):
    # 初始化结果数组
    moving_avg = np.zeros(len(x))
    # 对于 i < w 的部分, 通过临时计算累积均值
    for i in range(0, w - 1):
        moving_avg[i] = np.mean(x[:i+1])

    # 移动平均是一种特殊类型的卷积，一个简单的长度为w的核可以表示为 [1/w, 1/w, \cdot , 1/w]
    moving_avg[w - 1:] = np.convolve(x, np.ones(w), 'valid') / w
    return moving_avg

# 原始数据
data = np.array([4, 8, 6, 5, 3, 4, 9, 7, 2, 5])
# 计算移动平均
print("移动平均序列", moving_average(data, 3))
```

定义 2.17 移动平均控制图

假设窗口长度是 $w \in \mathbb{N}^+$，对于长度为 n 的时间序列 $X = (x_1, x_2, \cdots, x_n)$ 而言，基于移动平均序列 $[M_w(1), M_w(2), \cdots, M_w(n)]$ 的移动平均控制图为

$$\text{UCL} = \mu + L\frac{\sigma}{\sqrt{w}}$$
$$\text{Center Line} = \mu$$
$$\text{LCL} = \mu - L\frac{\sigma}{\sqrt{w}}$$

UCL 和 LCL 分别表示上控制限和下控制限。$\mu = \sum_{i=1}^{n} x_i/n$ 和 $\sigma^2 = \sum_{i=1}^{n} (x_i - \mu)^2/n$ 分别表示均值与方差。L 表示系数，通常取 $L = 3$。

证明   事实上，$M_w(n)$ 的方差为

$$V(M_w) = \frac{1}{w^2} \sum_{j=i-w+1}^{i} V(x_j) = \frac{1}{w^2} \sum_{j=i-w+1}^{i} \sigma^2 = \frac{\sigma^2}{w}$$

于是，基于移动平均的控制图算法的上下控制限为

$$\mu \pm L\sqrt{V(M_w)} = \mu \pm L\frac{\sigma}{\sqrt{w}}$$

定义 2.18 指数移动平均

假设参数 $\lambda \in [0,1]$，对于长度为 n 的时间序列 $X = (x_1, x_2, \cdots, x_n)$ 而言，它的指数移动平均值为

$$z_i = \begin{cases} x_1, & i = 1 \\ \lambda x_i + (1-\lambda)z_{i-1}, & i \geqslant 2 \end{cases}$$

相应的指数移动平均序列就是 $(z_1, z_2, \cdots, z_n)$，其中 z_i 也可以写成 $\mathrm{EWMA}(\lambda, i)$ 或 $\mathrm{EMA}(\lambda, i)$。

♣

示例 2.27 假设你是一名股票交易员，正在分析一只特定股票的价格变动，以决定是买入还是卖出。过去 10 天的股票收盘价格数据如下：

$$X = (120, 122, 122, 121, 123, 124, 126, 125, 110, 130)$$

为了更好地理解价格的趋势，你决定使用 EWMA 来分析这个数据。设定平滑因子 $\alpha = 0.2$，以下是用 Python 计算 EWMA 的过程。

```python
import numpy as np

# 原始数据: 过去10天的股票收盘价格
data = np.array([120, 122, 122, 121, 123, 124, 126, 125, 110, 130])

# 平滑因子
alpha = 0.2

# 初始化 EWMA 数组
ewma = np.zeros_like(data, dtype=float)

# 第一个 EWMA 值是原始数据的第一个值
ewma[0] = data[0]

# 计算 EWMA
for i in range(1, len(data)):
    ewma[i] = alpha * data[i] + (1 - alpha) * ewma[i-1]

print("原始数据: ", data)
print("指数移动平均序列: ", ewma)
```

通过计算可以得到指数移动平均序列为 $(120, 120.4, 120.72, 120.78, 121.22, 121.78, 122.62, 123.10, 120.48, 122.38)$。这种指数移动平均的技术剔除了短期的波动，有助于我们看清楚股票的整体趋势，从而帮助交易员做出更好的交易决策。

定义 2.19 EWMA 控制图算法

假设参数 $\lambda \in [0,1]$，对于长度为 n 的时间序列 $X = (x_1, x_2, \cdots, x_n)$ 而言，基于指数移动平均序列的控制图为

$$\text{UCL} = \mu + L\sigma\sqrt{\frac{\lambda}{2-\lambda}}$$

$$\text{Center Line} = \mu$$

$$\text{LCL} = \mu - L\sigma\sqrt{\frac{\lambda}{2-\lambda}}$$

UCL 和 LCL 分别表示上控制限和下控制限。$\mu = \sum_{i=1}^{n} x_i/n$ 和 $\sigma^2 = \sum_{i=1}^{n}(x_i - \mu)^2/n$ 分别表示均值与方差。L 表示系数，通常取 $L = 3$。

证明　事实上，z_i 的方差为

$$\sigma_{z_i}^2 = \lambda^2\sigma^2 + (1-\lambda)^2\sigma_{z_{i-1}}^2 = \lambda^2\sigma^2 + (1-\lambda)^2\sigma_{z_i}^2$$

简化之后可以得到

$$\sigma_{z_i}^2 = \frac{\lambda^2}{1-(1-\lambda)^2}\sigma^2 = \frac{\lambda}{2-\lambda}\sigma^2$$

因此，

$$\sigma_{z_i} = \sigma\sqrt{\frac{\lambda}{2-\lambda}}$$

命题 2.11

对于长度为 n 的时间序列 $X = (x_1, x_2, \cdots, x_n)$ 而言，可以通过控制图的上下控制限来判断 x_n 是否有上升或者下降趋势。

- 如果 $x_n > \text{UCL}$，那么 x_n 在时间序列 X 中有上升趋势。
- 如果 $x_n < \text{LCL}$，那么 x_n 在时间序列 X 中有下降趋势。
- 如果 $\text{LCL} \leqslant x_n \leqslant \text{UCL}$，那么 x_n 在时间序列 X 中是平稳趋势。

2.7.3　均线方法

除了线性拟合方法和控制图算法，还可以用下面的定义来描述时间序列在一个区间内的趋势是上升还是下降。

定义 2.20 均线方法

假设时间序列 $X = (x_1, x_2, \cdots, x_n)$ 的一个子序列为 $(x_i, x_{i+1}, \cdots, x_j)$，其中 $i < j$。

如果存在某个 $k \in (i, j)$ 和一组非负实数 $(w_i, w_{i+1}, \cdots, w_j)$，使得

$$\sum_{m=k}^{j} w_m x_m > \sum_{m=i}^{k-1} w_m x_m$$

其中 $\sum_{m=k}^{j} w_m = \sum_{m=i}^{k-1} w_m$，就称时间序列 $(x_i, x_{i+1}, \cdots, x_j)$ 有上升趋势。

如果存在某个 $k \in (i, j)$ 和一组非负实数 $(w_i, w_{i+1}, \cdots, w_j)$，使得

$$\sum_{m=k}^{j} w_m x_m < \sum_{m=i}^{k-1} w_m x_m$$

其中 $\sum_{m=k}^{j} w_m = \sum_{m=i}^{k-1} w_m$，就称时间序列 $(x_i, x_{i+1}, \cdots, x_j)$ 有下降趋势。

命题 2.12

假设两个不同的窗口值 $\ell, s \in \mathbb{N}^+$ 满足条件 $\ell > s \geqslant 1$，

- 当 $M_s(n) > M_\ell(n)$ 时，表示短线上穿长线，曲线有上升趋势。
- 当 $M_s(n) < M_\ell(n)$ 时，表示短线下穿长线，曲线有下降趋势。

其中，短线指的是窗口值 s 对应的移动平均线，长线指的是窗口值 ℓ 对应的移动平均线。

证明　根据条件可以得到 $n - \ell + 1 \leqslant n - s < n - s + 1 < n$。假设 $M_s(n) > M_\ell(n)$，那么通过数学推导可以得到

$$M_s(n) > M_\ell(n)$$

$$\iff \frac{\sum_{j=n-s+1}^{n} x_j}{s} > \frac{\sum_{j=n-\ell+1}^{n} x_j}{\ell} = \frac{\sum_{j=n-\ell+1}^{n-s} x_j + \sum_{j=n-s+1}^{n} x_j}{\ell}$$

$$\iff M_s(n) = \frac{\sum_{j=n-s+1}^{n} x_j}{s} > \frac{\sum_{j=n-\ell+1}^{n-s} x_j}{\ell - s} = M_{\ell-s}(n-s)$$

此时说明 x_n 历史上的 s 个点的平均值大于 x_{n-s} 历史上的 $\ell - s$ 个点的平均值，该序列有上升趋势。反之，如果 $M_s(n) < M_\ell(n)$，那么该序列有下降趋势。　□

MACD（Moving Average Convergence Divergence）指标，即平滑异同移动平均线，是从移动平均线发展而来的，主要应用于金融股票领域。它是基于均线的构造原理，对价格收盘价进行平滑处理（求出加权平均值）后的一种趋向类指标。

MACD 是比较常见的用于判断时间序列单调性的方法，它大致分为以下几步。

1. 根据长短窗口分别计算两条指数移动平均线（EWMA short, EWMA long）。
2. 计算两条指数移动平均线之间的距离，作为离差值（DIF）。
3. 计算离差值的指数移动平均线，作为信号线（DEA）。
4. 将 (DIF − DEA) × 2 作为 MACD 柱状图。

用数学公式详细描述为：令长期指数加权移动平均的时间周期 $\ell = 26$，短期指数加权移动平均的时间周期 $s = 12$，信号线周期 signal = 9，短期 EWMA 的平滑系数 $\alpha = 2/(s+1) = 2/13$，长期 EWMA 的平滑系数 $\beta = 2/(\ell+1) = 2/27$。对于时间序列 $X = (x_1, x_2, \cdots, x_n)$ 而言，可以计算基于指数移动平均的两条线。$\mathrm{EWMA}(\alpha, 1) = \mathrm{EWMA}(\beta, 1) = x_1$，对于所有的 $2 \leqslant i \leqslant n$，有

$$\mathrm{EWMA}(\alpha, i) = \alpha x_i + (1 - \alpha)\mathrm{EWMA}(\alpha, i-1)$$
$$\mathrm{EWMA}(\beta, i) = \beta x_i + (1 - \beta)\mathrm{EWMA}(\beta, i-1)$$

进一步可以计算得到离差值：

$$\mathrm{DIF}(i) = \mathrm{EWMA}(\alpha, i) - \mathrm{EWMA}(\beta, i)$$

令 DEA 的平滑系数 $\gamma = 2/(\mathrm{signal} + 1)$，计算 DEA：

$$\mathrm{DEA}(\gamma, i) = \gamma \mathrm{DIF}(i) + (1 - \gamma)\mathrm{DEA}(\gamma, i-1)$$

最后可以计算 MACD 柱状图，对任意的 $1 \leqslant i \leqslant n$，

$$\mathrm{MACD}(i) = 2(\mathrm{DIF}(i) - \mathrm{DEA}(\gamma, i))$$

命题 2.13

MACD 满足以下性质。

- 当 $\mathrm{DIF}(n)$ 与 $\mathrm{DEA}(n)$ 都大于 0 时，表示时间序列有上升趋势。
- 当 $\mathrm{DIF}(n)$ 与 $\mathrm{DEA}(n)$ 都小于 0 时，表示时间序列有下降趋势。
- 当 $\mathrm{DIF}(n)$ 下穿 $\mathrm{DEA}(n)$ 时，$\mathrm{MACD}(n)$ 小于 0，表示时间序列有下降趋势。
- 当 $\mathrm{DIF}(n)$ 上穿 $\mathrm{DEA}(n)$ 时，$\mathrm{MACD}(n)$ 大于 0，表示时间序列有上升趋势。
- $\mathrm{MACD}(n)$ 附近的向上或者向下的面积，可以作为时间序列上升或者下降幅度的标志。

说明：可以将指数移动平均算法换成移动平均算法或者带权重的移动平均算法，长短期的时间周期可以不局限于 26 和 12，信号线的周期也不局限于 9。

2.8 小结

本章深入探讨了特征工程的核心概念及其在时间序列分析中的应用。特征工程是机器学习领域中的一项关键任务，涉及对原始数据进行转换、编码和选择等操作，以使其能够充分反映数据的内在信息，从而最大限度地提高机器学习模型的预测能力，充分发挥无监督模型、有监督模型等机器学习模型的算法效果。同时，时间序列数据中的缺失值是时间序列领域的一个常见问题。由于大多数机器学习模型无法处理含有缺失值的数据，因此需要使用特定的技术和方法来填充这些缺失值。例如，通过插值、前向填充或后向填充等处理缺失值。本章还讨论了如何通过特征工程从时间序列数据中提取有用的特征，例如时间序列的统计特征、熵特征和降维拟合特征等。本章中讨论的重要概念是时间序列的单调性。时间序列的单调性描述了时间序列的值随时间变化的趋势，它可以帮助我们理解变量间的关系，并且能用于构建更复杂的特征。整体来说，本章提供了一种理解和使用时间序列数据的方法，这种方法能够帮助我们更有效地挖掘数据中的信息，建立更强大的预测模型，从而在时间序列数据中获取更丰富的信息。

第 3 章

时间序列预测

时间序列数据无处不在，在电商、金融、游戏等场景中都存在着大量不同形式的时间序列数据，比如每天波动的股票价格走势，就是实时的时间序列数据。在实际业务场景中，也存在着各种各样的指标，如实时在线人数、实时带宽、DAU 等，这些和时间存在关联特性的指标也是时间序列数据。时间序列的预测问题是业务场景中十分常见的一个问题，即在已知历史数据的情况下预测未来数据的变化情况。

在开始一个时间序列预测项目之前，需要了解具体的业务目标。我们要预测的目标是什么？是预测未来一小时、一天，还是一个月的数据变化？预测步长是多长？是预测未来一个时间单元，还是预测未来多个时间单元？比如针对 CDN 带宽的预测场景，预测目标是当天带宽的峰值，而在其他时间并不需要带宽的数值，所以可以直接使用过去每天的带宽峰值作为训练的标签。

确定了具体的预测目标之后，下一步是收集历史数据。至于需要获取多少历史数据，则要根据数据的频率和预测目标来考虑。如果是在"小时"粒度上进行预测，那么一个月左右的数据量可能就足够了。如果是在"天"粒度甚至"年"粒度上进行预测，那么需要更长时间跨度的数据。如果在数据中隐含了周期性，那么至少需要包含多个周期的数据。在后续的建模过程中，也可以根据模型的表现情况评估训练数据是否充足。

有时，需要收集其他对预测目标有影响的数据，如在预测网约车订单量的场景中，天气变化、是否工作日、是否节假日等信息都对提高预测准确性有很大帮助。这些其他信息也可以被称为协变量。

当初步收集了数据之后，就可以开始构建预测模型了，这是本章重点关注的内容。时间序列预测方法有很多，可大致分为两类。

1. 统计方法：统计类方法如自回归模型 AR(p)、移动平均模型 MA(q)、自回归移动平均模型 ARMA(p, q)、自回归差分移动平均模型 ARIMA(p, d, q)。前 3 种模型可以视为 ARIMA 模型的特例。统计方法的优点是鲁棒性好，可解释性强，能够捕捉时序数据中的趋势、季节性等信息；缺点是在使用时常需要事先进行检验，泛化性较差，无法捕捉复杂的非线性关系，无法利用协变量等其他信息。

2. 深度学习方法：深度学习方法建立在神经网络的基础上，是机器学习的一个分支。从

RNN、LSTM、DeepAR 到 Attention 方法，深度学习方法依赖有效的网络结构和精巧的训练技巧。在有效的数据预处理和模型调参技巧的搭配下，深度学习方法通常能取得不错的效果。其优点是非线性拟合能力强，可以实现端到端的训练和预测，可以引入专家经验及协变量等因素；缺点是模型参数多，对数据量要求较高，训练方式复杂。

本章会介绍几种较为经典的时间序列方法。以下方法没有绝对优劣之分，可以根据不同的业务场景和数据条件进行选择。

3.1 时间序列预测的统计方法

3.1.1 自回归差分移动平均模型

ARIMA 的全称为 Autoregressive Integrated Moving Average Model（自回归差分移动平均模型）。在了解 ARIMA 之前，需要简单介绍下平稳和差分的概念、移动平均模型 MA(q) 和自回归模型 AR(p)。

平稳和差分

> **定义 3.1 平稳**
>
> 一个平稳的时间序列指的是时间序列的各种统计属性不会随着时间变化，即时间序列数据的均值、方差和自相关性等属性与时间是独立的。 ♣

> **定义 3.2 差分**
>
> 一阶差分变换，即用当前时刻的值减去上一时刻的值。
>
> $$x'_t = x_t - x_{t-1}$$
>
> 如果在一阶差分的基础上再进行一次差分，则称为二阶差分。
>
> $$x''_t = x'_t - x'_{t-1}$$
>
> 差分可以通过去除时间序列中的一些变化特征使它的均值平稳化，并因此消除（或削弱）时间序列的趋势和季节性。 ♣

图 3.1 所示为差分效果图，这是一个使用差分来消除趋势的例子，时间序列随着时间的增加而不断增大，经过差分后时间序列的均值与时间无关。

原数据：(1, 2, 3, 4, 5, 6, 7, 8, 9, 10, 11, 12, 13, 14, 15, 16, 17, 18, 19, 20)

差分结果：$(1, 1, 1, 1, 1, 1, 1, 1, 1, 1, 1, 1, 1, 1, 1, 1, 1, 1, 1)$

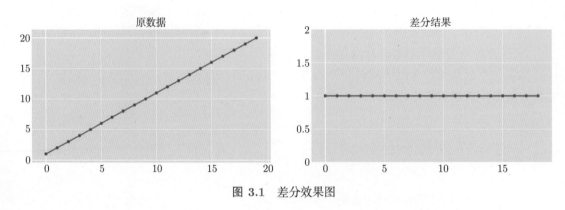

图 3.1   差分效果图

数据经过差分后，如何检验其是否变得平稳呢？常用的检验方式是使用 ADF（Augmented Dickey-Fuller）检验。ADF 检验是一个假设检验，零假设是时间序列中有一个单位根，备择假设是没有单位根。ADF 检验结果由检验统计量（Test Statistic）和一些置信区间的临界值组成。如果检验统计量少于临界值，那么可以拒绝零假设，并认为序列是稳定的。例如，下面公式中的 β 是常数，α_1 是时间序列的根，当且仅当根落在单位圆内时，这个时间序列才是一个平稳时间序列，即根的值应该在 -1 到 1 之间，否则是非平稳时间序列。

$$x_t = \beta + \alpha_1 x_{t-1} + \epsilon_t$$

AR 和 MA

定义 3.3 自回归模型

自回归模型（Autoregressive Model）基于过去时间步数值的线性外推，再加上随机扰动项，p 阶自回归模型记作 AR(p)。AR(p) 公式定义如下：

$$x_t = c + \sum_{i=1}^{p} \varphi_i x_{t-i} + \varepsilon_t$$

其中，$\varphi_1, \varphi_2, \cdots, \varphi_p$ 是模型的参数，c 是常数，ε_t 是白噪声随机数，ε_t 服从平均值为 0、方差为 σ^2 的正态分布，即 $\varepsilon_t \sim N(0, \sigma)$。

定义 3.4 移动平均模型

移动平均模型（Moving Average Model）描述的是自回归过程的误差累计，q 阶移动平均模型记作 MA(q)。MA(q) 公式定义如下：

$$x_t = \mu + \varepsilon_t - \theta_1\varepsilon_{t-1} - \theta_2\varepsilon_{t-2}\cdots - \theta_q\varepsilon_{t-q}$$

其中，μ 代表序列均值，$\theta_1, \theta_2, \cdots, \theta_q$ 是模型的参数值，$\varepsilon_t, \varepsilon_{t-1}, \cdots, \varepsilon_{t-q}$ 是噪声项。它们都服从标准正态分布且相互独立。

ARMA 和 ARIMA

定义 3.5 自回归移动平均模型

自回归移动平均模型（Autoregressive Moving Average Model）组合了自回归模型和移动平均模型，p 阶自回归模型和 q 阶移动回归模型组合的自回归移动平均模型记作 ARMA(p,q)。ARMA(p,q) 公式定义如下：

$$x_t = c + \varepsilon_t + \sum_{i=1}^{p}\varphi_i x_{t-i} + \sum_{i=1}^{q}\theta_i\varepsilon_{t-i}$$

其中，$\varphi_1, \varphi_2, \cdots, \varphi_p$ 和 $\theta_1, \theta_2, \cdots, \theta_q$ 是模型的参数值，c 是常数，ε_t 是白噪声随机数。

MA(q)、AR(p) 和 ARMA(p,q) 都只能应用在平稳的时间序列数据上，如果时间序列数据不平稳，则需要进行变换，主要使用差分方法，比如使用 ADF 方法检验平稳性之后就能应用模型。在使用模型进行预测之后，还需要将数据变换回差分之前的模式。因为 ARIMA 包含差分的步骤，所以它可以直接应用在非平稳时间序列上。

定义 3.6 自回归差分移动平均模型

自回归差分移动平均模型（Autoregressive Integratged Moving Average Model）组合了自回归模型和移动平均模型，并通过差分的方式降低数据的不平稳性，然后转化为 ARMA 模型，适用于非平稳时间序列。ARIMA(p,d,q) 中的 p 是 AR(p) 的阶数，q 是 MA(q) 的阶数，d 是差分的阶数，表示时间序列被差分的次数，一般时间序列不会超过 3 次差分。ARIMA(p,d,q) 公式定义如下：

$$x_t' = c + \varepsilon_t + \sum_{i=1}^{p}\varphi_t x_{t-i}' + \sum_{i=1}^{q}\theta_i\varepsilon_{t-i}'$$

其中，x_t' 表示差分后的时间序列，时间序列可能被差分了多次。$\varphi_1, \varphi_2, \cdots, \varphi_p$ 和 $\theta_1, \theta_2, \cdots, \theta_q$ 是模型的参数值，c 是常数，ε_t 是白噪声随机数。

使用 ARIMA 模型进行预测，大致遵循以下几个步骤。

1. 进行时间序列可视化，可大致判断时间序列是否存在趋势、季节性、周期性。如果数据中存在周期性或季节性，那么可以使用季节性自回归差分移动平均（Seasonal Autoregressive Integrated Moving Average，SARIMA）模型，其增加了一组季节性差分参数。

2. 判断时间序列是否平稳。可使用 ADF 检验方法。如果时间序列不平稳，则需要进行一次或多次差分；也可以在下一步中使用遍历的方式确定最优的 d 值。在实践中，statsmodels.tsa.stattools 库中的 adfuller 方法用于检验平稳性。ADF 检验会根据数据量的不同而提供不同置信水平下的临界值，如 5% 置信水平下的检验统计量小于 -2.862 且 p 值小于 0.05，即认为数据是平稳的。如果数据是非平稳的，则对数据进行差分处理后，再次进行 ADF 检验。如果数据还不平稳，则再进行一次差分，直至数据平稳，差分次数即为 ARIMA(p, d, q) 中的参数 d。在实践中，可使用 NumPy 库中的 diff 函数来操作差分。

3. 找到最优参数。通常，使用 ACF 或者 PACF 图找到参数 p 和 q。此外，也可以使用遍历可能的参数组合的方式找到最优参数组合 (p, d, q) 或 (p, q)，这被称为网格搜索（Grid Search）。那么，如何确定哪组参数组合是最优的呢？这里会引入一个衡量指标 AIC。

定义 3.7 赤池信息量准则

赤池信息量准则（Akaike Information Criterion，AIC）是由日本统计学家赤池弘次创立和发展的。赤池信息量准则建立在信息熵的概念基础上，该指标越小，表示模型能够在尽可能简单的参数量上取得越好的拟合效果。

$$AIC = 2k - 2\ln(L)$$

其中，k 是参数的数量，L 是似然函数。

参数数量与 (p, q) 直接相关，如果拟合一个 ARMA$(2,2)$ 的模型，就认为参数量是 $2 + 2 = 4$；如果拟合一个 ARMA$(3,4)$ 的模型，就认为参数量是 $3 + 4 = 7$。参数量越多，模型越复杂，AIC 指标越高。似然函数定义为负的残差平方和，代表了模型的拟合程度，拟合程度越好，似然函数越大，AIC 越小。所以，AIC 在过拟合和欠拟合之间保持平衡。比较不同参数组合拟合得到的 AIC 指标，最低 AIC 指标的参数组合即为最优参数组合 (p, d, q)。在实践中，可以使用遍历的方式计算每个参数组合的 AIC 指标，并使用 AIC 值最小的参数组合。statsmodels.tsa.arima_model 库中提供了 ARIMA 模型和计算 AIC 的函数。

4. 残差检验。得到了 AIC 指标最小的参数组合 (p, d, q) 后，最后一步是残差检验。残差实际上是真实值和预测值之间的差异，如果残差之间存在相关性，则表明在残差中还有可以用于预测的信息；如果残差的平均值不是 0，那么预测是有偏差的。所以，残差应为白噪声，即判断残差是否满足平均值为 0 且方差为常数的正态分布（零均值、方差不变的正态分布），同时观察连续残差是否自相关。通常，使用 Ljung-Box 检验和 Q-Q 图（Quantile-Quantile Plot）进行检验。statsmodels.stats.diagnostic 库中提供了 acorr_ljungbox 方法用于检验。

在示例 3.1 中展示了使用 statsmodels 库的季节性 ARIMA 模型对一段非平稳且有季节性的数据进行拟合和预测的过程。原始数据如图 3.2 所示，预测结果如图 3.3 所示。

示例 3.1

```
import warnings
import itertools
import pandas as pd
import numpy as np
import statsmodels.api as sm
import plotly.express as px

data = sm.datasets.co2.load_pandas()
# statsmodels 提供的 CO2 数据集是典型的带有趋势性和季节性的数据集
y = data.data

y = y['co2'].resample('MS').mean()
y = y.fillna(y.bfill())
px.line(y) # 对数据进行可视化
```

```
# 定义要搜索的参数范围
p = d = q = range(0, 2)
pdq = list(itertools.product(p, d, q))

# 定义季节性参数范围
seasonal_pdq = [(x[0], x[1], x[2], 12) for x in list(itertools.product(p, d, q))]

# 打印参数组合的示例
print('Examples of parameter combinations for Seasonal ARIMA...')
print('SARIMAX: {} x {}'.format(pdq[1], seasonal_pdq[1]))
print('SARIMAX: {} x {}'.format(pdq[1], seasonal_pdq[2]))
print('SARIMAX: {} x {}'.format(pdq[2], seasonal_pdq[3]))
print('SARIMAX: {} x {}'.format(pdq[2], seasonal_pdq[4]))

warnings.filterwarnings("ignore")

# 循环遍历每个 ARIMA 参数和季节性 ARIMA 参数的组合，训练模型并计算 AIC 值
for param in pdq:
    for param_seasonal in seasonal_pdq:
        try:
            # 创建季节性 ARIMA 模型
            mod = sm.tsa.statespace.SARIMAX(y,
                                            order=param,
                                            seasonal_order=param_seasonal,
```

```
                                      enforce_stationarity=False,
                                      enforce_invertibility=False)

            # 拟合模型并计算 AIC 值
            results = mod.fit()
            # 打印模型参数和 AIC 值
            print('ARIMA{}x{}12 - AIC:{}'.format(param, param_seasonal, results.aic))
        except:
            continue
```

```
Output
Examples of parameter combinations for Seasonal ARIMA...
SARIMAX: (0, 0, 1) x (0, 0, 1, 12)
SARIMAX: (0, 0, 1) x (0, 1, 0, 12)
SARIMAX: (0, 1, 0) x (0, 1, 1, 12)
SARIMAX: (0, 1, 0) x (1, 0, 0, 12)
ARIMA(0, 0, 0)x(0, 0, 0, 12)12 - AIC:7612.583429881011
ARIMA(0, 0, 0)x(0, 0, 1, 12)12 - AIC:6787.343623903839
...
...
ARIMA(1, 1, 1)x(1, 1, 0, 12)12 - AIC:444.1243686506805
ARIMA(1, 1, 1)x(1, 1, 1, 12)12 - AIC:277.78021963424277
```

```
# 选择AIC最小的参数组合
mod = sm.tsa.statespace.SARIMAX(y,
                                order=(1, 1, 1),
                                seasonal_order=(1, 1, 1, 12),
                                enforce_stationarity=False,
                                enforce_invertibility=False)

results = mod.fit()

print(results.summary().tables[1])
```

```
Output
==============================================================================
              coef std err z P>|z| [0.025 0.975]
------------------------------------------------------------------------------
ar.L1 0.3182 0.092 3.442 0.001 0.137 0.499
ma.L1 -0.6254 0.077 -8.162 0.000 -0.776 -0.475
ar.S.L12 0.0010 0.001 1.732 0.083 -0.000 0.002
ma.S.L12 -0.8769 0.026 -33.812 0.000 -0.928 -0.826
sigma2 0.0972 0.004 22.632 0.000 0.089 0.106
==============================================================================
```

```
import plotly.graph_objs as go

pred = results.get_prediction(start=pd.to_datetime('1998-01-01'), dynamic=False)
pred_ci = pred.conf_int()
```

```python
# 绘制观测数据
trace_observed = go.Scatter(
    x=y.index,
    y=y,
    mode='lines',
    name='Observed'
)

# 绘制预测结果
trace_forecast = go.Scatter(
    x=pred.predicted_mean.index,
    y=pred.predicted_mean,
    mode='lines',
    name='Forecast'
)

# 绘制置信区间
trace_confidence = go.Scatter(
    x=pred_ci.index,
    y=pred_ci.iloc[:, 0],
    mode='lines',
    line=dict(color='rgba(255,255,255,0)'),
    showlegend=False
)

trace_confidence2 = go.Scatter(
    x=pred_ci.index,
    y=pred_ci.iloc[:, 1],
    mode='lines',
    fill='tonexty',
    fillcolor='rgba(0,100,80,0.2)',
    line=dict(color='rgba(255,255,255,0)'),
    name='Confidence Interval'
)

# 绘制布局
layout = go.Layout(
    title='CO2 Levels Forecast with SARIMA',
    xaxis=dict(title='Date', range=['1990-01-01', pred.predicted_mean.index[-1].strftime
        ('%Y-%m-%d')]),
    yaxis=dict(title='CO2 Levels', range=[340, 380]),
    legend=dict(x=0.1, y=1.1)
)

# 绘制图形
fig = go.Figure(data=[trace_observed, trace_forecast, trace_confidence, trace_confidence
    2], layout=layout)
fig.show()
```

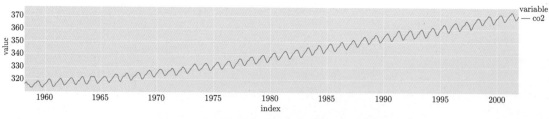

图 3.2 原始数据带有明显的趋势性和季节性

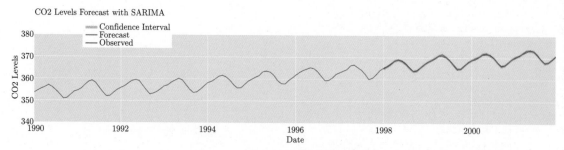

图 3.3 季节性 ARIMA 预测结果

3.1.2 指数平滑方法

3.1.1 节介绍了移动平均模型，本节要介绍一种特殊的移动平均方法——指数平滑。它考虑了全周期的平均，还加入了权重系数，随着过去观测值与预测值距离的增大，权重呈指数级衰减。观测值越近，权重越高；观测值越远，权重越小，并逐渐收敛为 0。

一次指数平滑

Hole-Winter 方法的核心即为指数平滑方法。在平滑之前需要设置初始值，可以取第一个观测值或者前几个观测值的均值作为初始值。

> **定义 3.8 一次指数平滑**
>
> 一次指数平滑的定义为
>
> $$s_t = \alpha x_{t-1} + (1-\alpha)s_{t-1}$$
>
> 其中，α 为权重，$0 \leqslant \alpha \leqslant 1$，$s_t$ 为 t 时刻的平滑估计，s_t 等于上一时刻观测值 x_{t-1} 和上一时刻平滑估计值的加权组合。

如果 α 很小（接近 0），那么更远的过去的观测值会被赋予更大的权重；如果 α 很大（接近 1），则赋予更大的权重给最近的观测值。在数据变化大的情况下，取较大的 α。这种简单的指数平滑还被称为指数加权移动平均（Exponentially Weighted Moving Average）。它也可以被归类为一个无常数项的自回归移动平均 ARIMA$(0,1,1)$ 模型。

二次指数平滑

一次指数平滑无法处理数据中存在趋势的情况。为了解决这个问题，可以递归地进行二次指数平滑。二次指数平滑在一次指数平滑的基础上，考虑了趋势的因素。

定义 3.9 二次指数平滑

二次指数平滑的定义为

$$s_0 = x_0$$
$$b_0 = x_1 - x_0$$
$$s_t = \alpha x_t + (1 - \alpha)(s_{t-1} + b_{t-1})$$
$$b_t = \beta(s_t - s_{t-1}) + (1 - \beta)b_{t-1}$$

其中，α 为数据平滑权重，β 为趋势平滑权重，$0 \leqslant \alpha \leqslant 1$，$0 \leqslant \beta \leqslant 1$，$b_t$ 可视为对时刻 t 趋势的估计，s_t 表示时刻 t 的平滑值。

用二次指数平滑预测 $t + m$ 时刻的值，可近似为

$$x_{t+m} = s_t + mb_t$$

三次指数平滑

三次指数平滑也称 Holt-Winters 方法，其中包含了季节项。

定义 3.10 三次指数平滑

假设有一个观测序列，从 $t = 0$ 时刻开始，具有长度为 L 的季节性变化周期。三次指数平滑的定义为

$$s_0 = x_0$$
$$s_t = \alpha(x_t - c_{t-L}) + (1 - \alpha)(s_{t-1} + b_{t-1})$$
$$b_t = \beta(s_t - s_{t-1}) + (1 - \beta)b_{t-1}$$
$$c_t = \gamma(x_t - s_{t-1} - b_{t-1}) + (1 - \gamma)c_{t-L}$$

其中，α 为数据平滑权重，β 为趋势平滑权重，γ 为季节平滑权重，$0 \leqslant \alpha \leqslant 1$，$0 \leqslant \beta \leqslant 1$，$0 \leqslant \gamma \leqslant 1$，$b_t$ 可视为对时刻 t 趋势的估计，s_t 表示时刻 t 的平滑值，c_t 是季节性校正因子的序列。

水平函数 s_t 为季节性调整的观测值和时刻 t 的非季节性预测值的加权平均值，季节函数 c_t 为当前季节指数和去年同一季节的季节性指数的加权平均值。一般需要两个完整的季节的数据来计算初始值。用三次指数平滑预测 $t+m$ 时刻的值，可近似为

$$x_{t+m} = s_t + mb_t + c_{t-L+1+(m-1) \bmod L}$$

上述定义了相加的方法，除此之外，还有相乘的方法。相乘方法的三次指数平滑定义为

$$s_0 = x_0$$

$$s_t = \alpha \frac{x_t}{c_{t-L}} + (1-\alpha)(s_{t-1} + b_{t-1})$$

$$b_t = \beta(s_t - s_{t-1}) + (1-\beta)b_{t-1}$$

$$c_t = \gamma \frac{x_t}{s_t} + (1-\gamma)c_{t-L}$$

$$x_{t+m} = (s_t + mb_t)c_{t-L+1+(m-1) \bmod L}$$

当季节性变化的幅度呈线性增加或减少时，优先选择相加的方法；当季节变化的幅度存在比例关系或呈指数级增加或下降时，优先选择相乘的方法。

示例 3.2 展示了使用 statsmodels 库的季节性 Holt-Winters 模型（ExponentialSmoothing 类），对一段非平稳且有季节性的数据进行拟合和预测的过程。图 3.4 为预测结果。

示例 3.2

```
import plotly.graph_objs as go
from plotly.subplots import make_subplots
import statsmodels.api as sm
from statsmodels.tsa.holtwinters import ExponentialSmoothing
import pandas as pd
import numpy as np

# 加载CO2数据集
data = sm.datasets.co2.load_pandas()
y = data.data

# 对数据集进行重新采样和填充缺失值
y = y['co2'].resample('MS').mean()
y = y.fillna(y.bfill())

# 将时间序列数据集拆分为训练集和测试集
train_len = int(len(y) * 0.8)
train, test = y[0:train_len], y[train_len:]

# 使用Holt-Winters方法拟合训练数据
model = ExponentialSmoothing(train, seasonal_periods=12, trend='add', seasonal='add')
```

```
model_fit = model.fit()

# 对测试数据进行预测
predictions = model_fit.forecast(len(test))

fig = make_subplots(rows=1, cols=1)

# 在图中添加实际值和预测值
fig.add_trace(go.Scatter(x=y.index, y=y.values, name='实际值'), row=1, col=1)
fig.add_trace(go.Scatter(x=test.index, y=predictions, name='预测值'), row=1, col=1)

# 更新图表布局
fig.update_layout(title='CO2 Levels Forecast with Holt-Winters', height=300)

# 显示图表
fig.show()
```

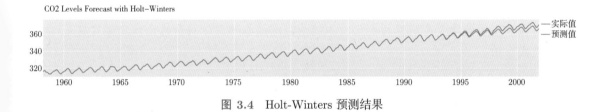

图 3.4　Holt-Winters 预测结果

3.1.3　Prophet

Prophet 是 Facebook 于 2017 年在 GitHub 上开源的时间序列趋势预测算法,它的官方网址和介绍可以参考链接 3-1 和链接 3-2。[①]

从官网介绍来看,Prophet 算法不仅可以处理时间序列中存在一些异常值的情况,也可以处理部分缺失值的情况,还能够几乎全自动地预测时间序列未来的走势。Prophet 算法是基于时间序列分解和机器学习的拟合来实现的,在拟合模型时使用了开源工具 pyStan,因此能够在较短的时间内得到需要预测的结果。除此之外,为了方便统计学家、机器学习从业者等人群使用,Prophet 还提供了 R 语言和 Python 语言的接口。从整体介绍来看,针对一般的商业分析或者数据分析的需求,可以尝试使用 Prophet 算法来预测未来时间序列的走势。

在时间序列分析领域,有一种常见的分析方法叫作时间序列的分解(Decomposition of Time Series),在指数平滑方法中也用到了时间序列的分解。

[①]请根据本书封底处的读者服务,加入本书读者群,获取参考链接文档。

定义 3.11 时间序列的分解

时间序列的分解是指把时间序列 y_t 分成若干个部分，分别是季节项 S_t、趋势项 T_t 和剩余项 R_t。也就是说，对所有的 $t \geqslant 0$，都有

$$y_t = S_t + T_t + R_t$$

除了加法的形式，还有乘法的形式：

$$y_t = S_t \times T_t \times R_t$$

以上式子等价于 $\ln y_t = \ln S_t + \ln T_t + \ln R_t$。因此，在预测模型时，可以先取对数，然后进行时间序列的分解，得到乘法的形式。加法模型适用于时间序列的趋势和季节性相对独立的情况，即季节性的变化与趋势无关。例如，某公司的月销售额可能在不同的月份存在季节性变化，但总体来说，销售额的趋势是平稳的。乘法模型适用于时间序列的趋势和季节性相关联的情况，即季节性的变化与趋势相关。例如，某旅游景点的访问量可能在不同的季节有明显的变化，但随着时间的推移，访问量的总体趋势可能是增加或减少的。

在 Prophet 算法中，作者基于这种方法进行了必要的改进和优化。[12] 一般来说，在实际生活和生产环节中，除了季节项、趋势项、剩余项，通常还有节假日的效应。所以，在 Prophet 算法中，作者同时考虑了以下四项：

$$y(t) = g(t) + s(t) + h(t) + \epsilon_t$$

其中，$g(t)$ 表示趋势项，即时间序列在非周期上的变化趋势；$s(t)$ 表示周期项，也称季节项，一般以周或者年为单位；$h(t)$ 表示节假日项，即当天是否为节假日；ϵ_t 表示误差项，也称剩余项。Prophet 算法通过拟合这几项，最后把它们累加起来，得到时间序列的预测值。

趋势项

在 Prophet 算法中，趋势项基于两个重要的函数，一个是逻辑回归函数（Logistic Regression Function），另一个是分段线性函数（Piecewise Linear Function）。

定义 3.12 Sigmoid 函数和逻辑回归

Sigmoid 函数的表达式为

$$\sigma(x) = 1/(1 + \mathrm{e}^{-x})$$

它的导数是 $\sigma'(x) = \sigma(x) \cdot (1 - \sigma(x))$，并且 $\lim\limits_{x \to +\infty} \sigma(x) = 1$，$\lim\limits_{x \to -\infty} \sigma(x) = 0$。逻辑回

归（Logistic Regression）是一种用于预测二元分类问题的机器学习算法，它利用单个或多个特征变量，通过 Sigmoid 函数将输入值映射为 0 和 1 之间的概率值，进而做出分类判断。 ♣

下面介绍基于逻辑回归的趋势项是怎么实现的。如果为逻辑回归增加一些参数，那么它就可以改写为

$$f(x) = C/(1 + \mathrm{e}^{-k(x-m)})$$

其中，C 为曲线的最大渐近值，k 表示曲线的增长率，m 表示曲线的中点。当 $C = 1, k = 1, m = 0$ 时，恰好就是常见的 Sigmoid 函数的形式。从 Sigmoid 函数的表达式来看，它满足微分方程 $y' = y(1 - y)$。

那么，如果使用分离变量法来求解微分方程 $y' = y(1 - y)$，就可以得到

$$\frac{y'}{y} + \frac{y'}{1-y} = 1 \Rightarrow \ln\frac{y}{1-y} = 1 \Rightarrow y = 1/(1 + ke^{-x})$$

在现实环境中，函数 $f(x) = C/(1 + \mathrm{e}^{-k(x-m)})$ 的三个参数 C, k, m 不可能都是常数，而是随着时间的迁移而变化的。因此，在 Prophet 算法中，把这三个参数全部换成随时间而变化的函数，也就是 $C = C(t), k = k(t), m = m(t)$。

除此之外，在现实的时间序列中，曲线的走势肯定不会一直保持不变，而是在某些特定时刻或者在某种潜在的周期曲线内发生变化。因此，有学者研究了变点检测，也就是 Change Point Detection。如图 3.5 所示，t_1^*, t_2^* 就是时间序列的两个变点。

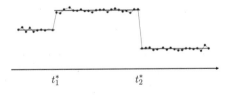

图 3.5 变点示意图

在 Prophet 中需要设置变点的位置，而每段的趋势和走势也会根据变点的情况而改变。在程序中有两种方法，一种是由人工指定变点的位置；另一种是通过算法自动选择。在默认的函数中，Prophet 会选择 n_changepoints = 25 个变点，然后设置变点的范围是前 80 %（changepoint_range），也就是在时间序列的前 80% 区间内设置变点。由源代码 forecaster.py 中的 set_changepoints 函数可知，首先，要看一些边界条件是否合理，例如时间序列的点数是否少于 n_changepoints 等；其次，如果边界条件合理，那么变点的位置就是均匀分布的，

这一点可以通过 np.linspace 函数看出来。

下面假设已经放置了 S 个变点,并且变点的位置在时间戳 $s_j(1 \leqslant j \leqslant S)$ 上,那么在这些时间戳上,需要给出增长率(Change in Rate),也就是在时间戳 s_j 上的增长率。可以假设有一个向量 $\boldsymbol{\delta} \in \mathbb{R}^S$,其中 δ_j 表示在时间戳 s_j 上的增长率的变化量。如果使用 k 来代替一开始的增长率,那么在时间戳 t 上的增长率就是 $k + \sum\limits_{j:t>s_j} \delta_j$。

使用一个指示函数 $\boldsymbol{a}(t) \in \{0,1\}^S$:

$$a_j(t) = \begin{cases} 1, & t \geqslant s_j \\ 0, & \text{其他} \end{cases}$$

那么在时间戳 t 上的增长率就是 $k + \boldsymbol{a}^{\mathrm{T}}\boldsymbol{\delta}$。一旦变化量 k 确定了,那么另一个参数 m 也要随之确定。这里需要处理好线段的边界,因此通过数学计算可以得到

$$\gamma_j = \left(s_j - m - \sum_{\ell<j} \gamma_\ell\right) \cdot \left(1 - \frac{k + \sum\limits_{\ell<j} \delta_\ell}{k + \sum\limits_{\ell\leqslant j} \delta_\ell}\right)$$

所以,分段的逻辑回归增长模型为

$$g(t) = \frac{C(t)}{1 + \exp\left(-(k + \boldsymbol{a}(t)^{\mathrm{T}}\boldsymbol{\delta}) \cdot (t - (m + \boldsymbol{a}(t)^{\mathrm{T}}\boldsymbol{\gamma}))\right)}$$

其中,$\boldsymbol{a}(t) = (a_1(t), a_2(t), \cdots, a_S(t))^{\mathrm{T}}$,$\boldsymbol{\delta} = (\delta_1, \delta_2, \cdots, \delta_S)^{\mathrm{T}}$,$\boldsymbol{\gamma} = (\gamma_1, \gamma_2, \cdots, \gamma_S)^{\mathrm{T}}$。

在逻辑回归函数中,有一个参数需要提前设置,那就是 capacity,即 $C(t)$。在使用 Prophet 算法中的 growth $=$ 'logistic' 时,需要提前设置 $C(t)$ 的取值。

接下来,介绍基于分段线性函数的趋势项是怎么实现的。众所周知,线性函数指的是 $y = kx + b$,而分段线性函数指的是在每个子区间上的函数都是线性函数,但是在整段区间上,函数并不完全是线性的。如图 3.6 所示,分段线性函数是一个折线的形状。

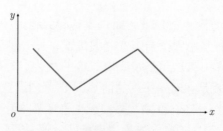

图 3.6　分段线性函数示意图

因此，基于分段线性函数的模型形如

$$g(t) = (k + \boldsymbol{a}(t)^{\mathrm{T}}\boldsymbol{\delta})t + (m + \boldsymbol{a}(t)^{\mathrm{T}}\boldsymbol{\gamma})$$

其中，k 表示增长率（growth rate），$\boldsymbol{\delta}$ 表示增长率的变化量，m 表示偏置。分段线性函数与逻辑回归函数的最大区别就是 $\boldsymbol{\gamma}$ 的设置不一样。与逻辑回归函数中的设置不同，在分段线性函数中，$\boldsymbol{\gamma} = (\gamma_1, \gamma_2, \ldots, \gamma_S)^{\mathrm{T}}$，$\gamma_j = -s_j\delta_j$。

在 Prophet 算法的源代码中，forecast.py 函数中包含了关键的步骤，其中，piecewise_logistic 函数表示基于逻辑回归的增长函数，它的输入包含了 cap 指标，因此需要用户事先指定 capacity。而在 piecewise_linear 函数中，不需要 cap 指标，因此 m = Prophet() 函数默认使用 growth = 'linear' 增长函数，也可以写作 m = Prophet(growth = 'linear')；如果想用 growth = 'logistic'，就要写为 m = Prophet (growth='logistic')。

下面介绍变点的选择（Change Point Selection）。在介绍变点之前，要介绍 Laplace 分布，它的概率密度函数为

$$f(x|\mu, b) = \exp\left(-|x - \mu|/b\right)/2b$$

其中，μ 表示位置参数，$b > 0$ 表示尺度参数。Laplace 分布与正态分布有一定的差异。

在 Prophet 算法中，需要给出变点的位置、个数，以及增长的变化率。因此，有三个比较重要的指标，分别是 changepoint_range、n_changepoint 和 changepoint_prior_scale。

changepoint_range 表示百分比，需要在前 changepoint_range 长度的时间序列中设置变点，默认 changepoint_range = 0.8。n_changepoint 表示变点的个数，默认 n_changepoint = 25。changepoint_prior_scale 表示变点增长率的分布情况，在相关论文中，$\delta_j \sim \mathrm{Laplace}(0, \tau)$，这里的 τ 就是 change_point_scale。

在整个开源框架中，在默认场景下，变点的选择基于时间序列前 80% 的历史数据，然后通过等分的方法找到 25 个变点，而变点的增长率满足 Laplace 分布 $\delta_j \sim \mathrm{Laplace}(0, 0.05)$。因此，当 τ 趋近于 0 时，δ_j 也趋近于 0，此时的增长函数将变成全段的逻辑回归函数或者线性函数。这一点从 $g(t)$ 的定义可以看出。

在长度为 T 的历史数据中，可以选取 S 个变点，它们对应的增长率变化量是 $\delta_j \sim \mathrm{Laplace}(0, \tau)$。在进行预测时，由此设置相应的变点的位置。从代码中可以看出，在 forecaster.py 的 sample_predictive_trend 函数中，通过 Poisson 分布等概率分布方法找到新增的 changepoint_ts_new 的位置，然后与 changepoint_t 拼接在一起，就得到了整段序列的 changepoint_ts。

```
changepoint_ts_new = 1 + np.random.rand(n_changes) * (T - 1)
changepoint_ts = np.concatenate((self.changepoints_t, changepoint_ts_new))
```

第一行代码中的 1 保证 changepoint_ts_new 中的元素都大于 change_ts 中的元素。除

了变点的位置，还需要考虑 $\boldsymbol{\delta}$ 的情况。这里令 $\lambda = \sum_{j=1}^{S} |\delta_j|/S$ ，于是新的增长率的变化量按照下面的规则来选择：当 $j > T$ 时，

$$
\begin{cases}
\delta_j = 0, & \text{概率为 } (T - S)/T \\
\delta_j \sim \text{Laplace}(0, \lambda), & \text{概率为 } S/T
\end{cases}
$$

季节项

几乎所有的时间序列预测模型都会考虑季节性因素，因为时间序列通常会随着天、周、月、年的变化呈现季节性的变化，也称周期性的变化。提起周期函数，容易联想到的是正弦函数和余弦函数。而在数学分析中，区间内的周期性函数可以通过正弦函数和余弦函数来表示：假设 $f(x)$ 是以 2π 为周期的函数，那么它的傅里叶级数是 $a_0 + \sum_{n=1}^{\infty} (a_n \cos(nx) + b_n \sin(nx))$。

在文献 [12] 中，作者使用傅里叶级数来模拟时间序列的周期性。假设 P 表示时间序列的周期，$P = 365.25$ 表示以年为周期，$P = 7$ 表示以周为周期。它的傅里叶级数的形式都为

$$
s(t) = \sum_{n=1}^{N} \left(a_n \cos\left(\frac{2\pi nt}{P}\right) + b_n \sin\left(\frac{2\pi nt}{P}\right) \right)
$$

从经验出发，对于以年为周期（$P = 365.25$）的序列，$N = 10$；对于以周为周期（$P = 7$）的序列，$N = 3$。这里的参数可以形成列向量：

$$
\boldsymbol{\beta} = (a_1, b_1, a_2, b_2, \ldots, a_N, b_N)^{\mathrm{T}}
$$

当 $N = 10$ 时，

$$
X(t) = \left[\cos\left(\frac{2\pi \times 1 \times t}{365.25}\right), \cdots, \cos\left(\frac{2\pi \times 10 \times t}{365.25}\right), \sin\left(\frac{2\pi \times 1 \times t}{365.25}\right), \cdots, \sin\left(\frac{2\pi \times 10 \times t}{365.25}\right) \right]
$$

当 $N = 3$ 时，

$$
X(t) = \left[\cos\left(\frac{2\pi \times 1 \times t}{7}\right), \cdots, \cos\left(\frac{2\pi \times 3 \times t}{7}\right), \sin\left(\frac{2\pi \times 1 \times t}{7}\right), \cdots, \sin\left(\frac{2\pi \times 3 \times t}{7}\right) \right]
$$

因此，时间序列的季节项就是 $s(t) = X(t)\boldsymbol{\beta}$，而 $\boldsymbol{\beta}$ 的初始化是 $\boldsymbol{\beta} \sim \text{Normal}(0, \sigma^2)$。这里的 σ 由 seasonality_prior_scale 控制，也就是说 σ = seasonality_prior_scale。这个值越大，表示季节的效应越明显；这个值越小，表示季节的效应越不明显。同时，在代码中，seasonality_mode 也对应两种形式，分别是加法和乘法，默认使用加法的形式。在开源代码中，$X(t)$ 函数是通过 fourier_series 构建的。

节假日项

在现实生活中，除了周末，还有很多节假日，而且不同的国家有着不同的假期。在 Prophet 中，根据维基百科中对各个国家的节假日的描述，hdays.py 收集了各个国家的特殊节假日。除节假日之外，用户还可以根据自身的情况设置必要的假期，例如 The Super Bowl、"双十一"等。

由于每个节假日对时间序列的影响程度不一样，例如春节、国庆节假期是 7 天，劳动节、中秋节等假期较短。因此，不同的节假日可以看成相互独立的模型，为其设置不同的前后窗口值，表示该节假日会影响前后一段时间的时间序列。用数学语言来表达，对于第 i 个节假日来说，D_i 表示该节假日的前后一段时间。为了表示节假日效应，需要一个相应的指示函数（Indicator Function），同时需要一个参数 κ_i 来表示节假日的影响范围。假设有 L 个节假日，那么

$$h(t) = Z(t)\boldsymbol{\kappa} = \sum_{i=1}^{L} \kappa_i \cdot 1_{\{t \in D_i\}}$$

其中 $Z(t) = (1_{\{t \in D_1\}}, 1_{\{t \in D_2\}}, \ldots, 1_{\{t \in D_L\}})$，$\boldsymbol{\kappa} = (\kappa_1, \kappa_2, \ldots, \kappa_L)^{\mathrm{T}}$。$\boldsymbol{\kappa} \sim \mathrm{Normal}(0, v^2)$，并且该正态分布受 $v = \mathrm{holidays\_prior\_scale}$ 指标的影响。默认值是 10，值越大，表示节假日对模型的影响越大；值越小，表示节假日对模型的影响越小。用户可以根据自己的情况自行调整。

综上，我们已经通过增长项、季节项、节假日项构建了时间序列：

$$y(t) = g(t) + s(t) + h(t) + \epsilon$$

下一步只需要拟合函数就可以了。在 Prophet 中，作者使用开源工具 pyStan 中的 LBFGS 方法来拟合函数。具体可以参考 forecast.py 中的 stan_init 函数。

在 Prophet 中，用户一般可以设置以下四种参数。

1. Capacity：在增量函数是逻辑回归函数时，需要设置的容量值。
2. Change Points：既可以通过 n_changepoints 和 changepoint_range 来设置等距的变点，也可以通过人工设置的方式指定时间序列的变点。
3. 季节性和节假日：可以根据实际的业务需求指定相应的节假日。
4. 光滑参数：$\tau = \mathrm{changepoint\_prior\_scale}$ 用于控制趋势的灵活度，$\sigma = \mathrm{seasonality\_prior\_scale}$ 用于控制季节项的灵活度，$v = \mathrm{holidays\_prior\_scale}$ 用于控制节假日的灵活度。

如果不想设置参数，则使用 Prophet 默认的参数即可。在示例 3.3 展示了使用 Prophet 对一段非平稳且有季节性的数据进行拟合和预测的过程。图 3.7 为预测结果。

示例 3.3

```python
import pandas as pd
import plotly.graph_objs as go
import statsmodels.api as sm
from prophet import Prophet

# 加载数据集
data = sm.datasets.co2.load_pandas()
y = data.data

# 调整数据格式以便 Prophet 使用
co2_prophet = pd.DataFrame()
co2_prophet['ds'] = pd.to_datetime(y.index)
co2_prophet['y'] = y['co2'].values

# 创建并训练 Prophet 模型
model = Prophet()
model.fit(co2_prophet)

# 创建未来 n 年的时间序列
future = model.make_future_dataframe(periods=365*5, freq='d')

# 预测未来时间序列的值
forecast = model.predict(future)

# 绘制带有上下界的预测值
fig = go.Figure()

# 绘制预测结果与上下界
fig = go.Figure()
fig.add_trace(go.Scatter(x=co2_prophet.ds, y=co2_prophet.y, name='实际值'))
fig.add_trace(go.Scatter(x=forecast.ds, y=forecast.yhat_upper, name='上界', line=dict(
    color='grey', width=0)))
fig.add_trace(go.Scatter(x=forecast.ds, y=forecast.yhat_lower, name='下界', line=dict(
    color='grey', width=0), fill='tonexty', fillcolor='rgba(128,128,128,0.5)'))
fig.add_trace(go.Scatter(x=forecast.ds, y=forecast.yhat, name='预测值'))

# 设置图表布局
fig.update_layout(
    title='CO2浓度预测',
    xaxis=dict(title='日期', range=['1990-01-01','2006-01-01']),
    xaxis_title='年份',
    yaxis_title='CO2浓度',
    template='plotly_white'
)

# 显示图表
fig.show()
```

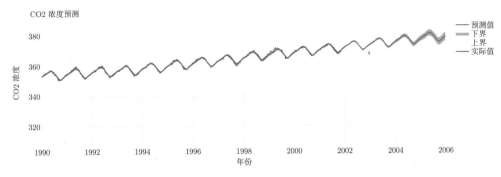

图 3.7 Prophet 的预测结果

3.2 时间序列预测的深度学习方法

3.2.1 循环神经网络

时至今日，神经网络已经发展得非常成熟。神经网络是一种非线性统计方法，使用大量可调节参数及非线性函数构建一个通用的函数逼近器。本节介绍的深度学习方法就是神经网络技术的上层应用。

假设要使用过去 $t-1$ 个时刻的数据来预测 t 时刻的数据，可以定义问题：

$$P(x_t|x_{t-1}, x_{t-2}, \cdots, x_1)$$

为了解决这个问题，可以使用自回归的思想，用过去时刻的观测值构建一个模型。随着过去时刻数据量的增加，如果直接使用全连接神经网络，那么模型参数量会激增并使计算变得复杂，所以需要一种计算更高效但不牺牲效果的策略和网络结构来估计 $P(x_t \mid x_{t-1}, x_{t-2}, \cdots, x_1)$。比如，有如下两种方法。

1. 只取某个长度为 w 的时间窗口，观测序列 $x_{t-1}, x_{t-2}, \cdots, x_{t-w}$，其好处是参数的数量总是不变的，参数数量和时间窗口的大小有关，我们便可以依此构建一个神经网络进行自回归建模。

2. 记录过去观测值的信息，将其抽象简化成一个变量 h_t，并随着时间步的推移同步更新变量 h_t，这个变量被称为隐状态或隐变量。即问题转化为条件概率 $\hat{x}_t = P(x_t|h_t)$，其中 $h_t = g(h_{t-1}, x_{t-1})$。这也被称为隐变量自回归模型或隐状态自回归模型，如图 3.8 所示。

> **定义 3.13 循环神经网络**
>
> 循环神经网络（Recurrent Neural Network，RNN）是一种神经网络，其神经元之间的连接构成一个循环结构，可以对序列数据进行处理。它的输入不仅依赖当前的输入，还依赖上一时刻的输出，因此可以用来处理时间序列数据或带有时间性质的数据。循环

神经网络可以根据过去的输入来预测未来的输出，并且可以学习到序列数据中的时间相关性，因此在自然语言处理、语音识别和机器翻译等领域得到广泛应用。

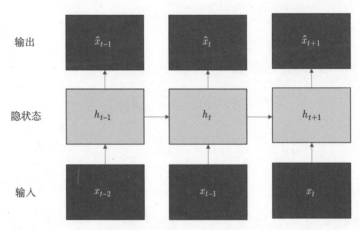

图 3.8　隐状态自回归模型

循环神经网络是采用隐状态的神经网络。假设在时刻 t 输入为 $\boldsymbol{X}_t \in \mathbb{R}^{n \times d}$，$\boldsymbol{X}_t$ 为一个 $n \times d$ 维的向量，n 为输入的时间序列的样本个数，d 是样本的特征维度。可见，RNN 是支持多元时间序列作为输入的，$\boldsymbol{X}_t$ 的每行是来自该时间序列时刻 t 的一个样本。$\boldsymbol{H}_t \in \mathbb{R}^{n \times h}$ 表示时间步 t 的隐状态，h 表示隐状态的维度，由人为指定，并可在后续的参数调节阶段选取最优的 h。

在每个时刻 t，使用上一个时刻的隐状态 $\boldsymbol{H}_{t-1}$ 和当前时间步的输入 $\boldsymbol{X}_t$，共同计算得到当前时间步的隐状态：

$$\boldsymbol{H}_t = \phi(\boldsymbol{X}_t \boldsymbol{W}_{xh} + \boldsymbol{H}_{t-1} \boldsymbol{W}_{hh} + \boldsymbol{b}_h)$$

其中，$\boldsymbol{W}_{xh}$ 和 $\boldsymbol{W}_{hh}$ 为权重矩阵，代表当前时间步和上一个时间步的隐状态的信息如何被使用。由上式可见，隐状态保留了之前时刻的历史信息，并且随着时刻的向前推移不断更新，随着时间序列数据的增加，参数的数量不会大幅膨胀。隐状态和权重参数的定义在每个时刻 t 都是相同的，隐状态不断地在隐状态层中得到更新，所以这种神经网络结构被称为循环神经网络，如图 3.9 所示。

在模型输出层，定义输出为 $\boldsymbol{O}_t$，输出层的计算和多层感知机类采用类似的线性变换：

$$\boldsymbol{O}_t = \boldsymbol{H}_t \boldsymbol{W}_{hq} + \boldsymbol{b}_q$$

循环神经网络的参数包括 $\boldsymbol{W}_{xh} \in \mathbb{R}^{d \times h}$，$\boldsymbol{W}_{hh} \in \mathbb{R}^{h \times h}$，$\boldsymbol{b}_h \in \mathbb{R}^{1 \times h}$，$\boldsymbol{W}_{hq} \in \mathbb{R}^{h \times q}$，$\boldsymbol{b}_q \in \mathbb{R}^{1 \times q}$。

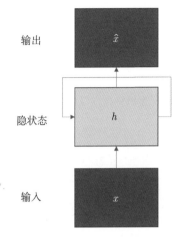

图 3.9　循环神经网络的结构

3.2.2　长短期记忆网络

定义 3.14 长短期记忆网络

长短期记忆（Long Short-Term Memory, LSTM）网络是一种特殊的循环神经网络，常用于处理和预测具有时间序列结构的数据。LSTM 具有一个门控机制，能够选择性地忘记或者保留关键信息，从而更好地捕捉时间序列中的长期依赖关系。LSTM 中的每个"记忆元"都有自己的输入门、输出门和遗忘门，这些门控制了信息的流动和存储。LSTM 被广泛应用于自然语言处理、语音识别、图像描述等领域，具有较好的效果。♣

循环神经网络使用反向传播进行优化。关于反向传播的细节，限于篇幅，本节不做过多阐述。对于长度为 T 的序列，计算 T 个时间步上的梯度，会在反向传播过程中产生长度为 $O(T)$ 的矩阵乘法链。当 T 较大时，可能导致数值不稳定，例如发生梯度爆炸或梯度消失。本节介绍的长短期记忆网络即通过创新网络结构来解决上述问题。

与 RNN 不同，LSTM 引入了记忆元（Memory Cell），用于判断信息的取舍。在一个记忆元中有三个门控机制，分别叫作输入门、遗忘门和输出门。

1. 输入门 I_t（Input Gate）：在更新记忆元时，当前时刻的记忆元有多少信息将被保存。
2. 遗忘门 F_t（Forget Gate）：在更新记忆元时，过去的记忆元有多少信息将随时间被保存并传递到当前时间步。
3. 输出门 O_t（Output Gate）：用来决定从记忆元中输出多少信息到输出结果。

各个门的操作实际上是通过上一个时刻的隐状态和当前时刻的输入计算出权重。假设输入门是 $I_t \in \mathbb{R}^{n \times h}$，遗忘门是 $F_t \in \mathbb{R}^{n \times h}$，输出门是 $O_t \in \mathbb{R}^{n \times h}$。由于 Sigmoid 函数 $\sigma(x) =$

$\dfrac{1}{1+\mathrm{e}^{-x}}$，那么：

$$I_t = \sigma(X_t W_{xi} + H_{t-1} W_{hi} + b_i)$$

$$F_t = \sigma(X_t W_{xf} + H_{t-1} W_{hf} + b_f)$$

$$O_t = \sigma(X_t W_{xo} + H_{t-1} W_{ho} + b_o)$$

每个时刻记忆元的计算与上述三个门的计算类似。首先，需要计算当前时刻的候选记忆元（Candidate Memory Cell），并判断上一个时刻记忆元和当前候选记忆元分别有多少信息保留下来，最终得到当前时刻记忆元的输出。候选记忆元的计算如下：

$$\tilde{C}_t = \tanh(X_t W_{xc} + H_{t-1} W_{hc} + b_c)$$

输入门 I_t 负责控制采用多少来自 $\tilde{C}_t$ 的新数据，而遗忘门 F_t 负责控制保留多少过去的记忆元 $C_{t-1} \in \mathbb{R}^{n \times h}$ 的内容。如果遗忘门为 1、输入门为 0，则过去时刻的记忆元被保存下来，可以更好地记忆长距离依赖，缓解梯度消失的问题。使用按元素相乘的方法得到当前记忆元的输出：

$$C_t = F_t \odot C_{t-1} + I_t \odot \tilde{C}_t$$

至此，我们完成了记忆元的计算。不要忘记还有隐状态，它和最终的输出有关。输出门会作用在隐状态上：

$$H_t = O_t \odot \tanh(C_t)$$

最后，隐状态会进入输出层，和在循环神经网络中一样，定义输出为 $\hat{O}_t$，采用一个线性变换。最终得到当前时间步的预测输出：

$$\hat{O}_t = H_t W_{hq} + b_q$$

长短期记忆网络是具有状态控制的隐状态自回归模型。它通过引入记忆元的概念，使用输入门、遗忘门、输出门来解决信息的保存和更新问题，并在一定程度上缓解了长距离依赖丢失和梯度爆炸的问题。循环神经网络和长短期记忆网络是深度学习中重要的序列模型，对于时间序列数据预测问题非常有效，它还发展出了双向循环神经网络（Bidirectional Recurrent Neural Network）、双向长短期记忆（Bidirectional Long Short-Term Memory）网络等变体。

在实践中应用 RNN 和 LSTM 模型，以及一些流行的深度学习框架，例如 PyTorch 或 TensorFlow 提供了一套简单易用的 API，能够帮助我们使用高级操作构建神经网络，并在 GPU 上高效地训练模型。这些框架的文档提供了详细的介绍和示例，有助于我们进一步了解如何使用它们来实现大部分深度学习算法。因此，建议读者在阅读本书的同时，参考这些框架的 API 文档，以便更好地将理论知识应用到实际项目中。

在 PyTorch 中，LSTM 层是通过 LSTM 类实现的，它是一个预定义的模块，可以直接在神经网络中使用。在使用 PyTorch 的 LSTM 层时，应将输入数据转换为适合 LSTM 层的格式，例如将时间步作为第一维度、将批次（Batch）作为第二维度等。用户可以定义的参数如下。

1. input_size 表示输入数据的特征维度。
2. hidden_size 表示隐状态的维度。通常，hidden_size 的值大于或等于 input_size 的值。
3. num_layers 表示 LSTM 的层数。LSTM 可以堆叠多个层以增加模型的深度，进而提升模型的拟合能力，每一层的输出作为下一层的输入。
4. bias 表示是否使用偏置。偏置是一种常数项，用于调整模型的输出。默认值为 True，表示使用偏置。
5. dropout 表示 dropout 概率。dropout 是一种正则化技术，用于减少过拟合。默认值为 0，表示不使用 dropout。
6. bidirectional 表示是否使用双向 LSTM。双向 LSTM 可以同时考虑过去和未来的信息，通常比单向 LSTM 效果更好。默认值为 False，表示使用单向 LSTM。

在示例 3.4 中，展示了使用 PyTroch 封装好的 LSTM 类对一个周期性的 sin 函数序列进行拟合和预测的过程。图 3.10 为预测结果。

示例 3.4

```python
import torch
import torch.nn as nn
import numpy as np
from sklearn.preprocessing import MinMaxScaler
from statsmodels.datasets import co2

# 定义训练窗口
train_window = 24

# 定义时间序列数据
t = np.arange(72) # 生成一个从0到71的整数序列
ts = np.sin(2*np.pi*t/12).reshape(-1, 1) # 生成一个周期为12的sin函数序列

# 对数据进行归一化处理
scaler = MinMaxScaler()
train_data_normalized = scaler.fit_transform(ts.reshape(-1, 1))
train_data_normalized = torch.FloatTensor(train_data_normalized).view(-1)

# 定义函数生成输入序列
def create_inout_sequences(input_data, tw):
    inout_seq = []
    L = len(input_data)
    for i in range(L-tw):
        train_seq = input_data[i:i+tw] # 训练序列
        train_label = input_data[i+tw:i+tw+1] # 对应的标签
        inout_seq.append((train_seq ,train_label))
```

```
        return inout_seq

train_inout_seq = create_inout_sequences(train_data_normalized, train_window)

# 定义LSTM模型
class LSTM(nn.Module):
    def __init__(self, input_size=1, hidden_layer_size=30, output_size=1):
        super().__init__()
        self.hidden_layer_size = hidden_layer_size
        self.lstm = nn.LSTM(input_size, hidden_layer_size)
        self.linear = nn.Linear(hidden_layer_size, output_size)
        self.hidden_cell = (torch.zeros(1,1,self.hidden_layer_size, dtype=torch.float32),
                            torch.zeros(1,1,self.hidden_layer_size, dtype=torch.float32))

    def forward(self, input_seq):
        lstm_out, self.hidden_cell = self.lstm(input_seq.view(len(input_seq), 1, -1),
            self.hidden_cell)
        predictions = self.linear(lstm_out.view(len(input_seq), -1))
        return predictions[-1]

model = LSTM()
loss_function = nn.MSELoss() # 定义损失函数
optimizer = torch.optim.Adam(model.parameters(), lr=0.001) # 定义优化器

# 训练模型
epochs = 50
for i in range(epochs):
    for seq, labels in train_inout_seq:
        optimizer.zero_grad() # 梯度清零
        model.hidden_cell = (torch.zeros(1, 1, model.hidden_layer_size, dtype=torch.float
            32),
                        torch.zeros(1, 1, model.hidden_layer_size, dtype=torch.float32))

        y_pred = model(seq) # 模型预测结果

        single_loss = loss_function(y_pred, labels) # 计算损失
        single_loss.backward() # 反向传播
        optimizer.step() # 更新参数

    if i%5 == 1:
        print(f'epoch: {i:3} loss: {single_loss.item():10.8f}')

print(f'epoch: {i:3} loss: {single_loss.item():10.10f}')
```

```
output:
epoch: 1 loss: 0.03001408
epoch: 6 loss: 0.00017390
epoch: 11 loss: 0.00004705
epoch: 16 loss: 0.00018985
epoch: 21 loss: 0.00004864
```

```
epoch: 26 loss: 0.00116787
epoch: 31 loss: 0.00000890
epoch: 36 loss: 0.00005145
epoch: 41 loss: 0.00000220
epoch: 46 loss: 0.00000659
epoch: 49 loss: 0.0000020721
```

```
# 定义预测未来的时间步数
fut_pred = 24
test_inputs = train_data_normalized[-train_window:].tolist()

# 将模型设置为评估模式
model.eval()

for i in range(fut_pred):
    # 取最近的train_window个标准化样本并转换为PyTorch张量
    seq = torch.FloatTensor(test_inputs[-train_window:])

    # 关闭梯度计算
    with torch.no_grad():
        # 重置LSTM层的hidden state
        model.hidden = (torch.zeros(1, 1, model.hidden_layer_size),
                    torch.zeros(1, 1, model.hidden_layer_size))
        # 基于最近的train_window个样本进行预测，并将预测结果加入test_inputs列表
        test_inputs.append(model(seq).item())

# 对预测结果进行反标准化，得到实际预测值
actual_predictions = scaler.inverse_transform(np.array(test_inputs[-fut_pred:]).reshape
    (-1, 1))

# 输出实际预测值
print(actual_predictions)

import plotly.graph_objs as go
fig = go.Figure()

fig.add_trace(go.Line(x=list(range(len(ts))), y=ts.flatten(), name='Original Data'))
fig.add_trace(go.Line(x=list(range(len(ts), len(ts) + len(actual_predictions))), y=
    actual_predictions.flatten(), name='Predictions'))
fig.update_layout(title_text='Forecast with LSTM')
fig.show()
```

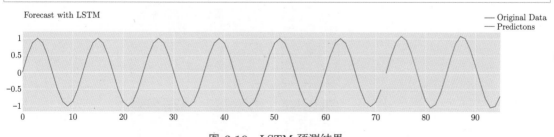

图 3.10   LSTM 预测结果

3.2.3　Transformer

> **定义 3.15 Transformer**
>
> Transformer 是一种基于注意力机制的神经网络模型。Transformer 模型主要用于自然语言处理任务，但在其他领域（如计算机视觉和时间序列预测等）也表现出色。自注意力机制是 Transformer 的核心组件，它能够处理输入序列中的长距离依赖关系，这使得 Transformer 非常擅长处理序列数据中的深度信息和动态模式。

　　RNN 和 LSTM 是解决序列问题的利器，但是它们也有缺陷。RNN 在反向传播过程中需要计算 T 个时间步上的梯度，产生长度为 $O(T)$ 的矩阵乘法链，但长序列的依赖会丢失，这意味着无法很好地记忆长序列依赖。LSTM 和 GRU 只是在一定程度上缓解了这个问题。此外，RNN 和 LSTM 的架构是顺序计算，只能从左向右或者从右向左依次计算，时刻 t 的计算依赖 $t-1$ 时刻的计算结果，这样限制了模型的并行能力。

　　Transformer 模型的提出解决了 RNN 架构的问题，二者的对比如图 3.11 所示。

1. Transformer 抛弃了 RNN 的顺序计算方式，让序列的所有时间步同时输入，又使用 mask 机制保证了不作弊。模型中的不同结构可以并行计算，更好地发挥 GPU 的并行计算能力[13]。

2. Transformer 的自注意力机制可以捕捉序列中任意两个位置之间的关系，解决了长序列依赖的问题。如果模型简单地对序列中任意两个位置进行建模，那么模型的参数量和计算量会非常庞大，Transformer 通过自注意力机制来解决这个问题。

3. 使用残差网络（Residual Network，ResNet）的结构，解决在深度增加的情况下梯度消失的问题，从而提高网络拟合能力。残差网络的优秀之处在于引入了一个 shortcut（也

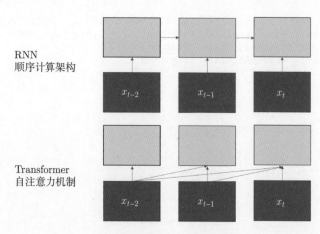

图 3.11　RNN 和 Transformer 的对比

叫作恒等映射），而非简单地堆叠网络层，将原始需要学习的函数 $h(x)$ 转换为 $f(x)+x$。这种方法可以解决网络深度增加时可能出现的梯度消失问题。

Transformer 最初主要用于文本数据上的序列到序列学习，但现在已经推广到各种深度学习任务中，例如视觉、语音和强化学习领域。它在序列问题上表现优秀，因此被应用到时间序列预测问题上。

Transformer 在 2017 年由 Google Brain 团队提出[14]，其模型架构如图 3.12 所示，其总体是一个编码器-解码器（Encoder-Decoder）的架构，左边为编码器，右边为解码器。编码器由 N 个相同的层组成，每个层都包含两个子层。第一个子层是多头注意力（Multi-Head Attention）机制，第二个子层是一个全连接神经网络。解码器和编码器一样，也有多头注意力机制的子层和全连接神经网络，它还增加了一个子层，用于对编码器的输出进行自注意力计算。

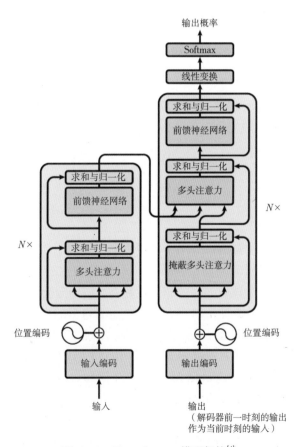

图 3.12　Transformer 模型架构[4]

自注意力

定义 3.16 自注意力

自注意力（Self-Attention）机制使神经网络更加关注自己内部的某些信息，以便更好地进行学习和推理。具体来说，自注意力机制通过计算输入中不同位置之间的相似度，并在此基础上对这些位置的重要性进行加权，从而产生一个加权和，用于表示该输入中的不同位置之间的关系。这种机制通常用于在输入序列中捕捉长期依赖性。♣

在心理学中，自注意力机制是指人只关注特定的事物而排除其他事物的影响。将该思路引入神经网络架构，目的是让模型更加关注与任务相关的信息，如当前时刻的值更依赖一个周期前的数据。模型要学习之前时刻的信息，判断哪些信息与当前时刻更相关。自注意力机制就是计算之前时刻的信息与当前时刻信息之间的相关性，主要分为以下三个步骤。

1. 创建查询（Query）、键（Key）、值（Value）向量。已知在序列中时刻 t 的输入 x_t 会经过 Embedding 生成对应的 Query、Key 和 Value。每个 Query 都会和序列中的其他 Query 进行相似度计算。Value 是当前时刻最终的编码。Key 和 Query 的思想来自信息检索领域，即通过 Query 关键词与 Key 进行匹配，寻找最相关的检索结果。Query、Key 和 Value 的计算通过矩阵变换的方式得到，其对应的权重矩阵通过模型训练得到：

$$q_1 = x_1 \boldsymbol{W}^Q, \quad q_2 = x_2 \boldsymbol{W}^Q$$
$$k_1 = x_1 \boldsymbol{W}^K, \quad k_2 = x_2 \boldsymbol{W}^K$$
$$v_1 = x_1 \boldsymbol{W}^V, \quad v_2 = x_2 \boldsymbol{W}^V$$

2. 计算自注意力得分。自注意力得分用于衡量当前位置和序列中任意一个在之前位置的输入之间的相关性，通过计算当前位置的 Query 向量和 Key 向量之间的点积得到。自注意力得分越高，表示两个位置之间的相关性越高。该得分会经过 Softmax 函数，使所有自注意力得分之和为 1，如图 3.13 所示。自注意力得分的高低表示当前位置和序列中其他位置的相关性强弱，使模型更关注相关性强的位置，以便更好地做出预测。

3. 编码当前位置。在上一步中具有高 Softmax 值的词应该对当前位置的编码贡献更大，而得分低的词则贡献小。每个 Value 都乘以它的 Softmax 得分。在保持原始值不变的情况下，根据其对当前位置的重要程度来缩放整个向量。最后，将所有缩放后的值相加以生成当前标记的编码。

将这三个步骤组合起来，使用矩阵运算的方式表示为

$$\text{Attention}(\boldsymbol{Q}, \boldsymbol{K}, \boldsymbol{V}) = \text{Softmax}\left(\frac{\boldsymbol{Q}\boldsymbol{K}^{\mathrm{T}}}{\sqrt{d_k}}\right)\boldsymbol{V}$$

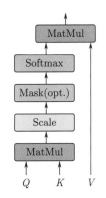

图 3.13　自注意力机制[4]

在 Transformer 中还有多头注意力机制，它将输入序列分别映射到多个不同的查询、键和值空间，并在每个空间中计算注意力权重，最后将多个向量拼接在一起。多头注意力可以重复多次，每次使用不同的查询、键和值映射，从而学习到更多不同的相关性。

$$\text{MultiHead}(\boldsymbol{Q}, \boldsymbol{K}, \boldsymbol{V}) = \text{Concat}(\text{head}_1, \text{head}_2, \cdots, \text{head}_h)\boldsymbol{W}^O$$

多头注意力可以让模型关注时间序列中不同时刻的不同方面，从而更好地捕捉序列中的时间相关性。例如，使用多头注意力对时间序列中的不同特征进行加权组合，可以处理不同时间尺度之间的相关性，比如长期依赖或短期波动，以便更好地预测未来的趋势。

掩蔽自注意力

> **定义 3.17 掩蔽自注意力**
>
> 掩蔽自注意力（Masked Self-Attention）是指在 Transformer 的解码器中的每个位置进行自注意力机制计算时，可以通过掩蔽机制来防止将未来位置的信息引入对当前位置的注意力计算中，从而避免模型在预测时因获取未来信息而产生信息泄露。♣

Transformer 是一次性输入整个时间序列，在 Transformer 的解码器的训练过程中，为了防止未来信息被当前时刻看到，多头注意力层会使用一个掩码（Mask）对过去的数据进行遮蔽。因此，对于时间序列，当时间步长为 t 时，解码输出应仅依赖 t 及 t 时刻之前的输出，不能基于 t 时刻之后的输出。为了实现这一目标，可以采用一种简单方法：创建一个三角矩阵，其中上三角的值全部为 $-\text{inf}$，如图 3.14 所示。掩蔽自注意力的计算示意图如图 3.15 所示，经过掩码之后，预测位之前的注意力权重会被抹去。这个掩码旨在阻止解码器"窥视未来"，类似于防止考生偷看答案，所以这里的自注意力层又被称为掩蔽多头注意力（Masked Multi-Head Attention）。

	x_1	x_2	x_3	x_4
$t-1$ 时刻	0(当前位)	−inf(预测位)	−inf	−inf
t 时刻	0	0(当前位)	−inf(预测位)	−inf
$t+1$ 时刻	0	0	0(当前位)	−inf(预测位)
$t+2$ 时刻	0	0	0	0(当前位)

图 3.14   掩码

$$
\mathrm{Softmax}\left(\begin{array}{cccc} 0.2 & 0.3 & 0.1 & 0.3 \\ 0.2 & 0.1 & 0.3 & 0.5 \\ 0.3 & 0.2 & 0.2 & 0.1 \\ 0.4 & 0.1 & 0.3 & 0.2 \end{array}\Bigg|_{QK^{\mathrm{T}}} + \begin{array}{cccc} 0 & -\mathrm{inf} & -\mathrm{inf} & -\mathrm{inf} \\ 0 & 0 & -\mathrm{inf} & -\mathrm{inf} \\ 0 & 0 & 0 & -\mathrm{inf} \\ 0 & 0 & 0 & 0 \end{array}\Bigg|_{掩码}\right) \times \begin{array}{cccc} 0.1 & 0.2 & 0.4 & 0.1 \\ 0.2 & 0.5 & 0.4 & 0.2 \\ 0.1 & 0.2 & 0.1 & 0.2 \\ 0.3 & 0.1 & 0.2 & 0.3 \end{array}\Bigg|_{V}
$$

图 3.15   掩蔽自注意力的计算示意图

位置编码

定义 3.18 位置编码

Transformer 中对位置编码的定义是，通过一组函数将输入序列中每个位置的位置信息映射为一个固定长度的向量，并将位置信息与输入向量相加，从而编码出输入序列中每个词的位置信息。

自注意力不具有保序性，即在自注意力的计算中会丢失序列的位置关系。然而对于时间序列预测问题，位置信息是很重要的，所以 Transformer 将位置信息重新编码后输入模型。位置编码满足以下特点。

1. 为序列的每个位置输出一个独一无二的编码。
2. 可以泛化到不同长度的序列。
3. 数值是有界的。
4. 不同的位置向量是不同的且唯一的。

在序列中，要得到两个不同位置的信息，有很多种衡量距离的方式。Transformer 使用的是正弦和余弦函数的组合。假设输入 $\boldsymbol{X} \in \mathbb{R}^{n \times d}$ 包含一个序列中 n 个位置的 d 维 Embedding 表示，位置编码 $\boldsymbol{P} \in \mathbb{R}^{n \times d}$ 的形状和输入相同，但是每个位置和每一维的表示是不同的，矩阵第 i 行、第 $2j$ 列和第 $2j+1$ 列位置编码的值为

$$
p_{i,2j} = \sin\left(\frac{i}{10000^{2j/d}}\right)
$$

$$
p_{i,2j+1} = \cos\left(\frac{i}{10000^{2j/d}}\right)
$$

选择正弦函数和余弦函数的方法，使位置编码可以泛化到不同长度的序列。不同位置之间的位置编码是唯一的，所以相对位置可以通过位置编码计算出来，比如位置向量的点积值随位置间距离的增大而减小。

Transformer 是一种非常复杂的深度学习模型，在设计时需要考虑诸多因素。由于篇幅所限，本书主要介绍对时序预测较重要的自注意力机制和位置编码，感兴趣的读者可以翻阅相关论文。

在 PyTorch 中，Transformer 层通过 nn.Transformer 类来实现，它是一个预定义的模块，可以直接在神经网络中使用。该层包含多个子模块，比如编码器和解码器模块，以及多头注意力机制和前馈神经网络模块。如果要对其中的编码器或解码器模块进行操作，还可以直接使用 nn.TransformerEncoderLayer 或 nn.TransformerDecoderLayer。nn.TransformerEncoderLayer 是 Transformer 模型中的一个层，nn.Transformer 是一个完整的 Transformer 模型。在开源社区 HuggingFace 中，也提供了封装好的可用于时间序列预测的 Transformer 模型。

在定义一个 Transformer 类时，常用的参数如下。

1. d_model：编码器和解码器输入的特征维度，通常默认值为 512。

2. nhead：多头注意力机制中的头数，默认值为 8。

3. num_encoder_layers：编码器中的层数，默认值为 6。

4. num_decoder_layers：解码器中的层数，默认值为 6。

5. dim_feedforward：前馈神经网络的隐藏层大小，默认值为 2048。

6. dropout：dropout 概率，默认值为 0.1。

来自谷歌公司的 Wu 等人在 2020 年发表的论文 "Deep Transformer Models for Time Series Forecasting: The Influenza Prevalence Case" [15] 中，在时间序列预测任务中使用了原始版 Transformer。其模型架构如图 3.16 所示，编码器由输入层、位置编码层及多个相同的编码层堆叠而成。输入层使用全连接网络，将输入时间序列数据映射为 d_model 维向量。这对采用多头注意力机制至关重要。对输入向量和位置编码向量逐元素相加，利用正弦函数和余弦函数的位置编码对时间序列数据的顺序信息进行编码，将得到的向量传输至多个编码层。每个编码层包含两个子层：自注意力子层和全连接前馈子层。每个子层之后是归一化层。编码器产生 d_model 维向量，供解码器使用。解码器由输入层、多个相同的解码层和线性变换层组成。从编码器输入的最后一个数据点开始，将其作为解码器的输入。输入层将输入映射为 d_model 维向量。与编码器不同的是，解码器中还有一个注意力层，以解码器的输入作为 Query，以编码器的输出作为 Key 和 Value，在编码器的输出上应用自注意力机制。最后的线性变换层将最终解码层的输出映射为目标时间序列。在训练阶段，解码器的输入与目标输出之间使用掩码和位置偏移，确保时序数据点预测仅基于之前的数据点。

在构造输入时，将编码器最后一个时间步作为解码器输入的开始，在图 3.16 中，T4 为编码器的输入，同时作为解码器输入的第一个时间步。解码器的最后一个输出 T6 为单步预测

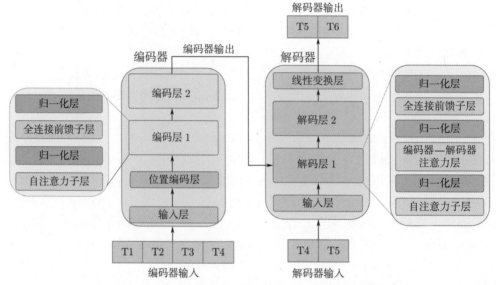

图 3.16   用于时间序列预测任务的 Transformer 模型架构[15]

的结果。模型还测试了使用多维时间序列作为输入的效果，加入三维特征，分别是第几个星期、一阶差分和二阶差分。第几个星期和位置编码类似，表示这个时间步的远近，一阶差分和二阶差分可以表示变化趋势。实验结果表明，加入三维特征对模型效果有一定提升。Informer模型中也使用了类似的技巧。

3.2.4 Informer

原始 Transformer 有一些可改进之处，列举如下。

1. 计算复杂度高：自注意力机制的计算量是平方级的。假设 Query、Key 和 Value 都是 $n \times d$ 矩阵，n 是序列长度，d 是隐状态维度。在不考虑缩放的情况下，自注意力 $\text{Attention}(\boldsymbol{Q}, \boldsymbol{K}, \boldsymbol{V}) = \text{softmax}\left(\boldsymbol{Q}\boldsymbol{K}^{\mathrm{T}}\right)\boldsymbol{V}$，其中 $n \times d$ 矩阵乘以 $d \times n$ 矩阵，输出 $n \times n$ 矩阵后再乘以 $n \times d$ 矩阵。由矩阵乘法的复杂度可知，自注意力的计算复杂度为 $O(n^2 d)$。在长序列时间序列预测问题中，会非常耗费计算资源。

2. 显存占用多：多层的结构和长序列的输入导致显存占用多。在堆叠 N 个编码器/解码器层时，原始 Transformer 的内存使用量为 $O(Nn^2)$，这限制了模型处理长序列的能力。

3. 预测速度慢：解码器的特性是动态解码（Dynamic Encoding），逐个输出导致速度慢。

针对这些问题，Haoyi Zhou 等在论文 "Informer: Beyond Efficient Transformer for Long Sequence Time-Series Forecasting"[16] 中提出了 Informer 模型，在处理长时间序列预测（Long Sequence Time-Series Forecasting）问题上取得了显著效果，该论文被评为 AAAI 2021 最佳论文。

Informer 模型对自注意力机制进行了改进，改进后的自注意力机制被称为稀疏概率自注意力（ProbSparse Self-Attention），其计算复杂度降低为 $O(n\log n)$。原始自注意力机制存在稀疏性，注意力的得分分布是长尾分布、不均匀的，实际上不需要保留所有的查询和键，全注意力和稀疏注意力如图 3.17 所示。较少的点积为 $\langle q_i, k_i \rangle$ 贡献了绝大部分的注意力得分，q_i 和 k_i 分别表示 Query 和 Key 矩阵中的第 i 行。稀疏概率自注意力的目的是筛选出这些重要的点积对 $\langle q_i, k_i \rangle$，或者筛选出一个缩小的 Query 矩阵 Q_{reduced}：

$$\text{ProbSparseAttention}(Q, K, V) = \text{softmax}\left(\frac{Q_{\text{reduced}}K^{\text{T}}}{\sqrt{d_k}}\right)V$$

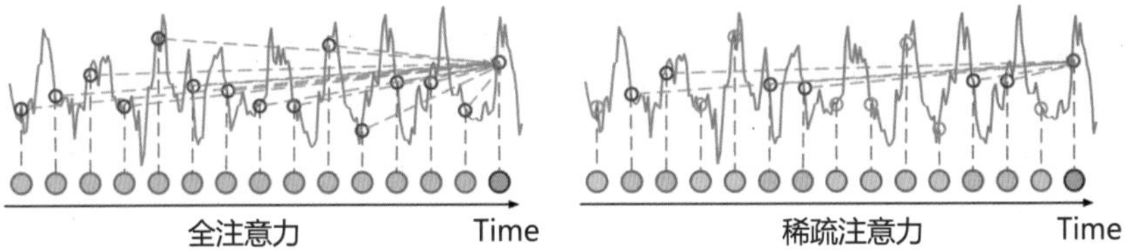

图 3.17 全注意力和稀疏注意力[17]

假设 Q_{reduced} 只选择了 u 个重要的查询，即

$$u = c\log n$$

其中，c 为注意力的采样超参数，n 为序列长度。此时 Q_{reduced} 的大小为 $c\log nd$，因此自注意力的矩阵乘法计算复杂度降为 $O(nd\log n)$。那么关键问题是，如何筛选出 u 个重要的查询呢？该论文中定义了一种稀疏度量方式（Query Sparsity Measurement）。重要的点积对 $\langle q_i, k_i \rangle$ 对应重要的查询 q_i，它们的分布通常与均匀分布存在较大的差异，通过衡量这些查询的分布和均匀分布之间的 KL 散度，即可筛选出差异较大的、重要的查询。如图 3.18 所示，重要和不重要的查询分布存在一定差异，而不重要的查询几乎对所有键的点积得分都较为接近，没有突出的重点，在计算中可以忽略。公式表达为

$$M(q_i, K) = \max_j \frac{q_i k_j^{\text{T}}}{\sqrt{d}} - \frac{1}{L_k}\sum_{j=1}^{L_k}\frac{q_i k_j^{\text{T}}}{\sqrt{d}}$$

当 $M(q_i, K)$ 取值较大时，说明对应的查询 q_i 较为重要。值得注意的是，文章中采取随机采样的方式从键矩阵中筛选出一个键的子集，使 $q_i k_j^{\text{T}}$ 的计算复杂度降低。

对于长序列的输入造成显存占用多的问题，Informer 模型用"蒸馏"的方式进行优化，突出主要特征，降低网络参数。其具体操作是为每层自注意力的输出加上一维卷积层和最大池化，降低特征维度。图 3.19 为文献 [16] 中给出的编码器中的单个堆（stack）的结构示意图，

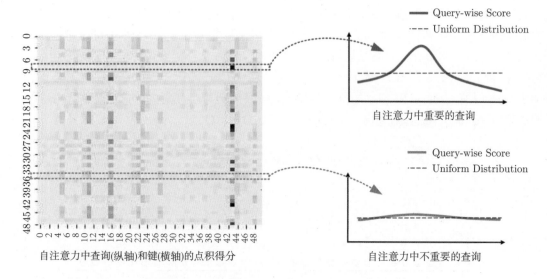

图 3.18　重要和不重要的查询分布的差异[17]

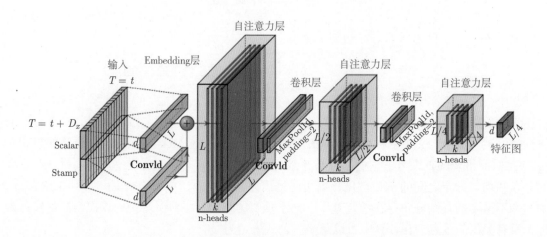

图 3.19　编码器中的单个堆

从左到右包含输入序列、Embedding 层，以及重复的自注意力层和卷积层，编码器由多个这样的堆组成。假设 $\boldsymbol{X}_i$ 为编码器第 i 层的输出，蒸馏操作表示为

$$\boldsymbol{X}_{i+1} = \mathrm{MaxPool}(\mathrm{ELU}(\mathrm{Conv1d}(\boldsymbol{X}_i)))$$

蒸馏操作可以将进入编码器下一层的输入大小减少为原来的一半，从而将内存占用量从 $O(Nn^2)$ 降低为 $O(Nn\log n)$，这里 N 为编码器的层数，n 为序列长度。

原始 Transformer 的输出是一个动态编码，类似 RNN 模型，是逐个输出的。在进行多步预测时，解码器以逐步（step by step）的方式预测，以时间步 t 的预测值作为预测时间步 $t+1$ 的输入。在训练时，采取强制教学（teacher forcing）的方式，解码器会使用真实的目标序列而不是模型生成的预测输出，作为每个时间步的输入，即以时间步 t 的真实值作为预测时间步 $t+1$ 的输入。这种动态解码的输出方式比较慢。针对长时间序列问题，Informer 在预测时会提前确定输出长度，并一次性生成所有预测数据。Informer 的解码器不论是针对训练还是预测，都由两个部分组成。

- 待预测时间点前的一段已知序列。比如若要预测未来 7 天的温度，则把过去 5 天的天气作为解码器输入的初始序列。这部分初始序列也是编码器输入的一部分，长度小于编码器的输入序列长度。
- 待预测序列的占位符（placeholder）序列，即未来 7 天的占位序列，也包括未来的已知特征。

$$X_{\text{de}} = \text{Concat}\left(X_{\text{token}}, X_0\right) \in \mathbb{R}^{(L_{\text{token}} + L_y) \times d_{\text{model}}}$$

其中，X_{token} 为已知的初始序列，X_0 为占位符序列。该初始序列的长度作为模型的超参数进行调整。每个待预测序列的占位符经过解码层以及最后的全连接层，最终得到该位置上的预测结果，即图 3.20 所示的 Informer 的整体架构中解码器的输入和输出。

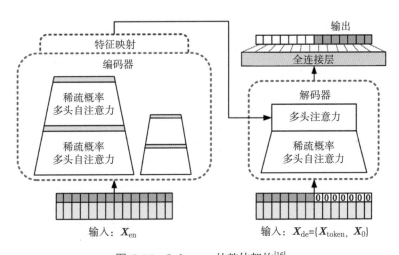

图 3.20 Informer 的整体架构[16]

在输入特征上，Informer 除了将位置编码作为局部位置信息，还加入了分钟、小时、周、月、假期等全局时间信息，将这些信息经过 Embedding 层进行编码后一起作为模型的输入，因此输入包括三个部分。

- 数据的 Embedding 编码。
- 位置编码。

- 分钟、小时、周、月、假期等全局时间信息的编码。

Informer 的作者已将代码开源至 GitHub。在具体的训练和预测过程中，原始 Transformer 及其衍生的 Informer 模型对数据量要求较高，还依赖很多训练技巧。笔者在实际工作中获得的经验是：先从简单的模型进行尝试，在大多数情况下，非深度学习方法能够输出一个可以接受的预测结果，后续再根据能收集到的数据量不断优化并尝试新的模型和方法。

3.3 小结

本章探讨了时间序列数据的预测问题，它广泛存在于许多领域，例如资产价格预测、实时在线人数预测、销量预测和 DAU 预测、能源需求预测等。本章介绍了时间序列预测的方法，包括统计方法和深度学习方法。在设计时间序列预测项目之前，需要确定预测目标。具体来说，需要确定预测的变量、预测的时间范围。确定预测目标后，需要收集历史数据，并进行预处理工作，如差分变换等。为了提高预测的准确性，还需要收集其他有助于预测的附加信息，如天气状况、是否为工作日等。

本章介绍了几种统计方法，例如 ARIMA 模型。ARIMA 模型结合了自回归模型和移动平均模型。首先，介绍这两种基本模型的定义及其计算方法，然后引入差分操作，将 AR 和 MA 结合到 ARIMA 模型中。然后，讨论指数平滑方法，它为靠近当前时间点给予更高的权重。随着过去观测值距离当前时刻越来越远，权重呈指数级衰减。本章还介绍了 Prophet 算法，这是 Facebook 在 2017 年开源的时间序列趋势预测方法，应用非常广泛。

本章还介绍了几种流行的时间序列预测的深度学习方法：RNN、LSTM、Transformer 和基于 Transformer 的变体 Informer。RNN 的网络结构具有循环连接，允许模型捕获序列之间的依赖关系，但存在梯度消失或梯度爆炸的问题。LSTM 是一种改进的 RNN 结构，通过门控机制来缓解梯度消失或爆炸的问题。在过去几年中，一种名为 Transformer 的新型结构逐渐引起了学术界和工业界的广泛关注。Transformer 模型最初是为自然语言处理任务而设计的，它使用自注意力机制来捕捉输入序列中的各种关系。Informer 模型是专为解决长时间序列预测问题而设计的。Informer 基于原始 Transformer 架构进行了一系列改进和优化，以满足长时间序列预测的需要。

第 4 章

时间序列异常检测

时间序列数据的异常检测是一种重要的数据分析技术，目的是在时间序列数据中快速识别出异常的模式和值。在常见的各种时间序列数据中，都存在着大量的异常数据，这些异常数据可能对决策或其他工作造成干扰和破坏。例如，在互联网运维领域，大量的 KPI 指标都是时间序列数据，如网站访问量、慢查询的数量监控等，对这些 KPI 时间序列数据进行监控并及时发现异常，能够降低故障带来的损失。在交通领域，时间序列异常检测可以帮助城市交通管理部门及时发现拥堵情况，优化交通流量，提高出行效率。在金融领域，时间序列异常检测可以帮助银行和保险公司监控可能存在的异常行为和交易。

4.1 异常类型及检测方法分类

在不同的业务场景中，对异常的定义常常不同，下面列举几种常见的异常类型。

1. 点异常：点异常是指时间序列中某个时刻或某些时刻的值超出了正常范围，比如在某个时刻发生了数值激增，如图 4.1 所示。检测这些异常通常使用固定阈值的方法，设定数据取值合理的上下界，如果某个时刻的数据超出了上下界，则认为发生了异常。

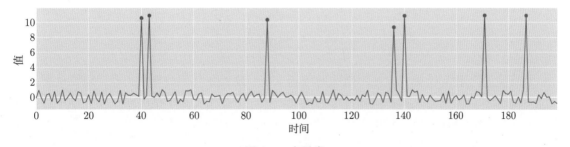

图 4.1　点异常

2. 上下文异常：上下文异常是指某个时刻的值违背了数据正常的模式，但是往往不会超出整个序列的最大值或最小值。如图 4.2 所示，该数据明显具有一定的周期性，在异常时刻，数据违背了原本正常的周期和模式，所以它应该被判断为异常。但是，如果采用固定阈值的方式进行判断，则无法检测出此类异常。

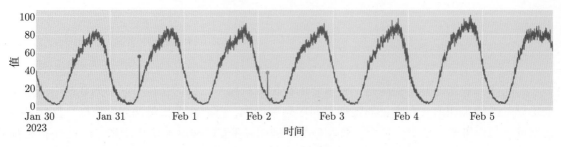

图 4.2   上下文异常

3. 集合异常：集合异常是指时间序列中的某个子集或时间段数据发生了异常。如图 4.3 所示，该时间段可能持续时间很长。在该时间段中，单点相对于子集中的其他时刻是正常的，通过对比整个时间序列的模式或从同比、环比等其他角度进行对比，可以判断其为异常。此类异常的常见表现形式还有数据缓慢地增加，而非突增或突降。

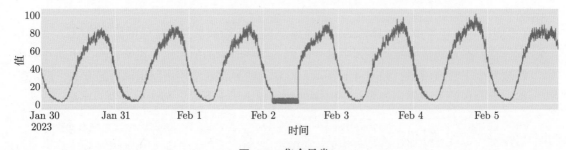

图 4.3   集合异常

除了上述三种异常模式，在不同的业务场景中，还存在其他的异常类型，需要根据具体的业务场景和经验来定义，并选择特定的检测方法。上述主要是单维时间序列数据中的异常情况，在多维时间序列的场景中，还需要考虑不同维度的关系，不能只观察某一个维度在过去时刻的表现。在本书后续的章节中会讲解此类场景。

异常检测的方法很多，可以从有监督、无监督的角度进行分类。

有监督算法使用带有标签的训练数据，通过学习输入和输出之间的映射关系来预测未知数据的输出。使用有监督的时间序列异常检测方法，需要用到带有标签的数据。比如在运维领域的时间序列异常检测场景中，相对于正常运行的时间，故障时间是很短的，这带来了一个问题——正负样本不均衡，要找到大量的异常样本是比较困难的，而且人工标注成本高。这不仅需要充分的数据支撑，还需要进行特征工程。完成数据收集和特征工程之后，有监督算法将异常检测问题视为一个二分类或多分类问题，就可以使用常见的算法（如 XGBoost）进行训练和预测了。

无监督算法使用未标记的训练数据，通过直接寻找数据中的模式来发现数据的内在规律和特征。根据如何定义异常以及算法的原理，可以将无监督算法进一步分为四种类型。

1. 基于概率密度：这类算法通常假设数据服从某一种分布，估计数据的概率密度，并将低密度区域的数据点判断为异常。常见的基于概率密度的方法有核密度估计、高斯混合模型（Gaussian Mixture Model）等。

2. 基于距离：衡量两个数据点之间的距离，当一个数据点和它的最近邻点的距离超过一定阈值时，则判断为异常。常见的基于距离的方法有马氏距离、K 最近邻、孤立森林等。

3. 基于重构：这类算法通常是生成式（Generative）的，通过重构数据和实际值之间的误差来判断数据点是否异常。常见的基于重构的方法有变分自编码、主成分分析等。

4. 基于预测：这类算法通常使用过去的历史数据来预测未来数据，并通过预测结果和实际值之间的误差来判断数据点是否异常。基于预测的算法和第 3 章中的一致，如自回归差分移动平均模型、Prophet 等。

无监督算法省去了烦琐的标注流程，所以它比有监督算法更受欢迎。但是，无监督算法有时容易出现误告，特别是在数据发生概念漂移时。没有一种无监督算法可以应对所有类型的异常。为了解决这个问题，主动学习（Active Learning）的概念被引入。主动学习的大致思路是：通过机器学习的方法获取那些比较"难"分类的样本数据，让人工确认和审核，然后再次使用有监督学习模型或者半监督学习模型对人工标注得到的数据进行训练，逐步提升模型的效果，而不需要一次性标注大量样本，同时将人工经验融入了机器学习的模型。

要衡量时间序列异常检测系统或者其他机器学习系统的好坏，需要一些评价指标。一般来说，时间序列异常检测的效果可以通过精确率（Precision）与召回率（Recall）两个指标进行衡量。

$$\text{精确率} = \frac{\text{模型检测出来的真正的异常量}}{\text{模型检测出来的异常量}}$$

$$\text{召回率} = \frac{\text{模型检测出来的异常量}}{\text{所有的异常量}}$$

4.2　基于概率密度的方法

4.2.1　核密度估计原理

> **定义 4.1 核密度估计**
>
> 核密度估计（Kernel Density Estimate，KDE）是概率论中用来估计未知的密度函数的一种非参数方法。假设 $(x_1, x_2, \cdots, x_n)$ 为从单变量分布中抽取的独立同分布样本，对于给定点 x 有未知的概率密度函数 f，其核密度估计为
>
> $$\widehat{f}_h(x) = \frac{1}{n}\sum_{i=1}^{n} K_h(x - x_i) = \frac{1}{nh}\sum_{i=1}^{n} K\left(\frac{x - x_i}{h}\right)$$
>
> 其中，K 是非负的核函数，带宽 $h > 0$ 为平滑参数。带下标 h 的核被称为缩放核，定义为 $K_h(x) = 1/h \cdot K(x/h)$。

　　核密度估计是一种非参数估计方法，它可以帮助我们找到时间序列中潜在的异常点。其基本思想是使用核函数（Kernel Function）对数据进行平滑处理，然后计算每个数据点的概率密度。密度越低的数据点越可能是异常点。

　　从某个概率密度函数 f 中随机抽取样本 $(x_1, x_2, \cdots, x_n)$，这些样本在任何给定点 x 处都是独立同分布的。可以用直方图来观察这些样本的分布，先定义区间大小，然后计算每个区间内的数据点数量。假如把每个数据点想象成一个积木，那么所有的积木堆叠起来就形成了直方图，这和核函数 Tophat Kernel 的想法是一样的。同理，如果分别计算出 n 个点的概率密度函数，然后将它们叠加在一起，就能得到整个样本集的概率密度函数 f 的估计。

　　x 处的概率密度可以记为

$$\frac{1}{h}\lim_{h \to 0}\frac{N_{x_i \in [x-h/2, x+h/2]}}{n}$$

　　其中，$N_{x_i \in [x-h/2, x+h/2]}$ 表示落在大小为 h 的领域中的点的数量，即落在领域中的每个点被记为 1，这就是 Tophat Kernel 的思想。这里也可以使用其他的核函数，假设 K 是核函数且 $K(x) > 0$，若要估计整个样本集的概率密度函数 f 的形状，那么它的核密度估计为

$$\widehat{f}_h(x) = \frac{1}{n}\sum_{i=1}^{n} K_h(x - x_i) = \frac{1}{nh}\sum_{i=1}^{n} K\left(\frac{x - x_i}{h}\right)$$

　　计算单个点的概率密度函数之后进行叠加，通过归一化使概率密度曲线下的面积为 1。相邻波峰之间会发生波形合成，使曲线变得更加平滑。为了方便波形合成的计算，默认使用 Gaussian Kernel 作为 KDE 的核函数，它比其他核函数更易于调整参数。也可以根据时间序

列数据的具体情况选择核函数。使用不同核函数计算得到的概率密度曲线如图 4.4 所示。

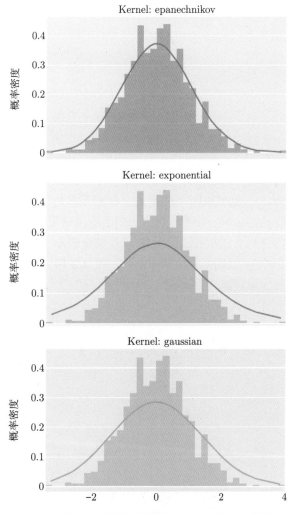

图 4.4　使用不同核函数计算得到的概率密度曲线

在 sklearn 的 KernelDensity 函数中，提供了以下核函数。

- Gaussian Kernel

$$K(x;h) \propto \exp\left(-\frac{x^2}{2h^2}\right)$$

- Tophat Kernel

$$K(x;h) \propto 1,\ x < h$$

- Epanechnikov Kernel

$$K(x;h) \propto 1 - \frac{x^2}{h^2}$$

- Exponential Kernel

$$K(x;h) \propto \exp\left(-x/h\right)$$

- Linear Knernel

$$K(x;h) \propto 1 - x/h,\ x < h$$

- Cosine Kernel

$$K(x;h) \propto \cos\left(\frac{\pi x}{2h}\right),\ x < h$$

h 为带宽（Bandwidth），也可以叫平滑参数。带宽是非负的，它直接影响密度函数的平滑程度和对噪声等随机波动的影响。若带宽较大，则密度函数更平滑，且噪声的影响更小。然而，带宽过大可能导致信息丢失或欠拟合。反之，若带宽较小，则密度函数更接近原数据分布，但可能会因受噪声影响过大而产生过拟合现象。图 4.5 所示为不同带宽对密度函数的拟合结果，随着带宽的增加，曲线越来越平滑。

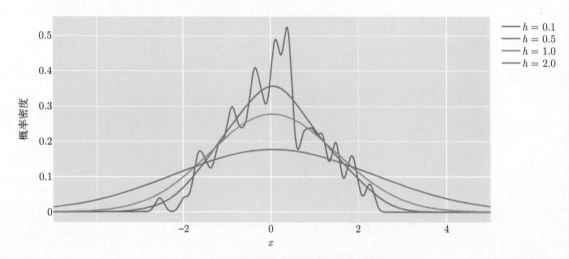

图 4.5　不同带宽对密度函数的拟合结果

4.2.2　核密度估计方法

KDE 方法可以对历史数据或滑动窗口中的数据进行拟合，得到数据的概率密度，也可视为数据的异常分数。对每个点的概率密度与阈值进行比较，如果概率密度小于阈值，则该点可被视为异常点。在异常检测的实际应用中，需要根据场景和数据的具体情况调整 KDE 方法的带宽、时间窗口大小，以及判断异常的阈值，超参数的设置对检测效果影响很大。在生产环境中，还常常使用 KDE 方法来衡量异常程度或进行特征提取。清华大学 NetMan 实验室于 2019 年在论文 "FluxRank: A Widely-Deployable Framework to Automatically Localizing Root Cause Machines for Software Service Failure Mitigation"[18] 中提出了 FluxRank 智能运维异常检测框架，其中使用 KDE 方法来衡量海量 KPI 在某个时间段的变化程度和异常程度，并基于 KDE 生成的异常程度对诸多机器形成的特征使用距离公式或者相似度公式，然后使用 DBSCAN 聚类算法对异常指标进行聚类，以便运维人员确认异常模块及其异常程度，而不会使其湮没在海量 KPI 的异常告警中。

FluxRank 的作者先对时间序列进行一阶差分操作，然后对一阶差分做时间序列异常检测，例如 3-Sigma 等方法，一旦数据有明显的变化，就说明当前的时间点出现了突增或者突降。

定义 4.2 3-Sigma 方法

3-Sigma 方法基于正态分布中的统计规律——距离平均值在 1 个到 3 个标准差范围内的百分比分别为 68.27%、95.45% 和 99.73%，用数学公式表示为

$$\Pr(\mu - 1\sigma \leqslant X \leqslant \mu + 1\sigma) \approx 0.682689492137086$$
$$\Pr(\mu - 2\sigma \leqslant X \leqslant \mu + 2\sigma) \approx 0.954499736103642$$
$$\Pr(\mu - 3\sigma \leqslant X \leqslant \mu + 3\sigma) \approx 0.997300203936740$$

其中，X 为正态分布随机变量的观测值，μ 为分布的平均值，σ 为标准差。在实验科学中有对应正态分布的 3-Sigma 方法，即"几乎所有"的值都在平均值的 ± 3 个标准差的范围内，也就是在实验中可以将 99.73% 的概率视为"几乎一定"。如果数据超出这个范围，则大概率出现了异常。

与 3-Sigma 方法比较相似的一种方法是 MAD。

定义 4.3 中值绝对离差

在统计学中，中值绝对离差（Median Absolute Deviation, MAD）是衡量定量数据单变量样本变异性的稳健指标。对于单变量数据集 X，其 MAD 定义为与数据中位数的离差的中位数：

$$\tilde{X} = \text{median}(X)$$
$$\text{MAD} = \text{median}\left(\left|X_i - \tilde{X}\right|\right)$$

对于一个时间序列 $X = (x_1, x_2, \cdots, x_n)$ 而言，其 MAD 定义为

$$\mathrm{MAD} = \mathrm{median}_{1 \leqslant i \leqslant n}(|x_i - \mathrm{median}(X)|)$$

而每个点的异常程度可以定义为

$$s_i = \frac{x_i - \mathrm{median}(X)}{\mathrm{MAD}} = \frac{x_i - \mathrm{median}(X)}{\mathrm{median}_{1 \leqslant i \leqslant n}(|x_i - \mathrm{median}(X)|)}$$

当 s_i 较大或者较小时，表示上涨或者下降的异常程度。通过 3-Sigma 方法或者 MAD 方法获得时间序列异常开始时间 T_c，然后使用 KDE 方法计算异常程度。

假设获取了异常开始时间 T_c、异常开始时间之前的时间段 $[T_c - w_2, T_c)$、从异常开始到异常缓和的时间段 $[T_c, T_m)$，这两个时间段中的数据点分别记为 $\{x_i\}$ 和 $\{x_j\}$。通过概率值来计算变化程度 $P(\{x_j\}|\{x_i\})$，也就是计算一个条件概率，在观察到 x_i 之后得到 x_j 的概率值。为了计算以上概率值，需要简化模型，因此这里假设 $\{x_j\}$ 是独立同分布（i.i.d.）的，于是 $P(\{x_j\}|\{x_i\}) = \prod_{j=1}^{\ell} P(x_j|\{x_i\})$，其中 ℓ 表示集合 $\{x_j\}$ 的元素个数。为了分别得到其上涨和下降的概率，需要计算：

$$P_o(\{x_j\}|\{x_i\}) = \prod_{j=1}^{\ell} P(X \geqslant x_j|\{x_i\})$$

$$P_u(\{x_j\}|\{x_i\}) = \prod_{j=1}^{\ell} P(X \leqslant x_j|\{x_i\})$$

其中，$P_o(\{x_j\}|\{x_i\})$ 表示上涨的程度，$P_u(\{x_j\}|\{x_i\})$ 表示下降的程度。进一步将连乘转换成连加：

$$o = -\frac{1}{\ell} \sum_{j=1}^{\ell} \ln P(X \geqslant x_j|\{x_i\})$$

$$u = -\frac{1}{\ell} \sum_{j=1}^{\ell} \ln P(X \leqslant x_j|\{x_i\})$$

在给定 x_i 的条件下，X 的概率分布可通过 KDE 来估计。为了获得更准确的估计，获取 x_i 的窗口 $[T_c - w_2, T_c)$ 应该较大，以获得更多的样本。因为很多时间序列都有周期性，要估计的分布也会随时间变化，所以需要权衡窗口的大小，FluxRank 的作者根据经验选择时间窗口大小为 1 小时。在核函数的选择上，一种常见的解决方案是假设 X 服从高斯分布，并通过样本均值和样本方差来估计概率分布。然而，实际上很多时间序列数据并不服从高斯分布，比如一些数据的取值范围是从 0 到 1，而高斯分布是一种连续概率分布，取值范围是从负无穷到正无穷。因此，需要根据时间序列的具体情况来选择核函数。FluxRank 的作者在分析了不同运维领域 KPI 的物理意义后，选择了三种分布来应对不同的数据，分别是 Beta 分布（Beta

Distribution）、泊松分布（Poisson Distribution）和高斯分布（Gaussian Distribution）。例如，对于一些百分比类型或比例类型的数据，可以使用 Beta 分布；对于一些描述事件发生次数或频率的数据，如内存超限（Out of Memory，OOM）频率，可以使用泊松分布；对于每个 KPI 时间序列，FluxRank 可输出上涨变化或下降变化的异常程度。

定义 4.4 Beta 分布

Beta 分布是一种连续概率分布，定义在区间 $[0,1]$ 上，由两个正参数 α 和 β 组成。其概率密度函数为

$$f(x; \alpha, \beta) = \frac{x^{\alpha-1}(1-x)^{\beta-1}}{\mathrm{B}(\alpha, \beta)}$$

其中，$\mathrm{B}(\alpha, \beta) = \Gamma(\alpha)\Gamma(\beta)/\Gamma(\alpha+\beta)$。

定义 4.5 泊松分布

泊松分布是一种离散概率分布，适合描述单位时间内随机事件发生的次数。其概率密度函数为

$$f(x; \lambda) = \frac{\lambda^x \, \mathrm{e}^{-\lambda}}{x!}$$

其中，参数 λ 是随机事件发生次数的数学期望值。泊松分布的期望值和方差均为 λ。

定义 4.6 高斯分布

高斯分布是一种连续概率分布，若随机变量 X 服从一个位置参数为 μ、尺度参数为 σ 的高斯分布，其概率密度函数为

$$f(x; \mu, \sigma) = \frac{\mathrm{e}^{-(x-\mu)^2/2\sigma^2}}{(\sqrt{2\pi}\sigma)}$$

正态分布的数学期望值 μ 等于位置参数，决定了分布的位置；标准差 σ 等于尺度参数，决定了分布的幅度。

示例 4.1 展示了如何使用 sklearn 封装好的 KDE 方法对一个带有突降异常的时间序列数据进行异常检测。图 4.6 为原始数据，图 4.7 为 KDE 异常检测结果。这里选择将概率最小的 1% 的数据判断为异常，图 4.7 中其实只有一个突降异常，但是其他几个点也被误判为异常，可见 KDE 判断异常依赖阈值的选择，所以在生产环境中一般不会单独使用 KDE 进行端到端的异常检测。在实际情况下，正常数据的概率密度函数通常是未知的，因此需要使用 KDE 方法来估计它。正确地估计数据的概率密度，对于特征提取或者异常程度衡量来说都非常重要。

示例 4.1

```python
import plotly.graph_objs as go
import numpy as np
from numpy import where, random, array, quantile
# 导入scale函数，用于特征缩放
from sklearn.preprocessing import scale
# 导入波士顿房价数据集，用于生成数据
from sklearn.datasets import load_boston
from sklearn.neighbors import KernelDensity

# 定义生成随机数据的函数
def prepData(N):
    X = []
    for i in range(N):
        A = i/1000 + random.uniform(-4, 3)
        R = random.uniform(-5, 10)
        if(R < (-4.9)):
            R = R +(-30)
        X.append([A + R])
    return array(X)

n = 500
X = prepData(n)
x_ax = list(range(n))

fig = go.Figure()
fig.add_trace(go.Scatter(x=x_ax, y=X.flatten(), mode='lines', name='line'))
fig.show()
```

```python
# 使用KernelDensity函数估计概率密度
kern_dens = KernelDensity()
kern_dens.fit(X)

# 计算概率密度得分
scores = kern_dens.score_samples(X)
# 将样本数据按照从小到大排序，取位于百分之一处的值作为离群值的阈值
threshold = quantile(scores, .01)

# 找出低得分点的索引和值
idx = where(scores <= threshold)
values = X[idx]

# 创建绘图对象
fig = go.Figure()
# 添加散点图和折线图
fig.add_trace(go.Scatter(x=x_ax, y=X.flatten(), mode='lines', name='line'))
fig.add_trace(go.Scatter(x=idx[0], y=values.flatten(), mode='markers', marker_color='red
    ', name='outliers'))
fig.show()
```

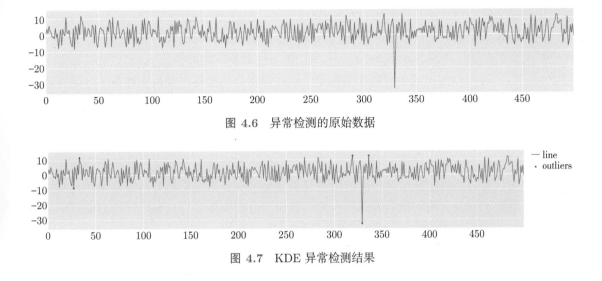

图 4.6　异常检测的原始数据

图 4.7　KDE 异常检测结果

4.3　基于重构的方法

4.3.1　变分自编码器

定义 4.7 变分自编码器

变分自编码器（Variational Auto-Encoder, VAE）[19] 是一种生成模型，它结合了自编码器和变分推断的思想。变分自编码器的目标是学习数据的潜在表示，并且通过潜在空间中的采样生成新的数据样本。它的结构包括编码器和解码器两个部分，编码器将数据样本映射到潜在空间，解码器则将潜在变量映射回数据空间。变分自编码器的训练过程是通过最大化证据下界实现的，其在异常检测、图像生成等领域都有广泛应用。♣

许多异常检测方法是寻找原始数据的低维表示或低维嵌入表示。在数据的低维表示中，数据中重要的模式得到保留，而无关紧要的噪声会被去除，再通过将低维表示进行重构得到结果。重构结果和原始数据之间的误差被称为重构误差（Reconstruction Error）。重构误差可作为检测异常的分数，因为训练数据主要是正常数据，所以重构结果应该是符合正常模式的。如果观测数据偏离较多，则认为当前的观测数据中存在异常。像基于主成分分析（Principal Component Analysis, PCA）和自编码器的异常检测都属于重构方法。变分自编码器也基于重构方法，但它不使用重构误差作为判断异常的指标，而是使用一个概率度量（也称重构概率）。重构误差对于不同数据的阈值可能不同，重构概率对于任何数据来说总是 1%。因此，通

过重构概率来设定判断误差的阈值相对更科学。

变分自编码器是一个概率生成模型。假设存在随机变量 X 服从未知的数据分布 $p(x), x \in X$。生成模型根据可观测的样本 $x_1, x_2, \cdots, x_n$ 学习一个参数化的模型 $p_\theta(x)$，使其近似未知分布 $p(x)$，同时可以使用这个参数化的模型生成新样本，使新样本和真实样本尽可能接近。

核密度估计方法也是一种生成模型，它直接对观测数据进行学习，并估计其概率密度函数。变分自编码器要学习的分布不仅有观测数据，还有隐变量 Z。隐变量 Z 是一个低维空间中的随机向量，可以被看作数据的潜在特征。

变分自编码器的网络结构如图 4.8 所示，它由编码器和解码器构成，编码器将输入映射到低维空间，解码器将隐变量重新映射为可观测变量。变分自编码器的网络结果和自编码器类似，区别在于变分自编码器的编码器和解码器输出分布或概率，自编码器输出确定的重构数据。

整个生成模型的联合概率分布可以记为

$$p(\boldsymbol{x}, \boldsymbol{z}; \theta) = p(\boldsymbol{x}|\boldsymbol{z}; \theta)p(\boldsymbol{z}; \theta)$$

假设隐变量满足先验 $\mathcal{N}(0, \boldsymbol{I})$，即多元标准高斯分布，在已知 $\boldsymbol{z}$ 的情况下，就可以从分

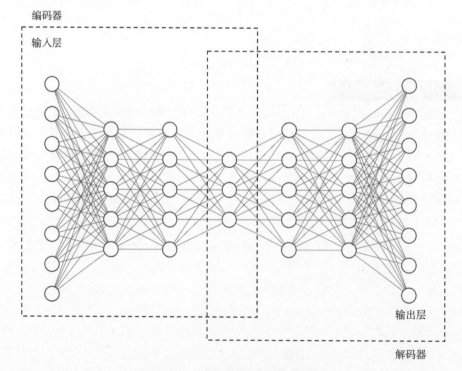

图 4.8 变分自编码器的网络结构

布 $p(\boldsymbol{x}|\boldsymbol{z};\theta)$ 中采样或生成 $\boldsymbol{x}$。如果输入 $\boldsymbol{x} \in \mathbb{R}^d$ 是 d 维的连续向量，为简单起见，那么可以假设 $p(\boldsymbol{x}|\boldsymbol{z};\theta)$ 服从高斯分布，并通过神经网络来估计该分布的参数，θ 为神经网络的参数的集合。给定样本输入 $\boldsymbol{x}$，假设 $p(\boldsymbol{z};\theta)$ 和 $p(\boldsymbol{x}|\boldsymbol{z};\theta)$ 的分布已知，可以通过极大似然估计来估计参数，样本输入 $\boldsymbol{x}$ 的对数边际似然函数为

$$\log p(\boldsymbol{x},\theta) = \sum_{\boldsymbol{z}} q(\boldsymbol{z}) \log p(\boldsymbol{x};\theta)$$

$$= \sum_{\boldsymbol{z}} q(\boldsymbol{z})\Big(\log p(\boldsymbol{x},\boldsymbol{z};\theta) - \log p(\boldsymbol{z}|\boldsymbol{x};\theta)\Big)$$

$$= \sum_{\boldsymbol{z}} q(\boldsymbol{z}) \log \frac{p(\boldsymbol{x},\boldsymbol{z};\theta)}{q(\boldsymbol{z})} - \sum_{\boldsymbol{z}} q(\boldsymbol{z}) \log \frac{p(\boldsymbol{z}|\boldsymbol{x},\theta)}{q(\boldsymbol{z})}$$

$$= \mathrm{ELBO}(q,\boldsymbol{x};\theta) + D_{\mathrm{KL}}(q(\boldsymbol{z})\|p(\boldsymbol{z}|\boldsymbol{x};\theta))$$

其中，第二个等号的推导来自 $p(\boldsymbol{x},\boldsymbol{z};\theta) = p(\boldsymbol{z}|\boldsymbol{x};\theta)p(\boldsymbol{x};\theta)$，两边取对数得到 $\log p(\boldsymbol{x},\boldsymbol{z};\theta) = \log p(\boldsymbol{z}|\boldsymbol{x};\theta) + \log p(\boldsymbol{x};\theta)$。第三个等号的推导基于全概率定理。$q(\boldsymbol{z})$ 为变分函数，是定义在隐变量 $\boldsymbol{Z}$ 上的分布，引入变分函数旨在处理难以精确推断 $p(\boldsymbol{x}|\boldsymbol{z})$ 的情况。$\mathrm{ELBO}(q,\boldsymbol{x};\theta)$ 为边际似然 $p(\boldsymbol{x},\boldsymbol{z};\theta)$ 的证据下界（Evidence Lower Bound，ELBO）。根据 Jensen 不等式，对于凹函数 g，有 $g(\mathbb{E}[X]) \geqslant \mathbb{E}[g(X)]$，所以有

$$\log p(\boldsymbol{x};\theta) = \log \sum_{\boldsymbol{z}} q(\boldsymbol{z}) \frac{p(\boldsymbol{x},\boldsymbol{z};\theta)}{q(\boldsymbol{z})}$$

$$\geqslant \sum_{\boldsymbol{z}} q(\boldsymbol{z}) \log \frac{p(\boldsymbol{x},\boldsymbol{z};\theta)}{q(\boldsymbol{z})}$$

$$\stackrel{\mathrm{def}}{=} \mathrm{ELBO}(q,\boldsymbol{x};\theta)$$

仅当 $q(\boldsymbol{z}) = p(\boldsymbol{z}|\boldsymbol{x};\theta)$ 时，边际似然 $\log p(\boldsymbol{x};\theta)$ 和证据下界 $\mathrm{ELBO}(q,\boldsymbol{x};\theta)$ 相等，此时 $D_{\mathrm{KL}}(q(\boldsymbol{z})\|p(\boldsymbol{z}|\boldsymbol{x};\theta)) = 0$，所以 $\mathrm{ELBO}(q,\boldsymbol{x};\theta)$ 为 $\log p(\boldsymbol{x};\theta)$ 的一个下界。最大化对数边际似然的过程可以分解为两个步骤：先找到一个变分函数 $q(\boldsymbol{z})$，使得 $\log p(\boldsymbol{x};\theta) = \mathrm{ELBO}(q,\boldsymbol{x};\theta)$；再寻找使证据下界最大化的参数 θ。由于 $D_{\mathrm{KL}}(q(\boldsymbol{z})\|p(\boldsymbol{z}|\boldsymbol{x};\phi)) > 0$，所以在寻找使证据下界最大化的参数 θ 的过程中，$\log p(\boldsymbol{x};\theta)$ 也进一步变大，从而实现最大化似然函数。

编码器

编码器的工作过程可以看成从输入 $\boldsymbol{x}$ 映射到隐变量 $\boldsymbol{z}$。计算 $p(\boldsymbol{z}|\boldsymbol{x})$ 是一个推断问题，使用了变分推断的思想，变分自编码器的名称即源于此。变分推断（Variational Inference）旨在寻找一个简单的概率分布 $q(\boldsymbol{z})$ 来近似给定数据 $\boldsymbol{x}$ 下的条件概率密度 $p(\boldsymbol{z}|\boldsymbol{x})$。这里通过构

建一个神经网络来完成这个推断任务，定义推断网络的参数为 ϕ，变分函数 $q(z)$ 和输入 $\boldsymbol{x}$ 有关，变分函数可记为 $p(\boldsymbol{z}|\boldsymbol{x};\phi)$。构建编码器神经网络的目标是：找到一个尽可能与真实后验 $p(\boldsymbol{z}|\boldsymbol{x})$ 接近或相等的变分函数 $p(\boldsymbol{z}|\boldsymbol{x};\phi)$，即最小化 $D_{\mathrm{KL}}(q(\boldsymbol{z}|\boldsymbol{x};\phi)||p(\boldsymbol{z}|\boldsymbol{x};\theta))$。

为了简化问题，假设 $p(\boldsymbol{z}|\boldsymbol{x};\phi)$ 服从高斯分布 $\mathcal{N}(\boldsymbol{z};\boldsymbol{\mu}_{\mathrm{en}},\boldsymbol{\sigma}_{\mathrm{en}}^2)$，高斯分布的参数 $\boldsymbol{\mu}_{\mathrm{en}}$ 和 $\boldsymbol{\sigma}_{\mathrm{en}}$ 通过神经网络来计算。假设用一个最简单的神经网络来计算：

$$\boldsymbol{h} = \sigma\big(W^{(1)}\boldsymbol{x} + b^{(1)}\big)$$

$$\boldsymbol{\mu}_{\mathrm{en}} = W^{(2)}\boldsymbol{h} + b^{(2)}$$

$$\boldsymbol{\sigma}_{\mathrm{en}}^2 = \mathrm{softplus}\big(W^{(3)}\boldsymbol{h} + b^{(3)}\big)$$

其中，$\mathrm{softplus}(x) = \log(1 + \mathrm{e}^x)$。权重项和偏置项的集合即为推断网络的参数 ϕ。由于引入了参数 ϕ，原先的极大似然函数 $\log p(\boldsymbol{x};\theta) = \mathrm{ELBO}(q,\boldsymbol{x};\theta) + D_{\mathrm{KL}}(q(\boldsymbol{z})||p(\boldsymbol{z}|\boldsymbol{x};\theta))$ 可记为 $\log p(\boldsymbol{x};\theta) = \mathrm{ELBO}(q,\boldsymbol{x};\theta,\phi) + D_{\mathrm{KL}}(q(\boldsymbol{z}|\boldsymbol{x};\phi)||p(\boldsymbol{z}|\boldsymbol{x};\theta))$，即 $D_{\mathrm{KL}}(q(\boldsymbol{z}|\boldsymbol{x};\phi)||p(\boldsymbol{z}|\boldsymbol{x};\theta)) = \log p(\boldsymbol{x};\theta) - \mathrm{ELBO}(q,\boldsymbol{x};\theta,\phi)$，由于 $\log p(\boldsymbol{x};\theta)$ 与 ϕ 无关，所以编码器网络的优化目标可以记为

$$\phi^* = \arg\min_{\phi} D_{\mathrm{KL}}(q(\boldsymbol{z}|\boldsymbol{x};\phi)||p(\boldsymbol{z}|\boldsymbol{x};\theta))$$

$$= \arg\min_{\phi} \log p(\boldsymbol{x};\theta) - \mathrm{ELBO}(q,\boldsymbol{x};\theta,\phi)$$

$$= \arg\max_{\phi} \mathrm{ELBO}(q,\boldsymbol{x};\theta,\phi)$$

解码器

编码器将输入数据映射为隐变量空间中的概率分布，解码器则从潜在空间中的概率分布中采样，生成新的数据样本。也就是说，解码器通过构建神经网络来计算条件概率分布 $p(\boldsymbol{x}|\boldsymbol{z};\phi)$。和编码器的处理方式类似，假设 $p(\boldsymbol{x}|\boldsymbol{z};\phi)$ 满足高斯分布，把问题转化为计算高斯分布的均值 $\boldsymbol{\mu}_{\mathrm{de}}$ 和 $\boldsymbol{\sigma}_{\mathrm{de}}$。前面说过，最大化对数边际似然的过程可以分解为两个步骤：先找到一个变分函数 $q(\boldsymbol{z})$ 尽可能接近 $p(\boldsymbol{z}|\boldsymbol{x};\theta)$，使得 $\log p(\boldsymbol{x};\theta) = \mathrm{ELBO}(q,\boldsymbol{x};\theta)$，再寻找使证据下界最大化的参数 θ。编码器的优化目标是第一步中的变分推断，那么解码器的优化目标就是第二步中的寻找使证据下界最大化的参数 θ，即

$$\theta^* = \arg\max_{\theta} \mathrm{ELBO}(q,\boldsymbol{x};\theta,\phi)$$

综上，编码器和解码器的优化目标都是使证据下界 $\mathrm{ELBO}(q,\boldsymbol{x};\theta,\phi)$ 最大化，前面假设在 $\boldsymbol{z}$ 已知的情况下，$\mathrm{ELBO}(q,\boldsymbol{x};\theta) = \sum_{\boldsymbol{z}} q(\boldsymbol{z})\log\dfrac{p(\boldsymbol{x},\boldsymbol{z};\theta)}{q(\boldsymbol{z})}$。在实际应用中，$\boldsymbol{z}$ 服从分布

$z \sim q(z|\boldsymbol{x}; \phi)$。此外，还引入了参数 ϕ，最大化证据下界要同时学习参数 θ 和 ϕ。那么优化目标可以表示为

$$\max_{\theta, \phi} \mathrm{ELBO}(q, \boldsymbol{x}; \theta, \phi) = \max_{\theta, \phi} \mathbb{E}_{\boldsymbol{z} \sim q(\boldsymbol{z}|\boldsymbol{x}; \phi)} \left[\log \frac{p(\boldsymbol{x}|\boldsymbol{z}; \theta)p(\boldsymbol{z}; \theta)}{q(\boldsymbol{z}|\boldsymbol{x}; \phi)} \right]$$
$$= \max_{\theta, \phi} \mathbb{E}_{\boldsymbol{z} \sim q(\boldsymbol{z}|\boldsymbol{x}; \phi)} \left[\log p(\boldsymbol{x}|\boldsymbol{z}; \theta) + \log p(\boldsymbol{z}; \theta) - \log q(\boldsymbol{z}|\boldsymbol{x}; \phi) \right]$$

其中，$\boldsymbol{z} \sim q(\boldsymbol{z}|\boldsymbol{x}; \phi)$ 可以通过采样来计算，对每个样本 $\boldsymbol{x}$，从分布 $q(\boldsymbol{z}|\boldsymbol{x}; \phi)$ 中采样 M 个 $\boldsymbol{z}^{(m)}$：

$$\mathbb{E}_{\boldsymbol{z} \sim q(\boldsymbol{z}|\boldsymbol{x}; \phi)}[\log p(\boldsymbol{x}|\boldsymbol{z}; \theta)] \approx \frac{1}{M} \sum_{m=1}^{M} \log p\left(\boldsymbol{x}|\boldsymbol{z}^{(m)}; \theta\right)$$

其中，$1 \leqslant m \leqslant M$。神经网络的参数学习方式一般是梯度下降，采样方式无法表达随机变量和参数之间的关系，即无法计算 $\boldsymbol{z}$ 关于 ϕ 的导数。变分自编码器通过再参数化的方法，假设分布 $q(\boldsymbol{z}|\boldsymbol{x}; \phi)$ 为正态分布，正态分布参数 $\boldsymbol{\mu}_{\mathrm{en}}$，$\boldsymbol{\sigma}_{\mathrm{en}}$ 来自编码器神经网络的输出，可以将变量 $\boldsymbol{z}$ 表示为

$$\boldsymbol{z} = \boldsymbol{\mu}_{\mathrm{en}} + \boldsymbol{\sigma}_{\mathrm{en}} \odot \boldsymbol{\epsilon}$$

其中，$\boldsymbol{\epsilon} \sim \mathcal{N}(\boldsymbol{0}, \boldsymbol{I})$。通过再参数化，将 $\boldsymbol{z}$ 和变量 ϕ 的关系表示为函数关系，进而可以通过梯度下降法来学习参数。

4.3.2 Donut

清华大学 NetMan 实验室于 2018 年在论文 "Unsupervised Anomaly Detection via Variational Auto-Encoder for Seasonal KPIs in Web Applications" [20] 中提出了 Donut 异常检测方案，它基于变分自编码器，应用于时间序列 KPI 的异常检测任务中，文中还提出了一些适用于时间序列的改进方案。变分自编码器本身不是一个序列模型，为了应用于时间序列数据，便将时间序列数据转换为滑动窗口的形式作为模型的输入。将时间序列的窗口长度设置为 120，在频率为 1 分钟的数据上即为 2 小时的数据。Donut 异常检测方案应用以下三项技术来处理数据中出现的缺失值或者带异常标记的数据。

1. 对证据下界进行改进，以排除数据中缺失数据及有标记的异常数据的影响。变分自编码器作为一个生成模型，通过学习正常数据的模式进行异常检测，所以一般要求训练数据均为正常数据。为 $\log p(\boldsymbol{x}|\boldsymbol{z}; \theta)$ 增加权重项，如果是缺失数据或者标记为异常的数据，则权重项为 0，在训练中不会起作用。同时，根据正常数据的比例对 $\log p(\boldsymbol{z}; \theta)$ 进行缩放。Donut 的作者通过实验证明这种方法比直接将缺失数据和异常数据排除的效果好。修改后的证据下界优化目标为

$$\text{M}-\text{ELBO}(q, \boldsymbol{x}; \theta, \phi) = \mathbb{E}_{\boldsymbol{z} \sim q(\boldsymbol{z}|\boldsymbol{x};\phi)} \left[\sum_{w=1}^{W} \alpha_w \log p(\boldsymbol{x}_w | \boldsymbol{z}; \theta) + \beta \log p(\boldsymbol{z}; \theta) - \log q(\boldsymbol{z}|\boldsymbol{x}; \phi) \right]$$

2. 注入缺失数据。注入缺失数据被认为是一种数据增强的方式，能使改进后的证据下界更好地发挥作用，在实际应用中对缺失数据更加鲁棒。

3. MCMC 缺失数据[21] 填充。在异常检测过程中，如果输入的时间窗口中包含缺失数据，会使映射的隐变量存在偏差，从而导致重构概率不准确。MCMC 缺失数据填充将观测到的数据固定，再对缺失数据不断进行重构和迭代，在迭代过程中，缺失数据的重构数据会越来越接近正常的观测数据，从而减小对异常检测结果的影响。

在 Donut 方案中，使用 $\mathbb{E}_{\boldsymbol{z} \sim q(\boldsymbol{z}|\boldsymbol{x};\phi)}[\log p(\boldsymbol{x}|\boldsymbol{z}; \theta)]$ 作为重构概率的度量，并通过核密度估计 (KDE) 的方式对变分自编码器的作用机理进行解释。训练前的变分自编码器的后验概率 $q(\boldsymbol{z}|\boldsymbol{x};\phi)$ 如图 4.9 的左图所示，训练后的后验概率 $q(\boldsymbol{z}|\boldsymbol{x};\phi)$ 如图 4.9 的右图所示。图 4.9 中的点是后验概率的采样，选择隐变量的维度为 2，即图中的横轴和纵轴是采样的隐变量的两个维度。不同的颜色代表时间序列数据中不同的时间段，可以看到经过训练后，后验概率明显呈现出有规律的特征，不同时间段的数据相互分离，环状体现了数据的日周期性。在变分自编码器的输入中，并没有直接输入时间特征，所以隐变量学习到的特征是来自输入 x 不同时间段下特征的差异，这也证实了变分自编码器在时间序列数据上的有效性。

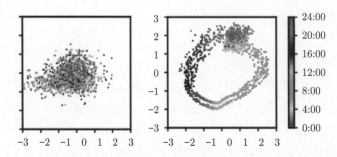

图 4.9　训练前和训练后变分自编码器后验概率 $q(\boldsymbol{z}|\boldsymbol{x};\phi)$ 的采样结果[20]

在实际应用中，数据存在异常的情况较少。变分自编码器隐变量的维度很低，学习到的信息基本上是数据最核心的特征。对于有少量异常数据的情况，异常信息基本会被抛弃。如果输入数据中存在大量的异常数据，那么变分自编码器可能会失效。

假设正常数据表示为 $\tilde{x}$，训练后的后验概率 $q(\boldsymbol{z}|\boldsymbol{x};\phi)$ 即为 $q(\boldsymbol{z}|\tilde{x};\phi)$ 的近似，就可以认为学习到了正常的模式。通过最大化证据下界 ELBO，正常数据能够得到较大的重构概率 $\mathbb{E}_{\boldsymbol{z} \sim q(\boldsymbol{z}|\boldsymbol{x};\phi)}[\log p(\boldsymbol{x}|\boldsymbol{z}; \theta)]$，而对异常数据则输出较小的重构概率。重构概率中的 $q(\boldsymbol{z}|\boldsymbol{x};\phi)$ 可以视为权重，$\log p(\boldsymbol{x}|\boldsymbol{z};\theta)$ 可以视为核函数。输入数据 $\boldsymbol{x}$ 首先被映射到 $q(\boldsymbol{z}|\boldsymbol{x};\phi)$ 的空间中，对每个样本 $\boldsymbol{x}$，从 $q(\boldsymbol{z}|\boldsymbol{x};\phi)$ 中采样出 M 个 $\boldsymbol{z}$，每个 $\boldsymbol{z}$ 可以通过计算得到一个核函数 $\log p(\boldsymbol{x}|\boldsymbol{z}^{(m)})$，

最后对其进行累加，得到最终的概率密度估计：

$$\mathbb{E}_{\boldsymbol{z}\sim q(\boldsymbol{z}|\boldsymbol{x};\phi)}[\log p(\boldsymbol{x}|\boldsymbol{z};\theta)] \approx \frac{1}{M}\sum_{m=1}^{M}\log p\left(\boldsymbol{x}|\boldsymbol{z}^{(m)};\theta\right)$$

假设现在有两个不同时刻的数据 $\boldsymbol{x}^{(1)}$ 和 $\boldsymbol{x}^{(2)}$，其映射到隐变量空间的概率分布分别为 $q(\boldsymbol{z}|\boldsymbol{x}^{(1)};\phi)$ 和 $q(\boldsymbol{z}|\boldsymbol{x}^{(2)};\phi)$，如图 4.10 所示。这两个分布的均值分别是 $\mu_{\boldsymbol{z}^{(1)}}$ 和 $\mu_{\boldsymbol{z}^{(2)}}$，其方差分别是 $\sigma_{\boldsymbol{z}^{(1)}}$ 和 $\sigma_{\boldsymbol{z}^{(2)}}$。如果 $\boldsymbol{x}^{(1)}$ 和 $\boldsymbol{x}^{(2)}$ 是相似的，那么两个分布会存在交叉区域。从 $q(\boldsymbol{z}|\boldsymbol{x}^{(1)};\phi)$ 采样得到的 $\boldsymbol{z}^{(1)}$ 会更接近 $\mu_{\boldsymbol{z}^{(2)}}$，所以在已知 $\boldsymbol{z}^{(1)}$ 时计算得到的条件概率 $p\left(\boldsymbol{x}|\boldsymbol{z}^{(1)};\theta\right)$ 会更接近从分布 $q(\boldsymbol{z}|\boldsymbol{x}^{(2)};\phi)$ 采样后计算的条件概率。这也是证据下界中的第一项 $\mathbb{E}_{\boldsymbol{z}\sim q(\boldsymbol{z}|\boldsymbol{x};\phi)}[\log p(\boldsymbol{x}|\boldsymbol{z};\theta)]$ 在优化过程中发生的事情，时间序列中相近且相似的 $\boldsymbol{x}$ 在隐变量空间中的位置是接近的，不相似的 $\boldsymbol{x}$ 则会互相远离，最终呈现出图 4.9 的右图中不同时间段数据明显分离的特征。

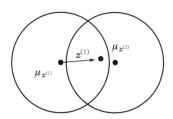

图 4.10　将两个不同时刻的数据 $\boldsymbol{x}^{(1)}$ 和 $\boldsymbol{x}^{(2)}$ 映射到两个后验概率 $q(\boldsymbol{z}|\boldsymbol{x}^{(1)};\phi)$ 和 $q(\boldsymbol{z}|\boldsymbol{x}^{(2)};\phi)$[20]

截至本书完稿时，变分自编码器依然是时间序列异常检测领域应用最广泛的无监督算法之一。Donut 中提出了一些改进方案，优化了基于原始变分自编码器的异常检测算法，在互联网公司的 KPI 异常检测任务中达到 0.75～0.9 的 F-Score 得分。Donut 的论文还提出了对变分自编码器的 KDE 解释，有助于我们理解变分自编码器的作用机理。Donut 的代码目前已开源，详见链接 4-1。

4.4　基于距离的方法

基于距离的异常检测算法是指通过衡量数据点之间的距离或邻近度识别异常。这是因为异常的点通常位于稀疏的区域，或距离其他大部分数据点的位置较远，如图 4.11 所示。常见的基于距离的方法有马氏距离（Mahalanobis Distance）、K 最近邻（K-Nearest Neighbor）、孤立森林（Isolation Forest）等。本节主要介绍孤立森林算法及其针对流式时间序列数据的改进 RRCF 算法。

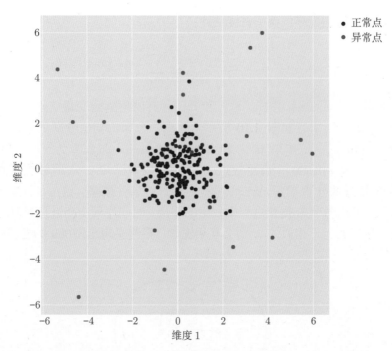

图 4.11   数据点的二维分布示例图，大部分异常点位于稀疏的区域

4.4.1   孤立森林

定义 4.8 孤立森林

孤立森林算法[22] 由周志华等人于 2008 年提出。该算法基于一种名为孤立树的数据结构，通过将多棵孤立树构建成一个森林来检测数据中的异常点。对于每个数据点，计算其在所有孤立树中的平均路径长度。异常点往往具有较短的平均路径长度，可以通过较少的划分与其他数据点分离。

孤立森林算法的思想是：异常概率较高的、分布稀疏的点往往很快被分割到一个叶子节点子空间中，不再继续分割，原因在于这些点在某些维度的取值过大或过小；正常的点通常位于密度较高的簇中，需要进行多次切割才能停止，以确保每个点都独立存在于一个子空间中。如图 4.12 所示，异常点 x_0 位于稀疏的区域，通过 4 次分割被"孤立"；正常点所在区域的点较为密集，点与点之间距离较小，x_i 通过 12 次分割才被"孤立"。

孤立森林算法是一种基于 Bagging 的集成算法，通过训练多个基学习器，使最终的预测结果更加稳定，这里的基学习器被称为孤立树（Isolation Tree, iTree）。

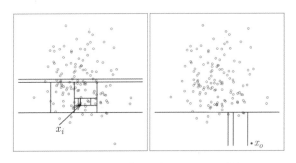

图 4.12 异常点 x_0 与正常点 x_i[22]

定义 4.9 集成算法

集成算法，也称集成学习方法，是一种通过组合多个弱学习器来构建一个强学习器的算法。它的基本思想是将多个基学习器的预测结果进行加权平均或投票，从而得到最终的预测结果。集成学习方法可以有效地提高模型的泛化能力和准确性，尤其是在处理复杂的数据集和任务时具有很大的优势。

常见的集成学习方法包括 Bagging 和 Boosting。其中，Bagging（Bootstrap Aggregating）是一种基于自助采样的集成学习方法，它通过从原始数据集中随机抽取多个子样本来训练多个基学习器，最后对这些基学习器的预测结果进行投票或汇总，得到最终的预测结果。Bagging 可以有效地减小模型的方差，从而提高模型的泛化能力。

Boosting 是一种基于加权的集成学习方法，它通过迭代训练多个基学习器，每个基学习器都根据前一个基学习器的表现来调整样本的权重，使前一个基学习器分类错误的样本在后续的训练中得到更多的关注。最终，将所有基学习器的预测结果进行加权求和，得到预测结果。Boosting 可以有效地减小模型的偏差，从而提高模型的准确性。♣

孤立树是一种二叉树结构，其构建过程如下。

1. 从训练数据中随机采样 ψ 个数据点作为子样本，并将它们放入一棵孤立树的根节点中。
2. 随机选定一个维度 q，在当前节点数据范围内，随机生成一个切割点 p，该切割点位于当前节点数据中指定维度的最大值和最小值之间。
3. 这个切割点 p 生成了一个超平面，将当前节点数据空间分成两个子空间：将当前所选维度下小于 p 的数据点放在当前节点的左分支，将大于或等于 p 的数据点放在当前节点的右分支。
4. 在左分支和右分支节点上递归执行步骤 2 和 3，不断构建新的叶子节点，直到叶子节点中只有一个数据点或树已经生长到了指定的高度。

每棵孤立树都通过采样的方式进行训练，采样的方式使得每棵孤立树都是独一无二的，通过训练多棵孤立树，可以提高算法的泛化能力。如果数据中聚集的异常点较多，容易被误判为正常，但采样可以缓解这种情况。随着孤立树的数量逐渐增加，每个样本点的平均路径长度逐渐收敛。

在判断异常的阶段，对样本 x 综合多棵孤立树的计算结果得到异常分数 s：

$$s(x, n) = 2^{-\frac{E(h(x))}{c(n)}}$$

其中，$h(x)$ 表示样本 x 在一棵孤立树上的路径长度，即从根节点到该样本所在的叶子节点所经过的边的数量。$E(h(x))$ 为样本路径长度的期望。$c(n)$ 表示在给定样本数 n 时路径长度的平均值，其证明过程可参考文献 [23] 的 10.3.3 节。

$$c(n) = 2H(n-1) - (2(n-1)/n)$$

其中，$H(i)$ 表示调和数（Harmonic Number），$H(i) \approx \ln(i) + 0.5772156649$。$c(n)$ 能起到标准化的作用。样本路径长度的期望 $E(h(x))$ 和异常分数 s 的相关性如图 4.13 所示。随着 $E(h(x))$ 的提高，异常分数逐渐下降。当 $E(h(x))$ 趋近于 0 时，异常分数 s 趋近于 1；当 $E(h(x)) = c(n)$ 时，异常分数 s 等于 0.5；当 $E(h(x))$ 趋近于 $n-1$ 时，异常分数 s 趋近于 0。

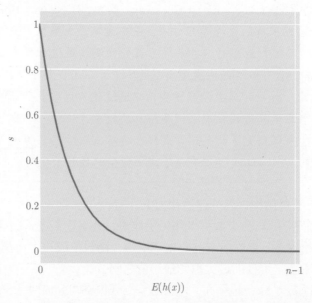

图 4.13　样本路径长度的期望 $E(h(x))$ 和异常分数 s 的相关性[23]

孤立森林算法具有以下创新点。

1. 不直接计算距离、密度的指标，减小了计算量。而其他基于距离、邻近度的异常检测算法，如 K 最近邻、DBSCAN（Density-Based Spatial Clustering of Applications with Noise）都需要计算点与点之间的距离。

2. 线性的时间复杂度，低内存消耗。
3. 可处理多维数据，如多变量时间序列中的异常检测。

在 sklearn 中，有封装好的孤立森林算法可供调用。

4.4.2 RRCF

在一些对实时性要求比较高的场景中，时间序列数据是实时且持续不断产生的，被称为流式数据。这要求模型在很短的时间内对数据做出检测，判断最新产生的数据是否异常。孤立森林算法在处理流式数据时，一般使用一个时间窗口的数据进行训练，需要为每个新到达的数据点重新构建树结构，导致整体耗时较多。RRCF（Robust Random Cut Forest）算法解决了这个问题，它基于孤立森林算法进行了一些改进，更适用于流式时间序列数据。RRCF目前已经被应用于亚马逊的云服务（AWS）中，并对用户开放调用。

> **定义 4.10 RRCF**
>
> RRCF 由宾夕法尼亚大学的 Guha 和亚马逊公司的 Mishra 等人于 2016 年在论文 "Robust Random Cut Forest Based Anomaly Detection On Streams" [24] 中提出，是一种用于异常检测的无监督机器学习算法。其基于孤立森林算法进行了改进，更适用于流式时间序列数据，效果更加鲁棒。

RRCF 的切分方式和孤立森林算法略有不同。一棵子树的构造方式如下。

1. 不同于孤立森林算法随机选择一个维度和一个值进行切分，RRCF 算法中的维度 i 被选中进行切分的概率正比于 $\dfrac{\ell_i}{\sum_j \ell_j}$，其中，$\ell_i = \max_{x \in S} x_i - \min_{x \in S} x_i$，值域更大的维度被选中的概率更大。RRCF 算法的切分方式比孤立森林算法更加鲁棒，在维度多或存在较多冗余维度时效果更好。

2. 选择 $X_i \sim [\min_{x \in S} x_i, \max_{x \in S} x_i]$。

3. 令 $S_1 = \{x \mid x \in S, x_i \leqslant X_i\}$，$S_2 = \{x \mid x \in S, x_i > X_i\}$，不断进行递归切分。

文献 [24] 从理论上证明了将 RRCF 算法应用于流式数据的可行性，解决了每次新到达数据点都要重新构建树结构的问题。给定样本集 S，并构建树 $T(S)$，删除了包含孤立点 x 及其父节点的节点，因此生成的树 T' 的概率分布与 $T(S - \{x\})$ 的概率分布相同。同样，可以生成一棵树 T''，其概率分布与 $T(S \cup \{x\})$ 的概率分布相同。创建这棵新树所花费的时间与原始树 T 的最大深度成正比。随着样本的增加、树的大小增加，树的深度的增长速度呈次线性，即速度低于线性增长。这意味着我们可以通过添加或删除点的方式，有效地更新动态数据流中的树，这也符合在线学习的概念。

在孤立森林算法中，对每棵树进行采样创建输入样本集时，使用的是从整体样本中无放回抽样的方法。在 RRCF 算法中，通过蓄水池抽样方法或赋予近期数据较大权重的方法为每棵树创建输入样本集。蓄水池抽样适用于流式数据的采样，其时间复杂度为 $O(n)$，空间复杂度为 $O(k)$，其中，n 为原始流式数据集大小，k 为采样数量。

定义 4.11 蓄水池抽样

蓄水池抽样的目的在于从大小为 n 的数据集中抽取 k 个数据，确保每个数据被选中的概率相等且不重复。它适用于 n 的大小未知或数量较大不方便存入内存的情况。在流式数据中，蓄水池中采样样本的更新方式如下。

1. 当流式数据到达的数据量小于 k 时，先将其放入蓄水池中。
2. 当流式数据到达的数据量大于或等于 k 时，数据索引 $j \geqslant k$，随机产生一个范围从 0 到 j 的整数 r 赋予当前到达的样本。如果 $r < k$，则用当前样本替换蓄水池中的第 r 项。
3. 重复步骤 2，对蓄水池中的样本进行更新。

RRCF 如何判断样本的异常程度呢？简单来说，RRCF 将样本移除之后，计算树的复杂度变化，正常点由于有很多相似性，所以删除之后对树的复杂度影响不大，而删除异常点会使树的复杂度发生较大变化。对于一个样本，它所在的叶子节点可以用 0 和 1 组成的比特来表示，如图 4.14 所示。从根节点开始，左子树用 0 表示，右子树用 1 表示，树的深度则是由 0 和 1 组成的比特的个数。假设有样本集 Z，样本集中的点用 y 表示，$y \in Z$，令 $f(y, Z, T)$ 表示 y 在树 T 中的深度。从样本集 Z 中删除样本 x 之后，树 $T(Z)$ 变为 $T(Z - \{x\})$，$f(y, Z - \{x\}, T)$ 表示 y 在树 $T(Z - \{x\})$ 中的深度。

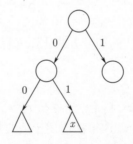

图 4.14　样本 x 的表示方法为 "01"

定义模型复杂度 $|M(T)|$ 为表示所有样本点 y 所需的比特数：

$$|M(T)| = \sum_{y \in Z} f(y, Z, T)$$

当删除 x 之后，模型复杂度为

$$|M(T')| = \sum_{y \in Z-\{x\}} f(y, Z-\{x\}, T')$$

模型复杂度的期望之差为

$$\mathbb{E}_{T(Z)}(|M(T)|) - \mathbb{E}_{T(Z-\{x\})}(|M(T(Z-\{x\}))|)$$

$$= \sum_{T} \sum_{y \in Z-\{x\}} p(T)(f(y, Z, T) - f(y, Z-\{x\}, T')) + \sum_{T} p(T)f(x, Z, T)$$

其中，$\sum_{T} p(T)f(x, Z, T)$ 为样本 x 的期望深度，记 $\mathrm{DISP}(x, Z) = \sum_{T} \sum_{y \in Z-\{x\}} p(T)(f(y, Z, T) - f(y, Z-\{x\}, T'))$ 为样本 x 被移除后的反应，文献 [24] 中称其为 displacement of a point x。通常，异常点的移除效应较大。RRCF 还考虑到异常点较多重复或接近重复的情况，单个异常点的移除效应可能不会很大，可以删除包含该样本 x 的一个样本集合 C, $x \in C \subseteq Z$，如删除该节点的父节点、祖父节点，最后计算所有可能的移除效应的最大值，结果被称为 co-displacement。这种定义异常的方式，其效果比孤立森林算法更加鲁棒。

在示例 4.2 中，展示了使用 RRCF 算法对带有突降异常的时间序列数据进行异常检测，这里使用 Bartos 等人提供的 RRCF 的开源实现，其 GitHub 项目地址见链接 4-2。图 4.15 为时间序列数据和对应时刻的异常得分。

示例 4.2

```python
import numpy as np
import rrcf

# 生成数据
n = 730
A = 50
center = 100
phi = 30
T = 2*np.pi/100
t = np.arange(n)
sin = A*np.sin(T*t-phi*T) + center
sin[235:238] = 70

# 设置树的参数
num_trees = 40
shingle_size = 4
tree_size = 256

# 初始化树
forest = []
for _ in range(num_trees):
```

```
        tree = rrcf.RCTree()
        forest.append(tree)

# 使用shingle函数创建滚动窗口
points = rrcf.shingle(sin, size=shingle_size)

# 用于记录每个点的 co-displacement 异常得分
avg_codisp = {}

# 每个窗口
for index, point in enumerate(points):
# print(index, point)
    # 森林中的每棵树
    for tree in forest:
        # 如果叶子节点数量超过限制
        if len(tree.leaves) > tree_size:
            # 则抛弃时间最远的点 (FIFO)
            tree.forget_point(index - tree_size)
        # 插入新的点
        tree.insert_point(point, index=index)
        # 计算新的点的 co-displacement
        new_codisp = tree.codisp(index)
        # 对所有树取平均
        if not index in avg_codisp:
            avg_codisp[index] = 0
        avg_codisp[index] += new_codisp / num_trees

sin = pd.Series(sin)
avg_codisp = pd.Series(avg_codisp)

fig = go.Figure()

fig.add_trace(go.Scatter(x=sin.index, y=sin, mode='lines', name='输入时间序列数据', line
    =dict(color='red')))
fig.add_trace(go.Scatter(x=avg_codisp.sort_index().index, y=avg_codisp.sort_index(),
    mode='lines', name='Co-Displacement', line=dict(color='blue')))

fig.update_layout(title='包含异常的正弦时间序列数据（红色）和 RRCF 计算的异常得分（蓝色)',
    xaxis_title='时间', yaxis_title='值')

fig.show()
```

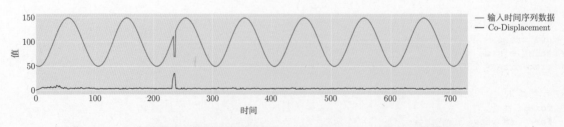

图 4.15　包含异常的正弦时间序列数据（红色）和 RRCF 计算的异常得分（蓝色）

4.5　基于有监督的方法

有监督学习算法使用带有标签的训练数据，依照专家经验构造出有助于异常检测的特征，将原问题转变为一个二分类问题，后续可以选择各种常见的机器学习算法对数据进行训练和预测。有监督算法面临的挑战如下。

1. 对异常数据进行人工标记，费时费力。
2. 类别不平衡问题。在实际情况中，异常数据占比少，大部分数据为正常数据。在类别不平衡的情况下，机器学习算法较难同时取得较高的召回率和精确率。
3. 特征构造需要基于数据条件引入专家经验，导致在不同的数据条件下特征可能无法迁移。
4. 异常情况的变化。针对数据中此前没有出现过的异常，有监督算法可能会失效。

由于存在上述的困难和挑战，在实际生产情况中，面对纷繁众多的时间序列类型，较少直接使用有监督算法，除非异常场景很明确且历史中存在多次相似异常的情况。但是有监督算法中的特征提取环节仍具有借鉴意义。

常见的可以构造的时间序列特征如下。

1. 时间序列统计特征：最大值、最小值、值域、均值、中位数、方差、峰度、同比、环比、周期性、自相关系数、变异系数。
2. 时间序列拟合特征：移动平均算法、带权重的移动平均算法、指数移动平均算法、二次指数移动平均算法、三次指数移动平均算法、奇异值分解算法、自回归算法。
3. 时间序列分类特征：熵特征、小波分析特征、直方图分布特征、分时段特征。

更详细的时间序列特征提取技术可以参考本书第 2 章。通过提取时间序列特征，可以从不同角度来表征时间序列数据。提取出的特征可以直接作为模型的输入，如果数据存在周期性，也可以再做一次转换，计算同比上一周期、前一周期特征数值的变化，有利于反映数据的偏离程度。

清华大学 Netman 实验室于 2015 年在论文 "Opprentice: Towards Practical and Automatic Anomaly Detection Through Machine Learning" [9] 中提出了异常检测有监督方案 Opprentice，通过一系列基础检测器来提取特征。大部分基础检测器本身可以输出当前时间序列数据的异常程度，通过将基础检测器视为特征提取器，后续将数据输入随机森林等模型中进行预测，效果要好于直接用单个检测器进行预测。即使单个基础检测器输出的结果较差，通过将它们进行组合亦能取得较好的效果。例如，Holt-Winters 方法通过预测残差（实际值和预测值的偏差）来衡量异常程度；历史平均方法假设数据服从高斯分布，通过衡量当前数值偏离均值多少倍标准差来衡量异常程度。由于基础检测器在不同的参数设置下会输出不同的结果，例如 Holt-Winters 方法有三个参数 α、β 和 γ。Opprentice 采用采样的方法，例如 Holt-Winters 方法的三个参数 α、β 和 γ 的取值范围皆为 $[0,1]$，那么可以采样选择 $\{0.2, 0.4, 0.6, 0.8\}$ 作为每个参数的取值，共组成 $4^3 = 64$ 组参数组合，最终输出 64 个特征。一次指数移动平滑（Exponentially Weighted Moving Average，EWMA）方法有一个参数 $\alpha \in [0,1]$，即取 $\{0.1, 0.3, 0.5, 0.7, 0.9\}$，得到 5 个特征。移动平均（Moving Average，MA）方法使用较短的时间窗口进行移动平均，而时间序列分解（Time Series Decomposition，TSD）方法使用较长的多周时间窗口，它们可以依据短期和长期的历史情况来判断异常程度。而像自回归差分移动平均（Autoregressive Integrated Moving Average，ARIMA）模型等较为复杂的模型，需要使用数据进行拟合和估计，得出较合理的参数，且需要定期重新训练以更新参数。有两个基础检测器使用绝对中位差（Median Absolute Deviation，MAD）来代替方差表示偏离的程度，比计算数据偏离均值多少倍标准差更加鲁棒。具体的基础检测器和参数设置如表 4.1 所示。

表 4.1　Opprentice 的基础检测器和参数设置

检测器	参数组合数量	参数设置
简单阈值（Threshold）	1	根据数据判断
差值（Diff）	3	对比上个时刻、昨天、上周
移动平均（MA）	5	窗长 = 10, 20, 30, 40, 50
加权移动平均（Weighted MA）	5	
差值的移动平均（MA of Diff）	5	
一次指数移动平滑（EWMA）	5	α = 0.1, 0.3, 0.5, 0.7, 0.9
时间序列分解（TSD）	5	窗长 = 1 周, 2 周, 3 周, 4 周, 5 周
时间序列分解结果计算绝对中位差（TSD MAD）	5	
历史平均（Historical Average）	5	
历史绝对中位差（Historical MAD）	5	
Holt-Winters	64	α, β, γ = 0.2, 0.4, 0.6, 0.8
奇异值分解（SVD）	15	行 = 10, 20, 30, 40, 50 列 = 3, 5, 7
小波转换（Wavelet）	9	窗长 = 3 天, 5 天, 7 天 频率 = 低、中、高
自回归差分移动平均（ARIMA）	1	拟合数据得出

在机器学习算法的选择方面，考虑到构造了大量的特征及可能存在的冗余特征，Opprentice 选择了随机森林算法。随机森林是一种由许多基决策树组成的集成算法，每棵基决策树只使用部分样本进行训练，在切分基决策树时，每次只选择部分特征，而不会遍历所特征。最后，根据这些基决策树的预测结果进行投票，得出最终结果。这种方法属于 Bagging 的集成算法。此外，还有诸如梯度提升决策树（Gradient Boosting Decison Tree，GBDT）及其改进

算法 XGBoost、LightGBM 等属于 Boosting 的集成算法，在有监督场景下也有较好的效果。

4.6　基于弱监督的方法

> **定义 4.12 弱监督学习**
>
> 弱监督学习介于有监督学习和无监督学习之间，周志华教授在文献 [25] 中定义弱监督
> 学习包括三种类型。
>
> 1. 不完全监督（Incomplete Supervision）：训练数据集只对部分数据进行标注。
> 2. 不确切监督（Inexact Supervision）：训练数据仅提供粗粒度的标签信息。可以将
>   输入视为一个包含多个样本的集合，我们只知道集合的整体标签，而不了解各个
>   样本的具体标签。比如，已知时间序列某个时间段（粗粒度）发生了异常，但不
>   知道具体发生异常的具体时间（细粒度）。
> 3. 不准确监督（Inaccurate Supervision）：所提供的标签并不总是准确的。

在异常检测场景中，异常数据和正常数据的比例一般非常不平衡，比如在运维领域，服
务器、App 的故障时间相对于正常运行的时间是偏少的。因此，要想获得有标注的样本，就
必须有大量人工的参与。标注成本一直是有监督学习面临的问题，而无监督学习的学习过程
较为困难，有时效果不够鲁棒。弱监督学习的概念介于有监督学习和无监督学习之间，能利
用少量的有标注样本来优化模型，即定义一个不完全监督问题，既减小标注成本，又充分利
用少量关键的人工经验。

> **定义 4.13 主动学习**
>
> 采用一定的查询策略，从大量样本中获取少量难以分类的或者对模型效果有显著作用
> 的样本数据，经人工审核后进行标注，再次使用有监督或半监督学习模型进行训练，逐
> 步提高模型效果，并将人工经验融入其中。常用的有基于不确定性的查询策略、基于期
> 望模型变化的模型策略等。

在没有使用主动学习（Active Learning）时，通常系统会从样本中随机选择或者使用一
些人工规则的方法来提供待标记的样本供人工进行标记。这样虽然能够带来一定的效果提升，
但是其标注成本相对较高。如何利用少量的有标注样本来提高模型的效果呢？这需要采用一
定的查询策略，筛选出"关键"样本供人工判断，再反哺回模型中。这种学习的策略被称为
主动学习。

例如，一个高中生通过做高考模拟试题来提升自己的考试成绩，那么在做题的过程中有
多种选择。一种是从历年高考和模拟试卷中随机选择一批题目来做，但这样所需要的时间比

较长，针对性不够强；另一种方法是每个学生建立自己的错题本，用来记录自己容易做错的习题，通过多次复习自己做错的题目来巩固自己的易错知识点，逐步提升考试成绩。这些错题好比"关键样本"，在只做有限题目的情况下，掌握错题能够大幅提高成绩。

在机器学习的建模过程中，通常包括样本选择、模型训练、模型预测、模型更新等步骤。在主动学习中，则需要把标注候选集提取和人工标注加入整体流程，具体如下。

1. 机器学习模型：包括机器学习模型的训练和预测两部分。
2. 提取待标注的数据候选集：依赖主动学习中的查询函数（Query Function）。
3. 人工标注：对专家经验或者业务经验的提炼。
4. 获得候选集的标注数据：获得更有价值的样本数据。
5. 更新机器学习模型：通过增量学习或者重新学习的方式更新模型，从而将人工标注的数据融入机器学习模型，提升模型效果。

清华大学 Netman 实验室于 2020 年在论文 "Practical and White-Box Anomaly Detection through Unsupervised and Active Learning" [26] 中提出了 iRRCF 方法，对 RRCF 算法进行一些改进，同时引入了主动学习的概念，并试验了多种查询关键样本的方式。

1. 选择最异常的序列进行人工确认，获取此类样本的标注可以进一步确认明显的异常，并消除假阳性。
2. 选择最不确定的异常片段。时间序列的异常检测是一个二分类问题。获得此类样本的标注可以进一步改善分类结果的边界，提高识别模棱两可的样本的准确性。
3. 根据异常分数将数据分成 10 组，并在每组中选择 3 个概率中等的异常片段。获取此类标签可以捕获专家经验对不同程度异常的偏好，帮助确定哪个组更可能是异常和正常情况之间的边界。

获取到异常样本后，需要将其反馈到模型中。原始 RRCF 算法本身是无监督的集成算法，包括多个随机构造的树，它们的异常检测准确度不同。通过人工标注少量样本，可以评估哪些树的检测结果更可靠，并相应地赋予这些树更高的权重。这种反馈策略和第一种查询关键样本的方式更加契合。

类似的还有腾讯 Huang 等人于 2022 年在论文 "A Semi-Supervised VAE Based Active Anomaly Detection Framework in Multivariate Time Series for Online Systems" [27] 中提出的 SLA-VAE 方法。该方法对变分自编码器进行改造，使其能够考虑异常的样本，同时引入了主动学习的概念。其目标函数为

$$\mathcal{L}(x) = \begin{cases} \mathbb{E}q_\phi(z|x)|\log(p_\theta(x|z))] - \mathrm{KL}(q_\phi(z|x)||p_\theta(z)), & x \in X_\mathrm{n} \\ -\mathbb{E}q_\phi(z|x)[\log(p_\theta(x|z))], & x \in X_\mathrm{a} \end{cases}$$

其中，X_n 为正常样本，X_a 为异常样本。对于正常样本，仍然通过最大化证据下界的方式进行优化；而对异常样本，我们预期其重构概率较小，即 $\mathbb{E}q_\phi(z|x)[\log(p_\theta(x|z))]$ 较小。对于

主动学习的部分，SLA-VAE 选择了不确定性高的样本。经过训练之后，大部分正常样本证据下界的概率密度分布较为集中，而不确定性高的样本则会偏离正常样本的概率密度分布，这些样本会被人工标注。

4.7 小结

本章介绍了一些时间序列异常检测的方法和应用。异常检测的目的是在时间序列数据中快速识别出异常的模式和值。在实际应用中，时间序列异常检测技术可以帮助我们及时发现潜在的问题，优化系统性能。本章的主要内容包括基于概率密度的方法、基于重构的方法、基于距离的方法、基于有监督的方法和基于弱监督的方法。

首先，介绍了基于概率密度的方法，如核密度估计。核密度估计是一种非参数估计方法，可以帮助我们在时间序列中找到潜在的异常点。通过计算概率密度，我们可以度量数据点的异常程度。

然后，讨论了基于重构方法的变分自编码器（VAE）及基于 VAE 的异常检测方案 Donut。变分自编码器是一种生成模型，它结合了自编码器和变分推断的思想。

接下来，介绍了基于距离的方法，如孤立森林和 RRCF 算法。异常点通常位于分布稀疏的位置或距离其他大部分数据点的位置较远。

最后，讨论了基于有监督和弱监督的方法。有监督学习使用带有标签的训练数据，依据专家经验构造出有助于异常检测的特征，将原问题转变为一个二分类问题。弱监督学习介于有监督学习和无监督学习之间，它可以利用少量的有标注样本来优化模型，降低标注成本。

第 5 章

时间序列的相似度与聚类

在时间序列分析中，相似性度量和聚类算法是两个重要的工具，可以帮助我们理解和探索时间序列数据的内在结构，找出相似的时间序列，并将时间序列分组。

在本章中，首先介绍时间序列的相似性度量。相似性度量是一个函数，它可以计算两个时间序列之间的相似性。常见的相似性度量包括欧氏距离、动态时间规整（DTW）、Pearson 系数、余弦相似性等。选择合适的相似性度量是时间序列分析的关键步骤，会直接影响到后续的分析结果。然后，探讨时间序列的聚类算法。聚类算法的目标是将时间序列分组，使得同一组内的时间序列相似，而不同组内的时间序列不同。常见的聚类算法包括 K-Means、层次聚类、DBSCAN、谱聚类、流式聚类算法等。在实际应用中，我们需要根据时间序列的特点和需求来选择合适的聚类算法。

使用时间序列的相似性度量和聚类算法，可以发现时间序列中的模式和趋势，识别异常和离群值，预测未来的行为，或者简化数据以便后续分析。整体来看，时间序列的相似性度量和聚类算法是我们理解和探索时间序列数据的强大工具。

5.1 相似度函数

在机器学习中，相似度函数是一种衡量两个数据点集合之间相似程度的方法。相似度函数的结果通常在特定的范围内，例如 [0,1]，其中较高的值表示更高的相似性。时间序列的相似度函数是时间序列分析和挖掘中一个至关重要的概念，尤其在聚类、分类和异常检测等任务中具有核心作用。这些相似度函数不仅量化了时间序列数据点之间的距离或相似度，还反映了隐藏在数据背后的某种结构或模式。不同的相似度函数有不同的应用场景和效果，且每种都有其独特的优点和局限性。因此，相似度函数的选择不仅会影响时间序列聚类或分类的准确性，还会影响整个分析流程的计算效率和可解释性。本章将深入探讨各种时间序列的相似度函数，分析它们在不同应用场景下的性能，以及如何合理地选择和应用它们，以达到最佳的分析效果。[28-32]

5.1.1 经典的相似度函数

首先，回顾一下数学中的柯西不等式及其证明过程。柯西不等式（Cauchy-Schwarz Inequality）是一个在数学、物理和工程领域广泛应用的基本不等式。它描述了两个向量的点积与它们各自长度的乘积之间的关系。

定理 5.1 柯西不等式

对于任意两个向量 $\boldsymbol{u} = (a_1, a_2, \cdots, a_n) \in \mathbb{R}^n$ 和 $\boldsymbol{v} = (b_1, b_2, \cdots, b_n) \in \mathbb{R}^n$，柯西不等式表述为

$$|\boldsymbol{u} \cdot \boldsymbol{v}| \leqslant ||\boldsymbol{u}|| \cdot ||\boldsymbol{v}||$$

其中，$\boldsymbol{u} \cdot \boldsymbol{v}$ 表示向量 $\boldsymbol{u}$ 和 $\boldsymbol{v}$ 的点积，$||\boldsymbol{u}||$ 和 $||\boldsymbol{v}||$ 分别表示向量 $\boldsymbol{u}$ 和 $\boldsymbol{v}$ 的长度（也称范数）。这个不等式表明，两个向量的点积的绝对值不会超过这两个向量长度的乘积。当且仅当两个向量线性相关（一个向量是另一个向量的常数倍）时，等号成立。柯西不等式的另一种写法为

$$\left| \sum_{i=1}^{n} a_i b_i \right| \leqslant \sqrt{\sum_{i=1}^{n} a_i^2} \sqrt{\sum_{i=1}^{n} b_i^2}$$

证明　如果 $b_i (1 \leqslant i \leqslant n)$ 全部是 0，显然柯西不等式成立，那么可以假设 $b_i (1 \leqslant i \leqslant n)$ 并不全部为 0。换句话说，假设 $\sum_{i=1}^{n} b_i^2 > 0$ 成立，令

$$S(\lambda) = \sum_{i=1}^{n} (a_i - \lambda b_i)^2 = \left(\sum_{i=1}^{n} b_i^2 \right) \lambda^2 - 2 \left(\sum_{i=1}^{n} a_i b_i \right) \lambda + \left(\sum_{i=1}^{n} a_i^2 \right)$$

由于二次函数 $S(\lambda)$ 是非负的，它最多有一个实数解，从而可以得到它的判别式小于或者等于 0，即

$$\Delta = 4 \left(\sum_{i=1}^{n} a_i b_i \right)^2 - 4 \left(\sum_{i=1}^{n} b_i^2 \right) \left(\sum_{i=1}^{n} a_i^2 \right) \leqslant 0$$

因此可以得到

$$\left(\sum_{i=1}^{n} a_i b_i \right)^2 \leqslant \left(\sum_{i=1}^{n} b_i^2 \right) \left(\sum_{i=1}^{n} a_i^2 \right)$$

柯西不等式得证。　　　　　　　　　　　　　　　　　　　　　　　　　□

定义 5.1 Pearson 系数

对于两个时间序列 $X_n = (x_1, x_2, \cdots, x_n)$ 和 $Y_n = (y_1, y_2, \cdots, y_n)$, 它们的 Pearson 系数 (Pearson Coefficient) 定义为

$$\mathrm{COR}(X_n, Y_n) = \frac{\sum_{i=1}^{n}(x_i - \overline{X}_n)(y_i - \overline{Y}_n)}{\sqrt{\sum_{i=1}^{n}(x_i - \overline{X}_n)^2 \sum_{i=1}^{n}(y_i - \overline{Y}_n)^2}}$$

其中, $\overline{X}_n$ 和 $\overline{Y}_n$ 分别指两条时间序列的平均值, 即

$$\overline{X}_n = \frac{\sum_{i=1}^{n} x_i}{n}, \overline{Y}_n = \frac{\sum_{i=1}^{n} y_i}{n}$$

命题 5.1 Pearson 系数的性质

对于两个时间序列 $X_n = (x_1, x_2, \cdots, x_n)$ 和 $Y_n = (y_1, y_2, \cdots, y_n)$, Pearson 系数的性质如下。

1. 值域: $-1 \leqslant \mathrm{COR}(X_n, Y_n) \leqslant 1$。
2. 对称性: $\mathrm{COR}(X_n, Y_n) = \mathrm{COR}(Y_n, X_n)$。
3. 单位无关: 对于 $\alpha, \beta > 0$, $\mathrm{COR}(\alpha X_n, \beta Y_n) = \mathrm{COR}(X_n, Y_n)$, 其中, $\alpha X_n = (\alpha x_1, \alpha x_2, \cdots, \alpha x_n)$, $\beta Y_n = (\beta y_1, \beta y_2, \cdots, \beta y_n)$。
4. 如果两个时间序列满足每个时间戳的元素相除得到同一个常数值 k, 例如 $x_i = k y_i (1 \leqslant i \leqslant n)$, 那么如果 $k > 0$, 则 $\mathrm{COR}(X_n, Y_n) = 1$; 如果 $k < 0$, 则 $\mathrm{COR}(X_n, Y_n) = -1$。

证明　使用 5.1.1 节中的柯西不等式直接可以得到 $|\mathrm{COR}(X_n, Y_n)| \leqslant 1$, 即 $-1 \leqslant \mathrm{COR}(X_n, Y_n) \leqslant 1$ 成立。另外, 对称性和单位显然是无关的。如果对于所有的 $1 \leqslant i \leqslant n$, 有 $x_i = k y_i$, 则 $\overline{X}_n = k \overline{Y}_n$。同时有

$$\mathrm{COR}(X_n, Y_n) = \frac{\sum_{i=1}^{n}(x_i - \overline{X}_n)(y_i - \overline{Y}_n)}{\sqrt{\sum_{i=1}^{n}(x_i - \overline{X}_n)^2 \sum_{i=1}^{n}(y_i - \overline{Y}_n)^2}} = \frac{k}{|k|}$$

于是, 当 $k > 0$ 时, $\mathrm{COR}(X_n, Y_n) = 1$; 当 $k < 0$ 时, $\mathrm{COR}(X_n, Y_n) = -1$。　□

示例 5.1　假设有两个时间序列 $X_5 = (1,2,3,4,5)$ 和 $Y_5 = (2,4,6,8,10)$。可以看出，Y_5 的每个元素值是 X_5 相应元素值的两倍。直接计算可以得到

$$\overline{X_5} = \frac{1+2+3+4+5}{5} = 3$$

$$\overline{Y_5} = \frac{2+4+6+8+10}{5} = 6$$

然后将值代入 Pearson 系数的公式，可以得到 $COR(X_5, Y_5) = 1$，也就是说，X_5 和 Y_5 之间存在完全的正线性关系。

除 Pearson 系数之外，我们还可以定义一个与 Pearson 系数相似，但表达不同含义的 CORT 系数。它考虑了两个时间序列之间的相对位置和尺度。这意味着，即使两个时间序列之间的线性关系被转换或缩放，CORT 系数也能够有效地捕捉到它们之间的相关性。因此，CORT 系数通常被视为比 Pearson 系数更强大和灵活的相关性度量方法。

定义 5.2 一阶时间相关系数

对于两个时间序列 $X_n = (x_1, x_2, \cdots, x_n)$ 和 $Y_n = (y_1, y_2, \cdots, y_n)$，一阶时间相关系数（CORT 系数）可以定义为

$$\text{CORT}(X_n, Y_n) = \frac{\sum_{i=1}^{n-1}(x_{i+1} - x_i)(y_{i+1} - y_i)}{\sqrt{\sum_{i=1}^{n-1}(x_{i+1} - x_i)^2}\sqrt{\sum_{i=1}^{n-1}(y_{i+1} - y_i)^2}}$$

命题 5.2 CORT 系数的性质

如果 X_n 和 Y_n 表示两个时间序列，则 CORT 系数的性质如下。

1. $-1 \leqslant \text{CORT}(X_n, Y_n) \leqslant 1$。
2. 如果 $\text{CORT}(X_n, Y_n) = 1$，则表示 X_n 和 Y_n 的趋势一样，它们会同时上涨或者同时下跌，并且涨幅或跌幅也是类似的。
3. 如果 $\text{CORT}(X_n, Y_n) = -1$，则表示 X_n 和 Y_n 的上涨或者下跌趋势恰好相反。
4. 如果 $\text{CORT}(X_n, Y_n) = 0$，则表示 X_n 和 Y_n 在单调性方面没有相关性。
5. 如果两个时间序列满足每个时间戳的元素相除得到同一个常数值 k，例如 $x_i = ky_i (1 \leqslant i \leqslant n)$，那么如果 $k > 0$，则 $\text{CORT}(X_n, Y_n) = 1$；如果 $k < 0$，则 $\text{CORT}(X_n, Y_n) = -1$。

证明　由 5.1.1 节中的柯西不等式直接可以得到 $-1 \leqslant \text{CORT}(X_n, Y_n) \leqslant 1$，同时等号成

立的条件是存在一个常数 k，使得 $x_{i+1} - x_i = k(y_{i+1} - y_i)$ 对于所有的 $1 \leqslant i \leqslant n$ 都成立。而当 $k > 0$ 时，$\mathrm{CORT}(X_n, Y_n) = 1$，$X_n$ 与 Y_n 的上涨或者下跌趋势是一致的；当 $k < 0$ 时，$\mathrm{CORT}(X_n, Y_n) = -1$，$X_n$ 与 Y_n 的上涨或者下跌趋势是相反的。如果对于所有的 $1 \leqslant i \leqslant n$，有 $x_i = ky_i$ 成立，则可以得到

$$\mathrm{CORT}(X_n, Y_n) = \frac{k}{|k|} = \begin{cases} 1, & k > 0 \\ -1, & k < 0 \end{cases}$$

因此，上述命题成立。   □

示例 5.2   假设有两个时间序列 $X_5 = (1, 2, 3, 4, 5)$ 和 $Y_5 = (2, 3, 4, 5, 6)$，直接计算可以得到它们相邻两项之差是 1，于是可以得到 $\mathrm{CORT}(X_5, Y_5) = 1$。也就是说，时间序列 X_5 和 Y_5 的上涨或者下跌趋势完全一致。另外，如果计算 $Z_5 = (-1, -2, -3, -4, -5)$ 与 $Y_5 = (2, 3, 4, 5, 6)$ 的 CORT 系数，可以得到 $\mathrm{CORT}(Z_5, Y_5) = -1$。也就是说，时间序列 Z_5 和 Y_5 的上涨或者下跌趋势完全相反。用 Python 代码实现如下。

```python
import numpy as np

# 创建两组数据
x = np.array([1, 2, 3, 4, 5])
y = np.array([2, 3, 4, 5, 6])

# 使用 numpy 的 corrcoef 函数计算 Pearson 系数
correlation_matrix = np.corrcoef(x, y)

# corrcoef 函数返回一个相关性矩阵，我们需要的相关系数是这个矩阵的第 [0, 1] 或 [1, 0] 元素
pearson_correlation = correlation_matrix[0, 1]

print(f"Pearson correlation: {pearson_correlation}")
```

5.1.2   基于分段聚合逼近的相似度函数

在之前的章节中，提到过对时间序列进行降维。例如，对于时间序列 $X_n = (x_1, x_2, \cdots, x_n)$，可以对它进行分段变换。

1. 归一化：把时间序列 X_n 变成均值为 0、方差为 1 的时间序列，不妨依旧记为 X_n。
2. 分段逼近：用分段函数对时间序列进行降维变换，可以使用多种方案，如分段线性逼近（Piecewise Linear Approximation）、分段聚合逼近（Piecewise Aggregate Approximation）、分段常数逼近（Piecewise Constant Appoximation）。
3. 相似计算：对降维之后的时间序列进行相似度分析，获取原有时间序列的相似度。

其中，分段聚合逼近指的是将时间序列 $X_n = (x_1, x_2, \cdots, x_n)$ 降维成 $\hat{X}_w = (\hat{x}_1, \hat{x}_2, \cdots, \hat{x}_w)$，

其中 $w < n$，且 w 能够被 n 整除。$\hat{x}_i$ 可以定义为

$$\hat{x}_i = \frac{w}{n} \sum_{j=\frac{n}{w}(i-1)+1}^{\frac{n}{w}i} x_i$$

其中 $1 \leqslant i \leqslant w$。

因此，对时间序列 $X_n = (x_1, x_2, \cdots, x_n)$ 和 $Y_n = (y_1, y_2, \cdots, y_n)$ 的相似度分析，可以转化为对它们的降维序列 $\hat{X}_w = (\hat{x}_1, \hat{x}_2, \cdots, \hat{x}_w)$ 和 $\hat{Y}_w = (\hat{y}_1, \hat{y}_2, \cdots, \hat{y}_w)$ 的相似度分析。这里分析 $\hat{X}_w$ 和 $\hat{Y}_w$ 的相似度可以使用之前的所有算法，包括 Pearson 系数、L^p 范数（$p \in [1, \infty]$）等。

示例 5.3 假设两个时间序列分别是

$$X_{10} = (0,1,0,1,0,1,0,1,0,1)$$
$$Y_{10} = (1,0,1,0,1,0,1,0,1,0)$$

通过计算可以得到它们之间的 Pearson 系数是 0，但是从图像上来看，这两个时间序列只是出现了错位的问题，形状和走势还是十分相似的。如果先对它们做分段聚合逼近，例如压缩到 $w = 5$ 的长度，也就是对每两个点取平均，就可以得到

$$\hat{X}_5 = (0.5, 0.5, 0.5, 0.5, 0.5)$$
$$\hat{Y}_5 = (0.5, 0.5, 0.5, 0.5, 0.5)$$

此时，$\hat{X}_5$ 和 $\hat{Y}_5$ 的 Pearson 系数是 1，因此在本例中，降维有助于应对 Pearson 系数需要点对点对齐的情形。使用分段聚合逼近之后再使用 Pearson 系数等算法的好处在于：Pearson 系数需要两个时间序列点对点对齐，但是在出现了点的错位之后，Pearson 系数的相似度就会降低，因此需要事先对时间序列进行降维操作，从整体上更加关注时间序列本身的信息。

5.1.3 基于时间序列平滑的相似度函数

除了对时间序列进行降维，然后进行相似度分析，还可以对时间序列进行平滑操作，然后对时间序列平滑后的值进行相似度的计算。该算法的步骤如下。

1. 归一化：把时间序列 X_n 变成均值为 0、方差为 1 的时间序列，不妨依旧记为 X_n。
2. 光滑操作：用时间序列模型对时间序列进行拟合，得到序列 $\tilde{X}_n$。时间序列模型可以使用移动平均（Moving Average）算法、加权的移动平均（Weighted Moving Average）算法、指数移动平均（Exponentially Weighted Moving Average）算法等。
3. 相似计算：对拟合后的时间序列进行相似度计算。

因此，对时间序列 $X_n = (x_1, x_2, \cdots, x_n)$ 和 $Y_n = (y_1, y_2, \cdots, y_n)$ 的相似度分析，可以转化为对它们的拟合序列 $\tilde{X}_w = (\tilde{x}_1, \tilde{x}_2, \cdots, \tilde{x}_w)$ 和 $\tilde{Y}_w = (\tilde{y}_1, \tilde{y}_2, \cdots, \tilde{y}_w)$ 的相似度分析。在分析

$\tilde{X}_w$ 和 $\tilde{Y}_w$ 的相似度时，可以使用之前的所有算法，包括 Pearson 系数、L^p 范数（$p \in [1, \infty]$）等。但是，这种做法并没有降低维度，拟合前后的序列都是同一个长度。

5.1.4　基于神经网络的相似度算法

神经网络通常由多个层次的节点（神经元）组成，每个节点都是输入数据的一个函数。神经网络的第一层直接处理原始的输入数据（例如，图像的像素、文本的单词、时间序列的点），然后将结果传递给第二层，以此类推，直到最后的输出层。这种层次化的处理方式使得神经网络可以从原始数据中提取出复杂的、高级的特征。在第一层中，神经网络可能只检测一些基本的模式（例如，颜色、边缘或者声音的基本节律）。然而，在每层中，神经网络都会组合低级的特征形成更高级的特征（例如，形状、对象或者语义信息）。通过这种方式，神经网络可以学习到数据中的复杂结构。神经网络的每个节点都可以使用一个非线性激活函数（例如，ReLU、Sigmoid、tanh 等）处理其输入数据。由于许多现实问题（例如，图像识别、语音识别或者股票价格预测等）是非线性的，非线性函数使得神经网络能够表示并处理非线性问题。非线性激活函数允许神经网络学习和提取数据中的非线性特征，这在传统的线性模型中是无法做到的。

神经网络的每层都包含许多可调的参数，这些参数决定了网络如何从输入数据中提取特征。在训练过程中，会使用反向传播算法和梯度下降优化技术来逐渐调整这些参数，使网络的输出尽可能接近我们期望的目标。随着训练的进行，网络将学习到一组参数，使其能够有效地从输入数据中提取有用的特征。神经网络可以提取图像、文本的特征，同理，在时间序列领域，也可以使用神经网络提取时间序列的隐藏特征。神经网络的选型有很多，包括但不限于以下类型。

- 前馈神经网络（Feedforward Neural Network，FNN）：前馈神经网络是最早和最简单的神经网络模型。在这种网络中，信息只沿一个方向流动，从输入层流向输出层。输入层接收输入数据，输出层输出结果，两者之间可以有一个或多个隐藏层。每个隐藏层都由多个神经元组成，每个神经元都是输入数据的非线性函数。
- 循环神经网络（Recurrent Neural Network，RNN）：循环神经网络是一种在序列数据处理中表现出色的神经网络。不同于前馈神经网络，RNN 具有向后的连接，它可以处理类似时间序列数据这样的顺序数据。在 RNN 中，网络的输出可以被送回网络，作为下一步的输入。这使得 RNN 具有一定的"记忆"能力，可以用于处理序列的时间依赖性。然而，RNN 存在梯度消失和梯度爆炸的问题，因此难以训练深层的 RNN。
- 卷积神经网络（Convolutional Neural Network，CNN）：卷积神经网络是一种主要用于处理网格形式数据（如图像和语音信号）的神经网络。CNN 通过卷积层、池化层、全连接层等组件的堆叠，从原始数据中提取出有层次的特征。卷积层通过滑动窗口提取局部特征，池化层通过下采样降低数据的维度，全连接层将所有特征整合在一起并输出结果。CNN 的架构使其在图像和语音处理等任务上表现优秀。

- 自编码器（Auto Encoder）：自编码器是一种无监督学习的神经网络模型，主要用于数据压缩和降维。一个自编码器由两部分组成：一个编码器和一个解码器。编码器将输入数据压缩成一个低维的编码，解码器将这个编码恢复成原始数据。通过训练自编码器，使得恢复的数据尽可能接近原始数据，可以得到一个能捕捉数据主要特征的低维表示。自编码器在降维、特征提取、生成模型等任务中都有所应用。

基于神经网络的时间序列相似度算法可以分为以下步骤。

1. 数据预处理：时间序列数据通常需要进行一些预处理步骤，如填充缺失值、去除噪声、归一化等，以便更好地适应神经网络模型的输入数据。
2. 特征提取：一旦神经网络模型被训练，它便可以将每个时间序列映射为一个特征向量。这个特征向量由模型内部计算出来，它捕捉了输入时间序列的关键特征。
3. 相似度计算：基于两个特征向量，可以计算出它们之间的余弦相似度或者欧氏距离，进而得出两个时间序列之间的相似度或者距离。余弦相似度是一种常用的相似性度量，它可以测量两个向量之间的夹角。如果两个向量完全相同，那么它们的余弦相似度为 1。
4. 结果解析：基于上述计算得到的相似度，可以确定时间序列是否相似。余弦相似度高意味着时间序列具有相似的特征和行为。

这种方法的优点之一是可以有效地处理时间序列错位的问题。传统的相似性度量（如欧氏距离）可能无法捕捉错位的时间序列的相似性，因为它在计算相似度时会直接比较所对应的时间点。然而，深度学习模型能够提取更抽象、更高层次的特征，这些特征可以反映时间序列的整体趋势和模式，而不仅仅是特定时间点的值。因此，即使两个时间序列在某些时间点上有错位，只要它们的整体模式和趋势相似，这种方法仍然可以判断出其相似性。此外，使用深度学习模型进行特征提取的另一个优点是其强大的表示能力。相比于手动定义和计算特征，深度学习模型可以自动学习并提取出数据中的复杂模式和隐藏特征，大幅提高时间序列相似性检测的准确性和效率。然而，这种方法也存在挑战和局限性。例如，训练深度学习模型需要大量的计算资源和时间，而且需要大量的数据以防止过拟合。此外，深度学习模型的内部机制通常是黑盒的，可能使结果变得难以解释。在实际应用时，需要综合考虑这些因素和成本。

5.2 距离函数

时间序列距离函数是衡量两个或多个时间序列相似性的关键工具，它在时间序列分析，特别是聚类、分类、和异常检测等方面，扮演着至关重要的角色。不同于简单的相似性度量方法，距离函数通常具有数学严谨性，并能捕捉时间序列之间更为复杂的相似性或不同特点。从简单的欧氏距离到复杂的动态时间规整等，各种距离函数各有优缺点，适用于不同类型和规模的时间序列数据。选择合适的距离函数不仅会影响算法的准确性和效率，而且往往决定了后续分析的可行性和可解释性。下面将详细介绍和比较各种常用的时间序列距离函数，及其在不同应用场景中的优势和局限性。

定义 5.3 距离函数

在数学中，集合 M 上的距离函数定义为 $d: M \times M \to \mathbb{R}$，其中 $\mathbb{R}$ 表示实数集合，且函数 d 满足以下条件：

1. $d(x, y) \geqslant 0$，当且仅当 $x = y$ 时，$d(x, y) = 0$。
2. $d(x, y) = d(y, x)$，满足对称性。
3. $d(x, z) \leqslant d(x, y) + d(y, z)$，即满足三角不等式。

满足这三个条件的距离函数被称为度量，具有某种度量的集合叫作度量空间。

在时间序列分析中，距离函数被用来度量两个时间序列之间的相似性或差异性。值得注意的是，时间序列通常是高维数据，每个维度对应一个时间点上的观测值。因此，传统的距离函数（如欧氏距离）往往需要进行扩展或修改，以适应时间序列的特性。

特别地，时间序列数据可能存在时间偏移、缩放、噪声等因素，这些都可能影响传统距离函数的效果。为了解决这些问题，研究者提出了多种专门针对时间序列的距离函数。例如，动态时间规整就是一种允许时间序列在时间轴上进行局部缩放的距离函数，非常适用于比较长度不同或者相位不同的时间序列。还有一些基于信息论的距离函数，如 Kullback-Leibler 散度（KL 散度），用于比较两个概率分布（或时间序列分布）之间的相似性。在选择距离函数时，不仅要考虑计算复杂性和可解释性，还需要根据具体应用场景来判断哪种距离函数更合适。一个合适的距离函数不仅能够提高聚类或分类算法的准确性，还能够提供更深入的数据信息。

5.2.1　欧氏距离

两个时间序列 $X_n = (x_1, x_2, \cdots, x_n)$ 和 $Y_n = (y_1, y_2, \cdots, y_n)$ 可以看成欧氏空间中的两个点，因此可以使用欧氏空间中的 L^p 范数（$p \in [1, +\infty]$）来表示两个时间序列之间的距离。

定义 5.4 L^p 距离

对于两个时间序列 $X_n = (x_1, x_2, \cdots, x_n)$ 和 $Y_n = (y_1, y_2, \cdots, y_n)$，它们之间的 L^p 范数（$p \in [1, +\infty]$）距离可以定义为

$$d_{L^p}(X_n, Y_n) = \left(\sum_{i=1}^{n} |x_i - y_i| \right)^{\frac{1}{p}}, p \geqslant 1$$

$$d_{L^\infty}(X_n, Y_n) = \max_{1 \leqslant i \leqslant n} |x_i - y_i|$$

对于 $p = 1, 2, \cdots, \infty$，L^p 范数距离分别被称为曼哈顿距离、欧氏距离、切比雪夫距离。

- 曼哈顿距离：也被称为城市区块距离或 L^1 距离，它是两点在一个网格（如城市街道）中的最短距离。
- 欧氏距离：最常见和最直观的距离函数，是在平面或三维空间中度量物理距离的方式。
- 切比雪夫距离：也被称为棋盘距离，可以看成在一个无限大的棋盘上，一个国王从一点移动到另一点所需要的最少步数。

示例 5.4　对于向量 $\boldsymbol{x} = (x_1, x_2, \cdots, x_n)^{\mathrm{T}}$，它的 L^1、L^2 和 L^∞ 范数分别如下。

- L^1 范数为 $|1| + |-2| + |3| + |-4| = 10$。
- L^2 范数为 $\sqrt{1^2 + (-2)^2 + 3^2 + (-4)^2} = \sqrt{30}$。
- L^∞ 范数为 $\max\{|1|, |-2|, |3|, |-4|\} = 4$。

5.2.2　DTW 算法

基于动态规划的相似度计算的典型代表是动态时间规整（Dynamical Time Warping，DTW）算法和 Frechet 算法。这里主要介绍 DTW 距离。在处理语音信号时，如果两个人说话的时长不一样，却是类似的一段话，那么欧氏距离不完全能够解决这类问题。在这种情况下，DTW 算法被提出，用于计算两个时间序列的最佳匹配点，假设有两个时间序列 Q 和 C，长度都是 n，并且 $Q = (q_1, q_2, \cdots, q_n)$，$C = (c_1, c_2, \cdots, c_n)$。首先，可以建立一个 $n \times n$ 矩阵，(i, j) 位置的元素是 $\mathrm{dist}(q_i, c_j)$，这里的 dist 可以使用 L^1、L^2、L^p、L^∞ 范数。其次，要找到一条路径，使这个矩阵的累积距离最小，而这条路就是两个时间序列之间的最佳匹配。这里可以假设这条路径是 $W = (w_1, w_2, \cdots, w_K)$，其中 W 的每个元素表示时间序列 Q 中的第 i 个元素和时间序列 C 中的第 j 个元素之间的距离，即 $w_k = (q_i - c_j)^2$。

现在需要找到一条路径，使得

$$W^* = \arg\min_W \left(\sqrt{\sum_{k=1}^{K} w_k} \right)$$

这条路径就是动态规划的解，它满足动态规划方程：对于 $1 \leqslant i \leqslant n, 1 \leqslant j \leqslant n$，有

$$\mathrm{DTW}(i, j) = \mathrm{dist}(q_i, c_j) + \min(\mathrm{DTW}(i-1, j-1), \mathrm{DTW}(i-1, j), \mathrm{DTW}(i, j-1))$$

其初始状态为

$$\mathrm{DTW}(0, 0) = 0$$
$$\mathrm{DTW}(i, 0) = \infty, 1 \leqslant i \leqslant n$$
$$\mathrm{DTW}(0, j) = \infty, 1 \leqslant j \leqslant n$$

最终的取值 $\mathrm{DTW}(n,n)$ 就是我们需要的解，也就是两个时间序列的 DTW 距离。按照上述算法，DTW 算法的时间复杂度是 $O(n^2)$。特别地，如果 $\mathrm{dist}(q_i, c_j) = (q_i - c_j)^2$，则 $\sqrt{\mathrm{DTW}(n,n)}$ 表示最后的距离；如果 $\mathrm{dist}(q_i, c_j) = |q_i - c_j|$，则 $\mathrm{DTW}(n,n)$ 表示最后的距离。如果 $\mathrm{dist}(q_i, c_j) = |q_i - c_j|^p$，则 $(\mathrm{DTW}(n,n))^{1/p}$ 表示最后的距离。

示例 5.5 假设有两个时间序列 $X = (1, 2, 3, 4, 5)$ 和 $Y = (2, 3, 4, 5, 6)$，下面来计算它们之间的 DTW 距离。

```python
import numpy as np
def dtw(s, t):
    n, m = len(s), len(t)
    dtw_matrix = np.zeros((n+1, m+1))
    for i in range(n+1):
        for j in range(m+1):
            dtw_matrix[i, j] = np.inf
    dtw_matrix[0, 0] = 0

    for i in range(1, n+1):
        for j in range(1, m+1):
            cost = abs(s[i-1] - t[j-1])
            last_min = np.min([dtw_matrix[i-1, j], dtw_matrix[i, j-1], dtw_matrix[i-1,
                j-1]])
            dtw_matrix[i, j] = cost + last_min
    return dtw_matrix[n, m] # 返回最后的距离值

# Test
s = np.array([1, 2, 3, 4, 5])
t = np.array([2, 3, 4, 5, 6])
print(dtw(s, t))
```

示例 5.6 DTW 距离不满足三角不等式。例如 $x = 0, y = 1, 2, z = 1, 2, 2$，则

$$\mathrm{DTW}(x, z) = 5 > \mathrm{DTW}(x, y) + \mathrm{DTW}(y, z) = 3 + 0 = 3$$

下面来介绍 DTW 距离的加速算法。有时可以添加一个窗口长度的限制，换言之，如果要比较 q_i 与 c_j，那么 i 与 j 需要满足 $|i - j| \leqslant w$，其中 w 表示窗口长度。算法的描述如下：初始条件和之前一样，且

$$\mathrm{DTW}(i, j) = \mathrm{dist}(q_i, c_j) + \min(\mathrm{DTW}(i-1, j-1), \mathrm{DTW}(i-1, j), \mathrm{DTW}(i, j-1))$$

其中，j 的取值范围是：对于 $1 \leqslant i \leqslant n$，需要满足 $\max(1, i - w) \leqslant j \leqslant \min(m, i + w)$。

5.2.3 基于相似性的距离

同样，我们可以根据 Pearson 系数来定义两个时间序列之间的距离。

定义 5.5 COR

$$d_{\text{COR},1}(X_n, Y_n) = \sqrt{2 \cdot (1 - \text{COR}(X_n, Y_n))}$$

$$d_{\text{COR},2}(X_n, Y_n) = \sqrt{\left(\frac{1 - \text{COR}(X_n, Y_n)}{1 + \text{COR}(X_n, Y_n)}\right)^{\beta}}$$

其中，$\beta \geqslant 0$。

也可以通过一阶时间相关系数定义时间序列的距离。

定义 5.6 CORT

$$d_{\text{CORT}}(X_n, Y_n) = \phi_k[\text{CORT}(X_n, Y_n)] \cdot d(X_n, Y_n)$$

其中，$d(X_n, Y_n)$ 可以用 $d_{L^1}, d_{L^p}, d_{L^2}, d_{L^\infty}, d_{\text{DTW}}$ 来计算，而 $\phi_k(u) = 2/(1 + \exp(ku))$，$k \geqslant 0$。

5.2.4 基于符号特征的距离

符号特征（Symbol Appoximation）是指用一些符号来表示时间序列，也就是提炼时间序列的特征，类似于用简单函数来计算 Lebesgue 积分。对于时间序列 $X_n = (x_1, x_2, \cdots, x_n)$，计算其基于符号特征的距离（SAX 距离），步骤如下。

1. 归一化：把时间序列 X_n 变成均值为 0、方差为 1 的时间序列，不妨依旧记为 X_n。
2. 分段逼近：用分段函数对时间序列进行降维操作。
3. 符号表示：用符号表示降维后的时间序列。
4. 计算距离：基于时间序列的符号表示来计算它们之间的距离。

归一化是指计算出时间序列的均值和方差：

$$\mu = \frac{\sum\limits_{i=1}^{n} x_i}{n}$$

$$\sigma^2 = \frac{\sum\limits_{i=1}^{n} (x_i - \mu)^2}{n}$$

归一化的时间序列 $X_n' = (x_1', x_2', \cdots, x_n')$ 可以通过 $x_i' = (x_i - \mu)/\sigma$ 得到，其中 $X_n =$

$(x_1, x_2, \cdots, x_n)$。

分段逼近可以分成三种情况：分段线性逼近、分段聚合逼近、分段常数逼近。

分段聚合逼近是指对于时间序列 $X_n = (x_1, x_2, \cdots, x_n)$，将其降维成 $\overline{X}_w = (\overline{x}_1, \overline{x}_2, \cdots, \overline{x}_w)$，其中 $w < n$，且 w 能够被 n 整除。$\overline{x}_i$ 可以定义为

$$\overline{x}_i = \frac{w}{n} \sum_{j=\frac{n}{w}(i-1)+1}^{\frac{n}{w}i} x_i$$

其中，$1 \leqslant i \leqslant w$。

符号表示（Symbol Representation）是指用符号为降维后的时间序列 $\overline{X}_w$ 打下记号。对于 $\alpha \geqslant 2$，可以计算出来高斯正态分布下的 α^{-1} 分位数，记为 $(z_{1/\alpha}, z_{2/\alpha}, \cdots, z_{(\alpha-1)/\alpha})$。于是每个 $\overline{x}_i$（$1 \leqslant i \leqslant w$）都可以用符号来表示，也就是 α 个符号 $(\ell_1, \ell_2, \cdots, \ell_\alpha)$。

$$\hat{x}_i = \begin{cases} \ell_1, & \overline{x}_i < z_{1/\alpha} \\ \ell_j, & \overline{x}_i \in [z_{(j-1)/\alpha}, z_{j/\alpha}) \\ \ell_\alpha, & \overline{x}_i \geqslant z_{(\alpha-1)/\alpha} \end{cases}$$

于是，$\overline{X}_w = (\overline{x}_1, \overline{x}_2, \cdots, \overline{x}_w)$ 就可以变成 $\overline{X}_w = (\hat{x}_1, \hat{x}_2, \cdots, \hat{x}_w)$。

下面用两个分位数的距离来定义符号之间的距离：

$$d_\alpha(\ell_i, \ell_j) = \begin{cases} 0, & |i-j| \leqslant 1 \\ z_{(\max(i,j)-1)/\alpha} - z_{\min(i,j)/\alpha}, & \text{其他} \end{cases}$$

于是，

$$d_{\mathrm{SAX},\alpha}(\hat{X}_w, \hat{Y}_w) = \sqrt{\frac{n}{w}} \sqrt{\sum_{i=1}^{w} [d_\alpha(\hat{X}_i, \hat{Y}_i)]^2}$$

5.2.5　基于自相关性的距离

假设时间序列是 $X_T = (x_1, x_2, \cdots, x_T)$，对于任意的 $k < T$，可以定义自相关系数（Autocorrelation Coefficient）为

$$\hat{\rho}_k = \frac{1}{(T-k)\sigma^2} \sum_{t=1}^{T-k} (x_t - \mu)(x_{t+k} - \mu)$$

其中，μ 和 σ^2 分别表示该时间序列的均值和方差。该公式相当于比较了整个时间序

列 $X_T = (x_1, x_2, \cdots, x_T)$ 的两个子序列的相似度（Pearson 系数），这两个子序列分别是 $(x_1, x_2, \cdots, x_{T-k})$ 和 $(x_{k+1}, x_{k+2}, \cdots, x_T)$。

于是，通过给定一个正整数 $L < T$，可以得到每个时间序列的一组自相关系数的向量，用公式描述为

$$\hat{\boldsymbol{\rho}}_{X_T} = (\hat{\rho}_{1,X_T}, \hat{\rho}_{2,X_T}, \cdots, \hat{\rho}_{L,X_T})^{\mathrm{T}} \in \mathbb{R}^L$$

$$\hat{\boldsymbol{\rho}}_{Y_T} = (\hat{\rho}_{1,Y_T}, \hat{\rho}_{2,Y_T}, \cdots, \hat{\rho}_{L,Y_T})^{\mathrm{T}} \in \mathbb{R}^L$$

对于 $i > L$ 的情况，可以假定 $\hat{\rho}_{i,X_T} = 0$ 和 $\hat{\rho}_{i,Y_T} = 0$。于是，可以定义时间序列之间的距离为

$$d_{\mathrm{ACF}}(X_T, Y_T) = \sqrt{(\hat{\boldsymbol{\rho}}_{X_T} - \hat{\boldsymbol{\rho}}_{Y_T})^{\mathrm{T}} \boldsymbol{\Omega} (\hat{\boldsymbol{\rho}}_{X_T} - \hat{\boldsymbol{\rho}}_{Y_T})}$$

其中，$\boldsymbol{\Omega}$ 表示一个 $L \times L$ 维度的矩阵，ACF 表示 Auto-correlation Function。$\boldsymbol{\Omega}$ 可以有多种选择，列举如下。

1. $\boldsymbol{\Omega} = \boldsymbol{I}_L$ 表示单位矩阵。用公式表示为

$$d_{\mathrm{ACFU}}(X_T, Y_T) = \sqrt{\sum_{i=1}^{L} (\hat{\rho}_{i,X_T} - \hat{\rho}_{i,Y_T})^2}$$

2. $\boldsymbol{\Omega} = \mathrm{diag}\{p(1-p), p(1-p)^2, \cdots, p(1-p)^L\}$ 表示一个 $L \times L$ 的对角矩阵，其中 $0 < p < 1$。此时相当于一个带权重的求和公式：

$$d_{\mathrm{ACFU}}(X_T, Y_T) = \sqrt{\sum_{i=1}^{L} p(1-p)^i (\hat{\rho}_{i,X_T} - \hat{\rho}_{i,Y_T})^2}$$

其中，ACFU 指的是 Auto-correlation Function Unitary。也就是说，当 $\boldsymbol{\Omega}$ 为单位矩阵时，d_{ACF} 函数就成了特殊的 d_{ACFU} 函数。

5.2.6 基于周期性的距离

下面介绍基于周期图表（Periodogram-based）的距离计算方法。其大致思想是通过傅里叶变换得到一组参数，然后用这组参数反映两个原始时间序列的距离。用数学公式描述为

$$I_{X_T}(\lambda_k) = T^{-1} \left| \sum_{t=1}^{T} x_t \mathrm{e}^{-\mathrm{i}\lambda_k t} \right|^2$$

$$I_{Y_T}(\lambda_k) = T^{-1} \left| \sum_{t=1}^{T} y_t \mathrm{e}^{-\mathrm{i}\lambda_k t} \right|^2$$

其中 $\lambda_k = 2\pi k/T$, $k = 1, 2, \cdots, n$, $n = [(T-1)/2]$。这里的 $[\cdot]$ 表示高斯（取整）函数。

1. 用原始特征来表示距离：

$$d_{\mathrm{P}}(X_T, Y_T) = \frac{1}{n}\sqrt{\sum_{k=1}^{n}(I_{X_T}(\lambda_k) - I_{Y_T}(\lambda_k))^2}$$

2. 用正则化之后的特征来表示距离：

$$d_{\mathrm{P}}(X_T, Y_T) = \frac{1}{n}\sqrt{\sum_{k=1}^{n}(\mathrm{NI}_{X_T}(\lambda_k) - \mathrm{NI}_{Y_T}(\lambda_k))^2}$$

其中 $\mathrm{NI}_{X_T}(\lambda_k) = I_{X_T}(\lambda_k)/\hat{\gamma}_{0,X_T}$，$\mathrm{NI}_{Y_T}(\lambda_k) = I_{Y_T}(\lambda_k)/\hat{\gamma}_{0,Y_T}$，$\hat{\gamma}_{0,X_T}$ 和 $\hat{\gamma}_{0,Y_T}$ 分别表示 X_T 和 Y_T 的标准差。

3. 用取对数之后的特征来表示距离：

$$d_{\mathrm{LNP}}(X_T, Y_T) = \frac{1}{n}\sqrt{\sum_{k=1}^{n}(\ln \mathrm{NI}_{X_T}(\lambda_k) - \ln \mathrm{NI}_{Y_T}(\lambda_k))^2}$$

5.2.7 基于模型的距离

首先来看 Piccolo 距离。基于模型的相似度判断本质上是用一个模型和相应的一组参数去拟合某个时间序列，得到最优的一组参数，然后计算两个时间序列的最优参数的欧氏距离即可。

ARMA(p, q) 模型有自己的 AR 表示，因此可以得到相应的一组参数 $(\pi_1, \pi_2, \cdots)$，所以对于每个时间序列，都可以用一组最优的参数去逼近它。如果

$$\hat{\boldsymbol{\Pi}}_{X_T} = (\hat{\pi}_{1,X_T}, \hat{\pi}_{2,X_T}, \cdots, \hat{\pi}_{k_1,X_T})^{\mathrm{T}}$$
$$\hat{\boldsymbol{\Pi}}_{X_T} = (\hat{\pi}_{1,X_T}, \hat{\pi}_{2,X_T}, \cdots, \hat{\pi}_{k_1,X_T})^{\mathrm{T}}$$

分别表示 AR(k_1) 和 AR(k_2) 对时间序列 X_T 和 Y_T 的参数估计，则 Piccolo 距离为

$$d_{\mathrm{PIC}}(X_T, Y_T) = \sqrt{\sum_{j=1}^{k}(\hat{\pi}'_{j,X_T} - \hat{\pi}'_{j,Y_T})^2}$$

其中，当 $j \leqslant k_1$ 时，$k = \max(k_1, k_2)$，$\hat{\pi}'_{j,X_T} = \hat{\pi}_{j,X_T}$；当 $k_1 < j \leqslant k$ 时，$\hat{\pi}'_{j,X_T} = 0$；当 $j \leqslant k_2$ 时，$\hat{\pi}'_{j,Y_T} = \hat{\pi}_{j,Y_T}$；当 $k_2 < j \leqslant k$ 时，$\hat{\pi}'_{j,Y_T} = 0$。

Piccolo 距离可以通过适当的修改变成 Maharaj 距离。增加一个矩阵，修改 Piccolo 距离：

$$d_{\mathrm{MAH}}(X_T, Y_T) = \sqrt{T} \left(\hat{\boldsymbol{\Pi}}'_{X_T} - \hat{\boldsymbol{\Pi}}'_{Y_T} \right)^{\mathrm{T}} \hat{\boldsymbol{V}}^{-1} \left(\hat{\boldsymbol{\Pi}}'_{X_T} - \hat{\boldsymbol{\Pi}}'_{Y_T} \right)$$

其中，$\hat{\boldsymbol{\Pi}}'_{X_T}$ 和 $\hat{\boldsymbol{\Pi}}'_{Y_T}$ 表示 AR(k) 模型对 X_T 和 Y_T 的参数估计，和 Piccolo 距离一样。$\hat{\boldsymbol{V}} = \sigma_{X_T}^2 \boldsymbol{R}_{X_T}^{-1}(k) + \sigma_{Y_T}^2 \boldsymbol{R}_{Y_T}^{-1}(k)$，$\sigma_{X_T}^2$ 和 $\sigma_{Y_T}^2$ 表示时间序列的方差，$\boldsymbol{R}_{X_T}$ 和 $\boldsymbol{R}_{Y_T}$ 表示时间序列的标准差矩阵。

基于 Cepstral 的距离考虑时间序列 X_T 满足 AR(p) 的结构，如 $X_t = \sum_{r=1}^{p} \phi_r X_{t-r} + \epsilon_t$。其中 ϕ_r 表示 AR 模型的参数，ϵ_t 表示白噪声（服从均值为 0、方差为 1 的高斯正态分布）。

于是可以根据这些参数定义 LPC 系数：

$$\psi_1 = \phi_1$$

$$\psi_h = \phi_h + \sum_{m=1}^{h-1} (\phi_m - \psi_{h-m}), \quad 1 < h \leqslant p$$

$$\psi_h = \sum_{m=1}^{p} (1 - \frac{m}{h}) \phi_m \psi_{h-m}, \quad p < h$$

所以，LPC 的距离定义为

$$d_{\mathrm{LPC,Cep}}(X_T, Y_T) = \sqrt{\sum_{i=1}^{T} (\psi_{i,X_T} - \psi_{i,Y_T})^2}$$

5.3 基于特征工程的聚类算法

K-Means 算法的目的是对于欧氏空间 $\mathbb{R}^m$ 中的 n 个节点，基于它们之间的距离公式，把它们划分成 K 个类别，其中类别 K 的值需要在执行算法之前人为设定。

用数学语言来表述，假设已知的欧氏空间点集为 $\{x_1, x_2, \cdots, x_n\}$，事先设定的类别个数是 K 且满足 $K \leqslant n$，即类别的数目不能多于点集的元素个数。算法的目标是找到合适的集合 $\{S_i\}_{1 \leqslant i \leqslant K}$，使得

$$\arg\min_{S_i} \sum_{x \in S_i} ||x - \mu_i||^2$$

的值最小。其中，μ_i 表示集合 S_i 中所有点的均值，$||\cdot||$ 表示欧氏距离。在这种情况下，除了使用 L^2 范数，还可以使用 L^1 范数和 L^p 范数（$p \geqslant 1$）。只要该范数满足距离的三个性质即可，也就是非负数、对称、三角不等式。

如算法 5-1 所示，在 K-Means 聚类算法的伪代码中，首先随机初始化聚类中心 C，然后

进行最多 T 轮迭代。在每轮迭代中，为每个数据点 d_j 找到距离最近的聚类中心 c_i，并更新聚类结果。接着，更新每个聚类中心 c_i 对应的聚类 C_i 的均值。如果在迭代过程中，聚类中心或聚类结果没有变化，则提前终止算法。

算法 5-1　K-Means 聚类算法

1: **Input:** 数据点集合 $D = \{d_1, d_2, \cdots, d_N\}$，聚类数 K，最大迭代次数 T

2: **Output:** 聚类中心 $C = \{c_1, c_2, \cdots, c_K\}$，聚类结果 L

3: 随机初始化聚类中心 $C = \{c_1, c_2, \cdots, c_K\}$

4: **for** $t = 1, 2, \cdots, T$ **do**

5: 　清空所有聚类 $C_i \leftarrow \emptyset$, for all i

6: 　**for** 每个数据点 $d_j \in D$ **do**

7: 　　计算 d_j 到所有聚类中心 c_i 的距离：$\mathrm{dist}(d_j, c_i)$

8: 　　将 d_j 分配到最近的聚类 C_i：$i = \arg\min_i \mathrm{dist}(d_j, c_i)$

9: 　　更新聚类 C_i：$C_i \leftarrow C_i \cup \{d_j\}$

10: 　**end for**

11: 　将所有聚类中心 c_i 更新为聚类 C_i 中的均值

12: 　如果聚类中心 c_i 或聚类结果没有变化，则跳出循环

13: **end for**

14: **return** 聚类中心 C，聚类结果 L

在第 2 章中介绍了很多提取时间序列特征的方法，例如最大值、最小值、均值、中位数、方差、值域等，除此之外，还可以计算时间序列的熵以及分桶的情况。分桶熵指的是对时间序列的值域进行切分，就像 Lebesgue 积分一样，查看落入等分桶的时间序列的概率分布情况，从而对时间序列进行分类。除了分桶熵，还有样本熵等各种各样的特征。除了时域特征，还可以提取时间序列的频域特征，例如小波分析、傅里叶分析等。因此，只要提取好了时间序列的特征，使用 K-Means 算法就可以得到时间序列的聚类效果，也就是把相似的曲线放在一起。这些特征可以从多个角度来捕捉时间序列的不同属性，从而使 K-Means 或其他聚类算法能更有效地对其进行分类。

另一个重要的操作是特征选择和降维。当得到大量的特征后，不是所有特征都会对聚类结果有用。高维数据容易导致"维度诅咒"，降低聚类算法的性能和可解释性，使距离和密度计算变得不可靠，降低聚类质量。降维不仅可以缓解这一问题，还能提高算法的运行效率。降低特征维度意味着计算点之间的距离或相似度的时间成本会降低。此外，降维和特征选择也有助于提高模型的可解释性。专注于主要的、有信息量的特征，可以使模型更易于理解。通过特征选择，还可以去除噪声和冗余信息，从而进一步提升聚类的质量。常用的降维方法包括主

成分分析（PCA）和自动编码器，这些方法有助于揭示数据的主要变动方向或复杂结构。其他的方法，如 t-SNE（t-Distributed Stochastic Neighbor Embedding）和 UMAP（Uniform Manifold Approximation and Projection）则专注于数据的局部结构。因此，在进行时间序列聚类之前，合理的特征选择和降维是非常有价值的，不仅能提高计算效率，还能增强模型的可解释性，提高聚类结果的质量。

特定的问题可能还需要特殊的数据预处理步骤，如缺失值的插补或噪声的过滤，以提高聚类结果的准确性和可靠性。在提取时间序列的特征之前，通常可以对时间序列进行基线提取，把时间序列分成基线和误差项。基线提取的最简单方法就是采用移动平均算法的拟合过程，这时可以把原始时间序列 $(x_1, x_2, \cdots, x_n)$ 分成两个部分 $(\mathrm{baseline}_1, \mathrm{baseline}_2, \cdots, \mathrm{baseline}_n)$ 和 $(\mathrm{residual}_1, \mathrm{residual}_2, \cdots, \mathrm{residual}_n)$：

$$x_i = \mathrm{baseline}_i + \mathrm{residual}_i$$

有时，在提取完时间序列的基线之后，对基线做特征的分类效果会优于对原始时间序列做特征。

数据的不平衡也是一个需要注意的问题，某些类别的时间序列可能在数据集中出现较少，却非常重要。在时间序列聚类中，这是一个常见但经常被忽视的问题。当数据集中某些类别的样本数量远少于其他类别时，传统的聚类算法往往会偏向于数量较多的类别。这是因为这些算法通常是为最小化全局误差而设计的，而不是为了正确识别每个小类别。例如，在使用 K-Means 算法时，如果某个小类别的时间序列数量很少，那么这些点可能被划分到与其不太相关的大类别中，从而导致该小类别的丢失或混淆。这在一些关键应用中是不可接受的，例如在医疗诊断中，少数但重要的异常心电图波形可能被错误地归类为正常。

基于密度的聚类算法，如 DBSCAN（Density-Based Spatial Clustering of Applications with Noise）在处理不平衡数据时更有优势。DBSCAN 不需要预先设定簇的数量，而是通过定义"密度"来找出簇。具体来说，该算法在数据空间中对每个点进行检查，看是否有足够多（达到某个阈值）的点在其邻域内。如果有，则认为该点是一个核心点，与其相邻的所有点形成一个簇。因此，即使某个类别的数据点较少，只要它们在数据空间中紧密地聚集在一起，那么 DBSCAN 也能有效地将它们识别为一个独立的簇。但 DBSCAN 对密度阈值和邻域大小的选择非常敏感，不合适的参数选择可能导致大量的噪声点或者不能识别出真实的簇。

在算法 5-2 中，区域查询 RegionQuery(p, ϵ) 是一个函数，返回在点 p 的 ϵ-邻域内的所有点。在算法 5-3 中，扩展聚类（ExpandCluster）是一个用于扩展给定聚类的函数，它将新的点添加到聚类中，直到没有新的点可以添加为止。上述伪代码仅作参考，并假设数据集 D、邻域半径 ϵ 和最小点数 MinPts 作为输入参数。基于密度的聚类算法在处理不平衡数据时具有更好的灵活性和精度，但它们也需要更细致的参数调整和更多的计算资源。因此，在应用这些算法时，需要仔细权衡其优点和局限性，从而更有效地利用它们来解决特定问题。

算法 5-2　DBSCAN 聚类算法

1: **输入**：数据集 D, 邻域半径 ϵ, 最小点数 MinPts
2: **输出**：聚类 $C_1, C_2, \cdots, C_k'$
3: 初始化 visited $= \emptyset$, $C = 0$
4: **for** 每个点 $p \in D$ **do**
5:　**if** $p \notin$ visited **then**
6:　　将 p 加入 visited
7:　　Neighbors $=$ RegionQuery(p, ϵ)
8:　　**if** $|\text{Neighbors}| <$ MinPts **then**
9:　　　将 p 标记为噪声
10:　　**else**
11:　　　$C = C + 1$
12:　　　ExpandCluster$(p, \text{Neighbors}, C, \epsilon, \text{MinPts})$
13:　　**end if**
14:　**end if**
15: **end for**

算法 5-3　DBSCAN 聚类算法中的扩展聚类算法

1: **ExpandCluster 算法**：$(p, \text{Neighbors}, C, \epsilon, \text{MinPts})$
2: 将 p 加入聚类 C
3: **for** 每个点 $p' \in$ Neighbors **do**
4:　**if** $p' \notin$ visited **then**
5:　　将 p' 加入 visited
6:　　Neighbors$' =$ RegionQuery(p', ϵ)
7:　　**if** $|\text{Neighbors}'| \geqslant$ MinPts **then**
8:　　　Neighbors $=$ Neighbors $\cup$ Neighbors$'$
9:　　**end if**
10:　**end if**
11:　**if** $p' \notin$ 任何聚类 **then**
12:　　将 p' 加入聚类 C
13:　**end if**
14: **end for**

5.4 基于距离和相似度的聚类算法

聚类算法是无监督学习中非常重要的一类方法，通过自动地将数据分组成几个集合或"类"，使同一集合中的数据点彼此相似，而不同集合中的数据点尽可能不相似。这种数据分组对探索数据结构、识别模式和异常，以及其他数据分析任务来说极其有用。在各种聚类方法中，基于距离和相似度的聚类算法是最常用的。这些算法主要依赖定义良好的距离或相似度，以便有效地进行数据分组。其中，层次聚类算法是一种非常经典和多样的方法，它通常有两种主要的形式：凝聚和分裂。

所谓凝聚，是指把点集集合中的每个元素都当作一类，然后计算每两个类之前的相似度，也就是元素与元素之间的距离；然后计算集合与集合之间的距离，把相似的集合放在一起，不相似的集合则不需要合并；不断重复以上操作，直到达到某个限制条件或者无法继续合并集合为止。

详细来说，在凝聚型层次聚类算法中，在初始阶段将数据集中的每个单独元素视为一个单独的集合或簇。因此，如果有 N 个数据点，那么算法初始就有 N 个簇。随后，算法进入迭代过程，每次迭代都会寻找最相似（距离最近）的两个簇，将它们合并成一个新的簇。这里的"相似度"通常由预定义的距离度量（如欧氏距离、曼哈顿距离等），或者由更复杂的相似度函数来确定。在合并簇时，不仅要更新簇的成员，还要重新计算新形成的簇与其他所有簇之间的相似度。这通常通过链接准则（Linkage Criteria）来实现，包括但不限于最小距离（single-linkage）、最大距离（complete-linkage）、平均距离（average-linkage）和中心距离（centroid-linkage）。不断重复这个合并过程，直至满足某个终止条件。终止条件可以是簇的数量达到一个预定值，或者簇之间的最小相似度低于某个阈值，等等。得益于这种自底向上的合并方式，凝聚型层次聚类算法能够产生一个簇的层次结构，通常可以通过树状图（dendrogram）对结构进行可视化。这使得算法不仅能提供一个单一的聚类结果，还能提供不同层次或粒度下的聚类结构，从而给出更多关于数据内在的关系。凝聚型层次聚类算法因其直观性和灵活性而在多种应用场景中得到广泛使用，但它也有计算复杂性高、不适用于大数据集等局限性。

如算法 5-4 所示，在凝聚层次聚类算法的伪代码中，dist 是一个距离函数，用于计算两个聚类之间的距离。这通常是通过某种链接准则（如最小距离、最大距离、平均距离等）来实现的。stopCriteria 是一个停止准则，用于确定算法何时应该终止。它可以是一个固定的聚类数量、一个距离阈值或者其他一些条件。M 是一个距离矩阵，用于存储所有聚类对之间的距离。

所谓分裂，与凝聚刚好相反，是指在初始阶段把所有元素都放在一类中，然后计算两个元素之间的相似性，对不相似元素或者集合进行划分，直到达到某个限制条件或者无法继续分裂集合为止。

算法 5-4　凝聚型层次聚类算法

1: **Input:** 数据点集合 $D = \{d_1, d_2, \cdots, d_N\}$, 距离函数 dist, 停止准则 stopCriteria
2: **Output:** 聚类结果 C
3: 初始化每个数据点为一个单一的聚类，即 $C = \{\{d_1\}, \{d_2\}, \cdots, \{d_N\}\}$
4: 初始化距离矩阵 M 用于存储所有聚类对之间的距离
5: **while** 不满足 stopCriteria **do**
6: 　找到距离最近的两个聚类 C_i 和 C_j，使得 $\text{dist}(C_i, C_j) = \min(M)$
7: 　合并 C_i 和 C_j 以形成新的聚类 $C_k = C_i \cup C_j$
8: 　从聚类集合 C 中删除 C_i 和 C_j，并添加 C_k
9: 　更新距离矩阵 M 以包括新聚类 C_k 与其他聚类之间的距离
10: **end while**
11: **return** 聚类结果 C

　　详细来说，与凝聚型层次聚类算法相反，分裂型层次聚类算法在开始时将所有数据点视为一个大型簇。然后，这个大型簇被分裂成两个或多个较小的簇，分裂基于某种预定义的相似度或距离度量。这里也可以使用各种不同的距离度量标准，如欧氏距离、曼哈顿距离等，以及更复杂的相似度函数。在每次迭代中，选取一个当前存在的簇进行分裂。选择哪个簇进行分裂可能基于多种准则，例如，簇的大小、簇内不相似度的高低，或者其他一些与应用场景相关的度量。分裂过程持续进行，直到满足某个终止条件。终止条件可能包括达到预定的簇数量、某个特定的相似度阈值，或者其他自定义的停止准则。得益于采用自顶向下的分裂策略，该方法也能产生一个簇的层次结构，通常由树状图进行可视化。这意味着我们不仅可以获得一个单一的聚类解，还可以探究数据在不同层次结构或粒度下的组织方式。分裂型层次聚类算法主要用于需要高度精确的聚类解或者对簇内不相似度进行更严格控制的应用场景中。然而，由于它通常需要更多的计算时间，具有更高的计算复杂性，因此对大规模数据集来说并不是很实用。

　　如算法 5-5 所示，在分裂型层次聚类算法的伪代码中，dist 是一个距离函数，用于计算聚类或数据点之间的距离。stopCriteria 是一个停止准则，用于确定算法何时应该终止。它可以是一个固定的聚类数量、一个距离阈值，或其他一些条件。M 是一个距离矩阵，用于存储聚类内部的距离。

　　在层次聚类算法中，相似度的计算函数是关键所在。通常可以设置两个元素之间的距离函数公式，例如欧氏空间中两个点的欧氏距离，距离越小表示两者之间越相似，距离越大则表示两者之间越不相似。除此之外，还可以设置两个元素之间的相似度，例如两个集合中的公共元素的个数可以表示这两个集合之间的相似性。在文本中，通常可以计算句子和句子的相似度，简单来看就是计算两个句子之间的公共词语的个数。

　　如果要计算时间序列的相似度，除了欧氏距离等 L^p 距离，还可以使用 DTW 等方法。DTW 基于动态规划算法，根据动态规划原理进行时间序列的"扭曲"，从而使时间序列实现

算法 5-5　分裂型层次聚类算法

1: **Input:** 数据点集合 $D = \{d_1, d_2, \cdots, d_N\}$, 距离函数 dist, 停止准则 stopCriteria
2: **Output:** 聚类结果 C
3: 初始化所有数据点为一个大型聚类 $C_1 = D$
4: 初始化聚类集合 $C = \{C_1\}$
5: 初始化距离矩阵 M 用于存储聚类内部的距离
6: **while** 不满足 stopCriteria **do**
7:　找到需要分裂的聚类 C_i, 基于某种准则（如聚类大小、内部不相似度等）
8:　对 C_i 进行分裂, 生成两个或多个新的聚类 $C_{i1}, C_{i2}, \cdots$
9:　从聚类集合 C 中删除 C_i, 并添加新生成的聚类 $C_{i1}, C_{i2}, \cdots$
10:　更新距离矩阵 M 以包括新生成的聚类与其他聚类之间的距离
11: **end while**
12: **return** 聚类结果 C

必要的错位, 计算出最合适的距离。一个简单的例子就是把 $y = \sin(x)$ 和 $y = \cos(x)$ 进行必要的横坐标平移, 计算出两个时间序列的最合适距离。但是从 DTW 算法描述来看, 它的算法复杂度较高, 是 $O(n^2)$ 量级的, 其中 n 表示时间序列的长度。

如果不考虑时间序列的"扭曲", 也可以直接使用欧氏距离, 无论是 L^1、L^2 还是 L^p 范数, 都有用武之地。除距离公式之外, 也可以考虑两个时间序列之间的 Pearson 系数, 如果两个时间序列相似, 那么它们之间的 Pearson 系数接近 1; 如果它们之间是负相关的, 那么 Pearson 系数接近 -1; 如果它们之间没有相关性, 那么 Pearson 系数接近 0。除此之外, 还可以考虑线性相关性, 线性相关性与 Pearson 系数是等价的。

我们也可以用自编码器技术对时间序列进行特征编码。也就是说, 该自编码器的输入层和输出层是恒等的, 中间层的神经元个数少于输入层和输出层。在这种情况下, 可以做到对时间序列进行特征的压缩和构造。如果使用其他有监督的神经网络结构, 例如前馈神经网络、循环神经网络、卷积神经网络等, 可以把归一化之后的时间序列当作输入层, 输出层就是时间序列的各种标签, 比如该时间序列的形状种类、时间序列的异常/正常标签。当该神经网络训练好之后, 中间层的输出都可以作为 "Time Series to Vector" 的一种模式, 也就是把时间序列压缩成一个更短的向量, 然后基于余弦相似度等方法计算原始时间序列的相似度。

5.5　流式聚类算法

流式聚类（Streaming Clustering）是一种特殊的聚类方法, 专门用于处理数据流或者大规模数据集。在这种场景下, 传统的聚类算法（如 K-Means 或者层次聚类）往往因为计算复杂度高或需要多次扫描整个数据集而不适用。在流式聚类算法中, 典型代表是一趟聚类（One Pass Clustering）, 顾名思义, 就是把所有元素按照一定的顺序来排列, 每个新元素都与当前的聚簇代表元相比较。如果新元素与某个聚簇的代表元相似，就把新元素放在此聚簇；如果新元素与所有的聚簇都不相似，那么新元素就自成一类，如图 5.1 所示。

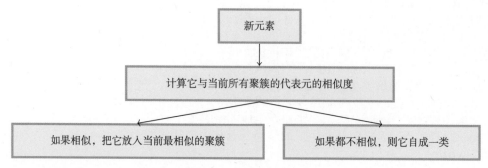

图 5.1   一趟聚类的流程

如算法 5-6 所示，一趟聚类算法有两个关键步骤。

1. 相似度函数的选择。
2. 聚类代表元的选择。

算法 5-6   一趟聚类算法

1: 输入：按顺序排列的元素集合 $x_1, x_2, \cdots, x_n$，相似度函数 $f(\cdot, \cdot)$，阈值 δ；
2: 输出：m 个聚簇 $A_1, A_2, \cdots, A_m$，以及它们的代表元 $r(A_1), r(A_2), \cdots, r(A_m)$。
3: **for** $i \in \{1, 2, \cdots, n\}$ **do**
4:    **if** $i = 1$ **then**
5:       $A_1 = \{x_1\}$，并且聚簇 A_1 的代表元是 x_1，记为 $r(A_1)$。
6:    **else**
7:       假设现在的聚簇个数是 k，
8:       **for** $j \in \{1, 2, \cdots, k\}$ **do**
9:          $j_0 = \arg\max_{1 \leqslant j \leqslant k} f(x_i, r(A_j))$;
10:      **end for**
11:      **if** $f(x_i, r(A_{j_0})) > \delta$ **then**
12:         把 x_i 加入聚簇 A_{j_0}；假设 $A_{j_0} = \{y_1, y_2, \cdots, y_\ell\}$，更新 A_{j_0} 的代表元为 $r(A_{j_0}) = \arg\max_{1 \leqslant j_1 \leqslant \ell} \sum\limits_{j_2=1}^{\ell} f(y_{j_1}, y_{j_2})$。
13:      **else**
14:         则 x_i 自成一类；例如 $A_{k+1} = \{x_i\}$，$r(A_{k+1}) = x_i$。
15:      **end if**
16:   **end if**
17: **end for**

　　如果是对时间序列进行实时聚类，那么需要计算两个时间序列之间的相似度。相似度函数可以参考之前提到的所有方法。同时，对某个聚簇的时间序列代表元的选择有多种方案。

1. 永不更新代表元：选择第一个进入该类的元素。换言之，第一个独立成聚簇的元素永远作为该聚簇的代表元。

2. 持续更新代表元：每次进入一个新元素，就按照一定的规则来更新该聚簇的代表元。

　　第一种方案比较简单，保持代表元不变即可，一直使用第一个成聚簇的时间序列元素。第二种方案则需要对每次更新的聚簇进行代表元的更新。假设 $A_{j_0} = \{y_1, y_2, \cdots, y_\ell\}$ 表示当前的聚簇及其中的所有元素，则该聚簇的代表元可以选为该聚簇内与其他元素最相似的元素。于是，对于每个 $j_1 \in \{1, 2, \cdots, \ell\}$，可以计算出它与其他元素的相似度之和：

$$\sum_{j_2=1}^{\ell} f(y_{j_1}, y_{j_2}) = \sum_{j_2 \neq j_1} f(y_{j_1}, y_{j_2}) + f(y_{j_1}, y_{j_1}) = \sum_{j_2 \neq j_1} f(y_{j_1}, y_{j_2}) + 1$$

　　一般情况下，对于相似度函数而言，两个一样的元素的相似度就是 1，即 $f(x, x) = 1$。因此，计算 $\sum\limits_{j_2=1}^{\ell} f(y_{j_1}, y_{j_2})$ 的最大值和计算 $\sum\limits_{j_2 \neq j_1} f(y_{j_1}, y_{j_2}) + f(y_{j_1}, y_{j_1})$ 的相似度是等价的。$A_{j_0} = \{y_1, y_2, \cdots, y_\ell\}$ 的代表元可以选为

$$\arg\min_{1 \leqslant j_1 \leqslant \ell} \sum_{j_2=1}^{\ell} f(y_{j_1}, y_{j_2})$$

　　一趟聚类算法具有很多优点。

1. 计算效率：一趟聚类算法只需要遍历数据一次，大大减少了计算时间。这对实时或流式数据处理尤为重要。

2. 内存效率：算法不需要存储整个数据集，因此非常适用于内存有限或数据集非常大的场景。

3. 实时应用：由于其高速和低内存的特点，该算法特别适用于需要即时反馈的应用。

4. 可扩展性：可以很容易地适应不断增长的数据集。

　　但是，一趟聚类算法同样也有相应的缺点。

1. 准确性：由于只遍历数据一次，算法可能错过更精细或更复杂的聚类结构，这可能导致出现局部最优解。

2. 初始敏感性：初始数据点的顺序和选择可能极大地影响聚类结果，因此结果可能不稳定。

3. 参数选择：需要事先设定相似度阈值或其他参数，这些参数的选择可能影响聚类的质量。

4. 单次决策：一旦一个点被归类，那么该决策是不可逆的，这可能导致随后的聚类效果不佳。

在分析了一趟聚类算法的优点与缺点的基础上，可以为一趟聚类算法找到相应的应用场景，除了时间序列聚类，还有很多类似的应用场景。

1. 实时分析：在网络安全领域，一趟聚类算法可以用于实时异常检测，通过聚类分析网络行为或交易模式来识别潜在的威胁。
2. 大规模数据处理：在社交网络、搜索引擎或推荐系统中，一趟聚类算法可以用于处理大规模用户生成内容或点击流数据。
3. 流媒体：在视频或音频流分析中，一趟聚类算法可以用于实时事件检测或主题分析。

5.6　小结

在本章中，我们深入讨论了时间序列数据相似度与聚类的处理和分析方法。首先，介绍了时间序列的相似度函数，这是一种度量时间序列之间相似性的方法。通过比较不同时间序列的相似度，可以发现它们之间的潜在关联和模式。为了实现这一目标，本章讨论了如 Pearson 系数、基于 PAA 的相似度函数等诸多方法。随后，讨论了时间序列的距离函数。这些函数用于度量时间序列之间的距离，以便对它们进行分类和聚类。同时介绍了欧氏距离、DTW 算法，基于自相关性、周期性和模型等距离函数，以及它们在时间序列分析中的应用。接下来，本章深入研究了时间序列的聚类算法。聚类是一种无监督学习方法，旨在将相似的时间序列分组在一起，以便我们更好地理解和分析数据。这里介绍了层次聚类、K-Means 聚类等常用的聚类算法，并讨论了它们在时间序列数据中的应用。最后，本章探讨了流式聚类算法。与传统的批量聚类算法不同，流式聚类算法可以实时处理和分析大量的时间序列数据，在需要实时监控和响应的场景（如金融市场、网络监控等）中非常有价值。

第 6 章

多维时间序列

之前的章节中已经讲解了单维时间序列系统的很多知识，包括特征工程、异常检测、预测算法、相似性与聚类算法等。本章重点介绍多维时间序列方面的内容。在研究现实世界的动态过程时，时间序列数据已经成为一种不可或缺的工具。随着研究的深入，某些系统已经不能由单维时间序列描述，并且多个时间序列之间可能有着千丝万缕的联系，一个变量的变化往往与其他变量的变化紧密相关。为了分析这些复杂的内在关系，我们需要对多维时间序列进行分析。所谓多维时间序列，就是在每个时间点捕获多个相关变量的值。它提供了一个更为丰富和详细的视角，帮助我们理解变量之间的相互影响，以及这些变量如何共同驱动整个系统的变化。

6.1 多维时间序列简介

多维时间序列是指由多条时间序列组成的向量，例如，$\boldsymbol{X}_t = (x_t^{(1)}, x_t^{(2)}, \cdots, x_t^{(n)}), t \geq 0$ 是指由 n 条单维时间序列组成的高维时间序列。多维时间序列比单维时间序列复杂得多。除了能够把单维时间序列技术应用到高维时间序列上，其实高维时间序列自身也有一套数学方法和技巧，例如高维的控制图算法等。

在实际的生产环境中，产生多维时间序列的方式之一是通过日志转化，而日志中通常会带有一些多维度的信息，包括但不限于省份、城市、运营商、数据中心、网络类型等。指标也是多种多样的，包括成功数、失败数、总数、点击数、曝光数、搜索次数等。将这些维度和指标汇聚之后，就可以得到基于某一个维度或者某几个维度的时间序列。

如表 6.1 所示，如果基于时间戳对失败数或者总数进行求和，可以得到一个汇总之后的时间序列。如果基于省份维度对全国 34 个省级行政区分别进行汇总，那么可以得到 34 个关于省级行政区的时间序列。同理，不同的维度有不同的元素个数，因此通过多维时间序列可以汇总出各种各样的时间序列曲线。由于元素的组合是多样的，因此，多维时间序列产生的信息量比单维时间序列大得多。

表 6.1　多维时间序列

时间戳	省份	城市	运营商	数据中心	网络类型	失败数	总数
2017-10-22 10:00:00	广东省	深圳市	移动	DC_1	4G	10	100
2017-10-22 10:00:00	广东省	深圳市	移动	DC_1	4G	0	1
2017-10-22 10:01:00	江苏省	南京市	联通	DC_2	Wi-Fi	0	1000
2017-10-22 10:02:00	河北省	石家庄市	移动	DC_3	Wi-Fi	1	900
……	……	……	……	……	……	……	……

6.2　单维时间序列与多维时间序列

下面根据两个领域中具体的案例来看一下多维时间序列的使用场景，以及单维时间序列和多维时间序列的对比。单维时间序列和多维时间序列都属于时间序列数据，主要区别在于观察的变量数量。

- 单维时间序列只涉及一个随时间变化的变量。例如，某公司的股票价格、某城市的日最高气温，或者某网站的日访问量。在这些案例中，我们只关注一个特定变量如何随时间变化。
- 多维时间序列包含两个或者更多随时间变化的变量。例如，预测某公司的股票价格可能涉及公司的利润、市场指数、经济指标等多个变量；预测某城市的天气可能需要考虑温度、湿度、风速等多个因素。在这些案例中，我们不仅关注这些变量各自如何随时间变化，还关注它们之间的相互关系。

6.2.1　广告分析领域

对于互联网公司或者广告公司而言，平台的广告收入会随着时间的变化而变化。每月、每周、每天甚至每小时都可能发生变化。新的策略和算法的上线与下线，很容易对广告收入造成波动和影响。例如，如果上线了某种策略之后，广告收入比之前高，自然是一件好事；反之，如果导致广告的收入相比之前降低许多，就不是一件好事。此时，我们就要从数据层面分析为什么会造成这种情况，迅速定位造成波动的原因。

通常来说，广告分为合约广告和竞价广告，如果当天的广告收入相比之前降低了 20%，那么通过简单分析就可以得到是合约广告还是竞价广告导致的，或者是由两者一起导致的。除此之外，广告的维度还包括推广目标，也就是品牌、关注、电商推广、本地推广、安卓系统下载、iOS 系统下载等渠道。因此，在发现广告收入降低时，可以通过数据分析的方式人工查找以下几点。

- 指定广告收入的正常时间点和异常时间点。

- 对广告指标的各个维度进行分析。
- 查看各个维度中哪些因素的变化非常大，也就是出现大幅下降或者上涨。
- 分析这些影响因素，得到结论。

因此，在广告分析领域，数据分析师需要对多维数据进行异常分析和根因定位。每种广告收入的下降都可能是由多个因素共同导致的，例如市场竞争加剧、广告的质量下降、广告投放的策略错误等。需要针对每个可能的原因采用不同的分析方法，来确定它们对广告收入变化的具体影响。

6.2.2 业务运维领域

> **定义 6.1 多维时间序列的指标**
>
> 业务运维领域的指标是衡量业务性能、稳定性、可用性，以及整体健康状况的一系列关键数值。这些指标通常可以用时间序列来表示，它们常用于监控、报告和优化运维活动，并为决策者提供有价值的数据展示和决策依据。 ♣

业务运维领域可以使用的指标很多，以下是一些常见的运维指标。

- 系统性能指标：这类指标关注系统的技术性能，例如响应时间（服务器处理请求的时间）、吞吐量（系统在给定时间内处理请求的数量）、系统负载（同时运行在系统上的任务数量）、资源使用率（例如 CPU、内存、磁盘和网络带宽的使用情况）等。
- 服务质量指标：这类指标关注服务的质量和用户体验，例如服务可用性（系统正常运行的时间百分比）、错误率（错误请求的数量占总请求的比例）、客户满意度等。
- 业务相关指标：这类指标关注业务的运行情况，依赖具体的业务场景和目标，例如交易成功率、订单处理时间、用户活跃度、转化率等。

假设一个多维时间序列包括时间戳、34 个省级行政区（这里统一用"省份"表示）、200个城市、10 个运营商、30 个数据中心、10 个错误返回码、1000 个播放域名、10 个客户端版本等信息，如表 6.2 所示。其指标既包括总数、成功数、卡顿数、耗时次数、黑屏次数等可加性（Additive）指标；也包括成功率、卡顿率、黑屏率、耗时占比等不可加性（Non-additive）指标。上述指标通常可以用一条或者多条时间序列展示，形如 $X_n = (x_1, x_2, \cdots, x_n)$，如表 6.3所示。

表 6.2 多维时间序列的维度

省份	城市	运营商	数据中心	返回码	播放域名	客户端版本
*	*	*	*	*	*	*
*	*	*	*	*	*	*

表 6.3　多维时间序列的指标

总数	成功数	卡顿数	耗时次数	黑屏次数	成功率	卡顿率	黑屏率	耗时占比
*	*	*	*	*	*	*	*	*
*	*	*	*	*	*	*	*	*

定义 6.2 多维时间序列的维度

在日志系统中,多维时间序列的应用通常涉及在多个方面对日志事件进行分析。每个方面或角度被称为一个"维度"。具体的维度取决于具体的应用和业务需求,例如,表 6.2 中的省份、数据中心、运营商都属于维度。

在对这些指标进行监控时,如果采用多维度的时间序列模式,只需要检测数十个指标即可。一旦这些指标出现了异常,就做多维的下钻分析,分析异常的影响面和造成异常的根本原因。于是,只会产生一条告警和一张根因分析的表格。

如果想监控"总数"这个指标,并且只能用单维时间序列,那么需要对时间序列进行拆分。在表 6.2 中,首先考虑"省份"维度,它有 34 个元素,因此会形成关于总数和省份的 34 个时间序列。

- 总数-省份 1:表示处于省份 1 条件下的总数指标。
- 总数-省份 2:表示处于省份 2 条件下的总数指标。
- ……
- 总数-省份 34:表示处于省份 34 条件下的总数指标。

在单维时间序列系统中,需要同时对 34 个拆分后的指标进行监控,才能发现省份维度可能存在的问题。对其他维度的分析同理。采用单维时间序列模式,如果只监控汇聚之后的数十个指标,其实无法进行根因分析。因此,需要对数十个指标进行维度拆分,监控的指标数量约等于指标数乘以所有维度的元素个数之和,在本案例中就是 $10 \times (34 + 200 + 10 + 30 + 10 + 1000 + 10)$ 个指标。此时产生的告警数量会非常多,因此需要做告警收敛。以上只是在单维拆分的前提下举例,如果进行特征交叉或者维度组合,会产生更多的时间序列,单维时间序列系统完全无法满足需求。

一般情况下,单维时间序列系统无法展示时间序列之间的相关性,只能根据时间序列本身的性质和告警的历史数据分析来观察哪些时间序列经常一起告警。但是,单维时间序列系统也并非一无是处,在服务器的检测场景或者一些较简单的业务场景下,单维时间序列系统比多维更具优势。单维时间序列系统适用于行业通用和指标固定的场景,例如对服务器各个维度的异常检测,包括 CPU、I/O、磁盘等。

表 6.4 和表 6.5 对应根因分析的列表结构和树状结构,详细讲解见 6.5.2 节和 6.5.3 节。

表 6.4 根因分析的列表结构

维度	可疑值
省份	北京市，上海市
数据中心	DC_1，DC_3，DC_{10}
运营商	移动
……	……

表 6.5 根因分析的树状结构

异常规则	组合元素
$rule_1$	省份 = 北京市，数据中心 = DC_1，运营商 = 移动
$rule_2$	省份 = 上海市，数据中心 = DC_2
……	……

6.3 单维时间序列监控系统和多维时间序列监控系统的对比

在业务运维领域，监控系统必不可少，它可以帮助运维人员了解业务和系统的实时状态，发现并处理问题。下面来比较一下单维时间序列监控系统与多维时间序列监控系统。

- 单维时间序列监控系统：主要关注单一指标随时间的变化情况，例如服务器的 CPU 利用率、内存使用情况或者网络带宽的使用情况等。监控系统可以提供指标的趋势图，帮助运维人员发现异常行为。比如，如果 CPU 利用率突然上升，可能说明有任务在消耗大量的 CPU 资源，需要进一步调查。单维时间序列监控系统的优点在于简单易用，但它忽视了各个指标之间可能存在的相关性，可能漏掉一些只有在联合考虑多个指标时才能发现的问题。
- 多维时间序列监控系统：多维时间序列监控系统能够同时跟踪多个指标，且能捕获和分析这些指标之间的相关性。例如，同时监控日志数据中的省份、运营商、数据中心等多个维度的信息，从而更准确地分析和预测系统的性能。此外，多维时间序列监控系统还可以通过分析日志数据，找到可能影响整个业务的问题。这种监控系统的优点在于能提供更全面的视角，发现和解决更复杂的问题。但同时，它需要更强的数据处理能力，且需要更专业的知识来解读和利用这些数据。

单维时间序列监控系统和多维时间序列监控系统的对比情况如表 6.6 所示。

表 6.6　单维时间序列监控系统与多维时间序列监控系统的对比

功能	单维时间序列监控系统	多维时间序列监控系统
异常检测	时间序列个数多； 异常检测计算资源大； 存储资源小	时间序列个数少； 异常检测计算资源小； 存储资源大
告警关联	业务内部关系不明确； 根据曲线形状、异常、告警层面来做	业务维度明确； 根据流水来做； 根据曲线形状、异常、告警层面来做
告警收敛	不具备告警收敛功能； 监控所有曲线并告警； 产生多条告警后收敛	自带告警收敛功能； 监控汇聚后的时间序列； 产生一条告警后进行根因分析
告警数量	告警数量多	告警数量少
根因分析	不具备根因分析功能； 对历史告警进行分析后预估根因	具备根因分析功能； 监控汇聚后的时间序列； 产生一条告警后进行根因分析
局部定位	缺乏细粒度信息； 例如用户 ID、IP、返回码等	由日志转化而来； 定位故障原因； 存在细粒度信息； 例如用户 ID、IP、返回码等
互相转换	从单维转换成多维（困难）	从多维转换成单维（容易）

6.4　根因分析

6.4.1　根因分析的基础概念

在广告领域，收入的数量、搜索次数、点击次数、曝光次数等可以作为指标；在运维领域，发送请求次数、成功数、失败数、总数、卡顿数等可以作为指标。除了基础的指标，还可以通过现有的指标衍生出一些新的指标。例如，在广告领域，点击率被定义为点击次数除以曝光次数，它是由点击次数和曝光次数衍生而来的指标，可以反映广告投放的效率与质量。在运维领域，成功率被定义为成功数除以总数，它是由成功数和总数衍生而来的指标，是反映系统或者接口（API）是否稳定的重要指标之一。

通常来说，原始指标有一个重要的性质，就是可加性，即"点击数 + 点击数""总数 + 总数""卡顿数 + 卡顿数"等加法操作是有意义的，也是可解释的。但是衍生后的指标并不具有可加性，例如"点击率 + 点击率"和"成功率 + 成功率"等加法操作不符合常识和业务经验。销售额是一个具有可加性的指标。无论是将一天的销售额按小时累加，还是将所有产品的销售额累加，或者将所有地区的销售额累加，都能得到同一天的总销售额。相比之下，某些指标（如百分比）通常不具有可加性，直接将这些值相加无法得到一个有意义的结果。

从数学上看，各种指标可以用 $M = \{m_1, m_2, \cdots, m_k\}$ 来表示，维度可以用 $D = \{D_1, D_2, \cdots, D_n\}$ 来表示，维度 D_i 中的元素可以记为 $E_i = \{E_{i1}, E_{i2}, \cdots, E_{iC_i}\}$，三者的对应关系如表 6.7 所示。其中，$C_i$ 表示该维度中的元素个数。对于指标 m 和时间戳 t 而言，$F(m,t)$ 表示指标 m 在时间戳 t 的取值。也就是说，$\{F(m,t) : t \geqslant 0\}$ 表示关于指标 m 的一个时间序列。$F_{ij}(m,t)$ 表示 $F(m,t)$ 在维度 i 的元素 j 上的取值。

表 6.7　根因分析中维度、元素和指标的对应关系

维度 D_i 的元素取值	指标取值
E_{i1}	$F_{i1}(m,t)$
E_{i2}	$F_{i2}(m,t)$
$\cdots$	$\cdots$
E_{iC_i}	$F_{ij}(m,t)$

事实上，对于所有的 $1 \leqslant i \leqslant n$ 和 $t \geqslant 0$，可加性的指标 m 满足：

$$F(m,t) = \sum_{j=1}^{C_i} F_{ij}(m,t)$$

对于每个维度 i 而言，$\{F(m,t) : t \geqslant 0\}$ 表示汇聚之后的时间序列，$\{F_{ij}(m,t) : t \geqslant 0\}$ 表示汇聚之前的时间序列。

可加性指标可以衍生出一些其他指标，例如点击率、成功率等。用数学语言表达为，对于指标 m_1 和 m_2，它们的时间序列分别是 $F(m_1,t)$ 和 $F(m_2,t)$。令

$$F\left(\frac{m_1}{m_2}, t\right) = \frac{F(m_1,t)}{F(m_2,t)}$$

而对于每个分量，则有

$$F_{ij}\left(\frac{m_1}{m_2}, t\right) = \frac{F_{ij}(m_1,t)}{F_{ij}(m_2,t)}$$

显然，指标 m_1/m_2 不具备可加性，即

$$F(m,t) = \frac{F(m_1,t)}{F(m_2,t)} = \frac{\sum_{j=1}^{C_i} F_{ij}(m_1,t)}{\sum_{j=1}^{C_i} F_{ij}(m_2,t)} \neq \sum_{j=1}^{C_i} \frac{F_{ij}(m_1,t)}{F_{ij}(m_2,t)} = \sum_{j=1}^{C_i} F\left(\frac{m_1}{m_2}, t\right)$$

此时的 $F(m_1/m_2, t)$ 并不是可加的。

如果 m 是可加性指标，那么从表 6.8 中可以看出，横坐标是维度 D_i 的元素，也就是 $E_{i1}, E_{i2}, \cdots, E_{iC_i}$；纵坐标是维度 D_j 的元素，也就是 $E_{j1}, E_{j2}, \cdots, E_{jC_j}$。最后一行和最后一列都是由同一行或者同一列求和得到的。右下角的指标 $F(m, t)$ 也是通过求和得到的，且 $F(m, t) = \sum_{k=1}^{C_i} F_{ik}(m, t) = \sum_{k=1}^{C_j} F_{jk}(m, t)$。也就是说，$F(m, t)$ 表示该矩阵所有元素之和。一般情况下，我们可以对指标进行非负性假设，即所有的指标都是非负数。也就是说，$F(m, t) \geqslant 0$ 和 $F_{ij}(m, t) \geqslant 0$ 对所有的 $1 \leqslant i \leqslant n$ 和 $1 \leqslant j \leqslant C_i$ 都成立。

表 6.8　根因分析的案例

D_j ＼ D_i	E_{j1}	E_{j2}	$\cdots$	E_{jC_j}	SUM
E_{i1}	*	*	$\cdots$	*	$F_{i1}(m, t)$
E_{i2}	*	*	$\cdots$	*	$F_{i2}(m, t)$
$\cdots$	$\cdots$	$\cdots$	$\cdots$	$\cdots$	$\cdots$
E_{iC_i}	*	*	$\cdots$	*	$F_{iC_i}(m, t)$
SUM	$F_{j1}(m, t)$	$F_{j2}(m, t)$	$\cdots$	$F_{jC_j}(m, t)$	$F(m, t)$

在广告领域或运维领域，指标会随着时间的变化而变化，很难有一成不变的指标数据。而指标的变化说明某些维度和元素发生了变化，一旦指标的变化与预期不符，就说明出现了异常，这时就需要进行根因分析，其流程如图 6.1 所示。

图 6.1　根因分析的流程

定义 6.3 多维时间序列中的根因分析

多维时间序列中的根因分析（Root Cause Analysis, RCA），其目标是确定导致指标异常的根本原因，找到相应的维度和元素。

当指标异常时，例如服务器的 CPU 利用率突然上升、某项成功率突然下降，或者服务的响应时间超过了预期的阈值，运维人员需要通过根因分析来定位和解决问题。根因分析通常包括以下步骤。

1. 识别问题：首先，运维人员需要识别出问题的具体表现，找到哪些指标出现了异常。例如系统性能下降、用户反馈问题或者监控系统发出的告警。
2. 分析问题：在收集数据后，运维人员需要分析这些数据，找出导致问题的可能原因。这通常需要对不同维度的数据（例如时间、地点、系统、用户等）进行分析，并可能需要使用一些统计或数据分析方法。
3. 定位问题：在分析可能的原因后，运维人员需要进一步定位问题的具体来源。例如，确定是哪个服务、哪个系统或者哪个具体的代码段导致了问题。
4. 解决问题：最后，运维人员需要根据定位的结果来解决问题，主要包括修复代码、修改配置或者升级系统等。

在这个过程中，使用多维时间序列监控系统定位到某个维度和元素是非常关键的一步。例如，如果发现问题是由某个特定的服务器引起的，那么可以对这个服务器进行更深入的检查；如果发现问题是在特定的时间段内发生的，那么可能需要检查这个时间段内的特殊事件或活动。定位可以帮助运维人员更精确地找到并解决问题，从而提高系统的稳定性和性能。

6.4.2 人工执行根因分析的难度

针对成功率降低的场景，运维人员执行根因分析的步骤通常如下。
1. 对于每个维度，将相应的成功率进行升序排列，得到成功率最低的几个元素。
2. 逐一查验这些元素，即查看在单一维度上导致成功率下降的原因。
3. 固定某个维度的某个元素，分析它在其他维度上是否存在问题。
4. 通过经验得到导致成功率下降的规则。

这种做法通常存在以下不足之处。

- 人工定位的时间长，通常为 10 分钟至 30 分钟，在维度和元素较多的情况下也许会花费更多的时间。
- 运维人员的经验不一，很难保证每个人都能够在较短的时间内找到原因所在。
- 维度多、元素多，导致组合复杂，凭借人力很难在短时间内找到真正的原因。
- 运维人员定位很难保证较高的召回率，总会存在漏掉的异常元素。
- 运维人员通常需要在多个维度和元素之间互相切换，烦琐且复杂。
- 运维人员甚至需要在多个系统之间互相切换，沟通成本高，增加定位的时间。

如何选择一个合适的根因分析算法，共同分析诸多的维度和元素，减少运维人员人工定位的时间，从而实现精准定位，就是根因分析要解决的核心问题。

6.4.3 OLAP 技术和方法

OLAP（OnLine Analytical Processing），是指数据仓库及其数据分析技术。OLAP 用于多维分析和快速查询大量数据，提供了分类汇总、复杂计算、时间序列分析、模拟查询等丰富的数据分析功能。OLAP 的主要技术特点如下。

- 多维数据模型：OLAP 使用多维数据模型，这种模型能够更好地反映业务逻辑，并且提供丰富的查询能力。例如，在零售业务中，可能从地理、时间、产品等多个维度对销售数据进行分析。
- 快速查询：OLAP 系统预先进行了数据聚合，可以在几秒钟内完成复杂的查询和分析。
- 易用性：OLAP 提供了直观的用户界面，非技术用户也可以轻松完成复杂的数据分析。
- 支持复杂的计算：OLAP 提供了丰富的内置函数，可以支持比率、百分比、趋势、预测等复杂的计算过程。

在财务报告、销售分析、预测分析、市场研究等业务场景中，OLAP 技术都有广泛的应用。财务报告需要对大量的财务数据进行详细分析和总结。例如，会计人员可能需要从时间、地区、业务线等多个维度对收入、成本、利润等指标进行分析。使用 OLAP 技术，会计人员可以迅速地对数据进行切片和切块，以发现财务趋势和问题。销售人员可能需要分析哪些产品在哪些地区的销售情况最好，哪些时间段是销售高峰等。使用 OLAP 技术，销售人员可以快速从多个维度分析销售数据，以制定更有效的销售策略。预测分析需要对历史数据进行复杂的计算，以预测未来的趋势。例如，预测下一季度的销售额时需要考虑时间、产品、市场等多个因素。OLAP 技术支持复杂的计算，使预测分析更简单和准确。市场研究需要对大量的市场数据进行分析，以发现市场趋势和潜在机会。市场研究人员可能需要分析在不同地区、不同年龄段和不同消费水平的人群中，哪些产品或服务的需求量最大。在这些业务场景中，OLAP 技术提供了强大的数据分析能力，用户可以从多个维度快速分析数据，以发现有价值的信息和趋势。在数据仓库中，常见的数据分析方法如下。

1. 下钻（Drill-Down）：下钻指的是沿着一个维度，把不详细的数据变成更详细的数据。例如时间戳，可以沿着以下路径进行下钻：

$$年 \rightarrow 月 \rightarrow 日 \rightarrow 小时 \rightarrow 分钟 \rightarrow 秒$$

例如地域，可以沿着以下路径进行下钻：

$$世界 \rightarrow 国家 \rightarrow 省份 \rightarrow 城市 \rightarrow 县 \rightarrow 村$$

这时，数据立方体会从一个汇总的数据开始，逐一进行下钻和分析，得到更详细的信息。

2. 上卷（Roll-Up）：上卷指的是沿着一个维度，把详细的数据变成汇总数据。也就是说，上卷是下钻的逆操作。例如时间戳，可以沿着以下路径进行上卷：

$$秒 \rightarrow 分钟 \rightarrow 小时 \rightarrow 日 \rightarrow 月 \rightarrow 年$$

例如地域，可以沿着以下路径进行上卷：

$$村 \rightarrow 县 \rightarrow 城市 \rightarrow 省份 \rightarrow 国家 \rightarrow 世界$$

这时，数据立方体会从一个详细的数据开始，逐一汇总数据，得到整体信息。

3. 切片（Slice）：切片是指在某个维度上选择一个值，生成一个新的子集。在一个给定的数据立方体上，切片只考虑单一维度的操作，以此来定义子立方体，该立方体的维度等于 1。例如，在立方体上，只考虑"省份"维度或"运营商"维度的信息。

4. 切块（Dice）：切块是指在两个或更多维度上选择值，生成一个新的子集。在一个给定的数据立方体上，切块同时考虑两个或者两个以上的维度，以此来定义子立方体，该子立方体的维度大于或者等于 2。例如，在立方体上，同时考虑"省份"和"运营商"两个维度的信息，而不考虑其他维度的信息。

5. 旋转（Pivot）：旋转是指转动查看数据的视角，也就是将空间中的坐标轴变换为新的方向。它会改变报表或者数据立方体的展示方式。例如，原本由行显示"产品类别"、列显示"季度"的报表，可以旋转成由行显示"季度"、列显示"产品类别"。

多维时间序列数据记录了不同指标随时间的变化情况，可以帮助运维人员发现指标的历史趋势和周期性模式。当指标异常时，运维人员可以查看该指标在时间序列上的变化情况，以确定问题发生的确切时间和持续时间；也可以查看其他相关指标的时间序列，以发现可能的关联和模式。例如，如果一个服务的成功率突然下降，运维人员可以通过查看成功率的时间序列，确定问题发生的时间；也可以查看其他相关指标（如机房地域、返回码等）的时间序列，以寻找可能的关联关系。OLAP 的多维数据模型允许运维人员从不同的维度（如时间、地点、系统、用户等）对指标进行分析。例如，当一个服务的响应时间超出正常范围时，运维人员可以使用 OLAP 技术，从"时间"维度上看是否存在特定的模式，从"地点"维度上看是否只有某些地点的用户受到影响，从"系统"维度上看是否只有某些系统或服务受到影响。此外，OLAP 的下钻、上卷、切片、切块、旋转等操作可以让运维人员在不同的维度和层级之间实现自由切换，从而更准确地定位问题。

6.5　基于时间序列异常检测算法的根因分析

6.5.1　时间序列异常检测

假设时间序列是 $\{x_t : t \geqslant 0\}$，为了计算某个时间戳 n 下的 x_n 是否异常，需要考虑该时间序列历史上的一些点。如果考虑 $(x_1, x_2, \cdots, x_n)$ 中的所有点，可以计算出均值和方差为

$$\mu = \frac{x_1 + x_2 + \cdots + x_n}{n}$$

$$\sigma^2 = \frac{(x_1 - \mu)^2 + (x_2 - \mu)^2 + \cdots + (x_n - \mu)^2}{n}$$

进而计算出上控制限、中间线、下控制限分别为

$$\text{UCL} = \mu + L\sigma$$

$$\text{Center Line} = \mu$$

$$\text{LCL} = \mu - L\sigma$$

其中，L 表示系数，通常选择 $L = 3$。

定义 6.4 移动平均

对于时间序列 $\{x_t : t \geqslant 0\}$，假设窗口 $w \geqslant 1$，那么基于窗口 w 的移动平均为

$$M_w(n) = \begin{cases} (x_{n-w+1} + x_{n-w+2} + \cdots + x_n)/w = \displaystyle\sum_{j=n-w+1}^{n} x_j/w, & n \geqslant w \\ (x_1 + x_2 + \cdots + x_n)/n = \displaystyle\sum_{j=1}^{n} x_j/n, & 1 \leqslant n < w \end{cases}$$

对于 $n \geqslant w$ 的情况，假设时间序列为 $(x_1, x_2, \cdots, x_n)$，那么基于窗口 w 的移动平均值为

$$M_w(n) = \frac{x_{n-w+1} + x_{n-w+2} + \cdots + x_n}{w} = \frac{\displaystyle\sum_{j=n-w+1}^{n} x_j}{w}$$

那么 $M_w(n)$ 的方差为

$$V(M_w) = \frac{1}{w^2} \sum_{j=n-w+1}^{n} V(x_j) = \frac{1}{w^2} \sum_{j=n-w+1}^{n} \sigma^2 = \frac{\sigma^2}{w}$$

于是，基于移动平均算法的控制图为

$$\text{UCL} = \mu + L\frac{\sigma}{\sqrt{w}}$$

$$\text{Center Line} = \mu$$

$$\text{LCL} = \mu - L\frac{\sigma}{\sqrt{w}}$$

其中 L 表示系数，通常选择 $L = 3$。

命题 6.1 单调性判断方法

(1) 当 LCL < $M_w(n)$ < UCL 时，表示 x_n 正常；当 $M_w(n) \geqslant$ UCL 或 $x_n \leqslant$ LCL 时，表示 x_n 异常。

(2) 当 $M_w(n)$ > UCL 时，说明 x_n 有上涨的趋势；当 $M_w(n)$ < LCL 时，说明 x_n 有下跌的趋势。这里的 UCL 和 LCL 是基于移动平均算法的控制图所得到的上下界。

定义 6.5 指数移动平均

对于时间序列 $\{x_t : t \geqslant 0\}$，假设 $\lambda \in [0,1]$，那么基于参数 λ 的指数移动平均为

$$\text{EWMA}(\lambda, i) = \begin{cases} x_0, & i = 0 \\ \lambda x_i + (1-\lambda)\text{EWMA}(\lambda, i-1), & i \geqslant 1 \end{cases}$$

根据指数移动平均的定义，进一步分析可得 z_i 的方差：

$$\sigma^2_{\text{EWMA}(\lambda,i)} = \lambda^2 \sigma^2 + (1-\lambda)^2 \sigma^2_{\text{EWMA}(\lambda,i-1)}$$

于是，

$$\sigma^2_{\text{EWMA}(\lambda,i)} = \frac{\lambda^2}{1-(1-\lambda)^2}\sigma^2 \Rightarrow \sigma_{\text{EWMA}(\lambda,i)} = \sqrt{\frac{\lambda}{2-\lambda}}\sigma$$

因此，基于 EWMA 的控制图为

$$\text{UCL} = \mu + L\sigma\sqrt{\frac{\lambda}{2-\lambda}}$$

$$\text{Center Line} = \mu$$

$$\text{LCL} = \mu - L\sigma\sqrt{\frac{\lambda}{2-\lambda}}$$

其中 L 是系数，通常取 $L = 3$。

命题 6.2

(1) 当 LCL < $\text{EWMA}(\lambda, n)$ < UCL 时，表示 x_n 正常；当 $\text{EWMA}(\lambda, n) \geqslant$ UCL 或者 $\text{EWMA}(\lambda, n) \leqslant$ LCL 时，表示 x_n 异常。

(2) 当 $\text{EWMA}(\lambda, n)$ > UCL 时，说明 x_n 有上涨的趋势；当 $\text{EWMA}(\lambda, n)$ < LCL 时，说明 x_n 有下跌的趋势。这里的 UCL 和 LCL 是基于 EWMA 的控制图所得到的上下界。

备注： 在指数移动平均中，除 EWMA 之外，还可以考虑使用 DEMA 和 TEMA 算法。如果考虑 EWMA 算法的 n 次迭代，假设

$$\text{EWMA}^{(n)} = \text{EWMA} \circ \cdots \circ \text{EWMA}$$

> **定义 6.6 双重指数移动平均（DEMA）**
>
> $$\text{DEWA} = 2 \times \text{EWMA} - \text{EWMA}^{(2)}$$
> ♣

> **定义 6.7 三重指示移动平均（TEMA）**
>
> $$\text{TEMA} = 3 \times \text{EWMA} - 3 \times \text{EWMA}^{(2)} + \text{EWMA}^{(3)}$$
> ♣

> **定理 6.1 魏尔斯特拉斯逼近定理**
>
> 魏尔斯特拉斯逼近定理包含两个部分。
> (1) 闭区间上的连续函数可以使用多项式级数一致逼近。
> (2) 闭区间上周期为 2π 的连续函数可以用三角函数级数一致逼近。
> ♡

基于魏尔斯特拉斯逼近定理，对于 $[t_1, t_2]$ 上的时间序列 $F(m,t)$，对于 $\forall \epsilon > 0$，存在多项式 $Q(m,t)$，使得

$$\|F(m,t) - Q(m,t)\| < \epsilon, \quad \forall t \in [t_1, t_2]$$

都成立。因此，可以使用多项式来拟合时间序列，只要拟合之后的值和真实值的差异不大，就算正常，否则算异常。用数学语言描述如下。

> **命题 6.3 基于多项式逼近的异常检测算法**
>
> 对于时间序列 $\{x_t : t \geqslant 0\}$，存在一个合适的多项式 $P(t)$（$1 \leqslant t \leqslant n$）去拟合时间序列 $(x_1, x_1, \cdots, x_n)$。对于阈值 $\delta > 0$：
> (1) 如果 $|P(n) - x_n| > \delta$，则说明 x_n 异常。
> (2) 如果 $|P(n) - x_n| \leqslant \delta$，则说明 x_n 正常。
> ♣

如果要对时间序列进行异常检测，有一种方法是把它转换成二分类问题，也就是为时间序列的每个点都打上标签，分别表示正常样本（1）或者异常样本（0），如表 6.9 所示。这样就可以使用机器学习中的分类器来解决问题，例如逻辑回归、决策树、随机森林、梯度提升树等方法。

表 6.9　带标签的时间序列存储

timestamp	id	value	label
2017-10-22 10:00:00	id1	10	1
2017-10-22 10:01:00	id1	9	1
2017-10-22 10:02:00	id1	0	0
2017-10-22 10:03:00	id1	0	0
2017-10-22 10:04:00	id1	0	0
2017-10-22 10:02:00	id1	0	0
......	......	......	......

　　基于无监督算法和有监督算法的时间序列异常检测框架如图 6.2 所示。在该流程图中做时间序列异常检测时，首先对原始时间序列使用无监督算法。这样做的理由是异常数极少，使用无监督算法可以对大量的正常数据进行有效过滤，降低计算复杂度。然后对被无监督算法判定为异常的时间序列数据进行二次判断，二次判断使用有监督算法。如果有监督算法判断为异常，则表示该时间序列存在异常；如果有监督算法判断为正常，则表示该时间序列是正常的。

图 6.2　基于无监督算法和有监督算法的时间序列异常检测框架

　　该流程图的设计体现了一种"双层筛选"的策略，旨在确保异常检测的准确性与高效性。
1. 在第一层，无监督算法主要对整个数据集进行快速筛查，识别出潜在的异常点。无监督算法通常不需要预先标记的训练数据，可以在海量的未标记数据中找到异常的模式或偏离常态的数据点。这不仅可以大大节省标记数据的时间和资源，而且可以在无法确切知道异常定义的情况下完成初步筛选。
2. 在第二层，已经被标记为异常的数据被有监督算法进一步处理。这时，有监督算法可以利用预先标记的训练数据进行更精确的判断，区分真正的异常数据和被误判的正常数据。这一阶段处理的数据量相对较小，因此可以更深入地分析每个数据点，确保准确性。
　　这种双层筛选的策略有效地结合了无监督算法和有监督算法的优点。无监督算法提供了高效的初筛，降低数据量和计算复杂度。有监督算法则为检测结果提供了额外的验证，确保异常检测的准确性。这种策略不仅提高了异常检测的准确率，还降低了误报和漏报的风险。该策略存在以下优势。

1. 该流程图的设计使系统能够适应各种场景。例如，如果数据的性质发生变化或新的异常类型出现，可以先查看无监督算法，再查看有监督算法。如果只是有监督算法存在问题，那么只需要调整和优化有监督算法，并非每次都从头开始。

2. 通过两种不同类型的算法进行筛选和验证，可以提升检测的稳健性。即使其中一个算法出现误判，另一个算法还可以进行纠正。

3. 由于大部分数据在第一阶段就被过滤掉，因此可以减少存储和计算资源的需求，系统更高效和经济。

4. 传统的有监督学习需要大量标记的数据，但在这个策略中，只需对一小部分被判定为异常的数据进行标记，大幅降低手动标记的工作量和成本。

6.5.2   根因分析的列表结构

定理 6.2 鸽笼原理

如果将 n 个物品放入 m 个容器，且 $n > m$，那么至少有一个容器会包含多于一个的物品。

鸽笼原理，也称鸽巢原理或抽屉原理，是组合数学中的一个基本原理。其名称源于一个生活中的比喻：如果你有多于 n 只鸽子要放入 n 个鸽巢（或抽屉）中，那么至少有一个鸽巢会包含两只或更多的鸽子。鸽笼原理在很多数学和计算机科学问题中都有应用，比如解决一些分配问题、求解最坏情况性能、证明某些结论的存在性等。

结论 6.1   鸽笼原理的推论

- 如果要把 n 个物品放入 m 个容器中，且每个容器至多容纳一个物品，那么如果 $n > km$，必然存在一个容器含有超过 k 个物品。
- 对于任何 k 个连续的正整数，总有一个可以被 k 整除。

示例 6.1   假设一个抽屉里面有 10 只袜子，5 只红色、5 只蓝色，现在房间很黑，你看不清楚颜色。你需要拿出多少只袜子才能保证拿到一双同色的袜子？

解   根据鸽笼原理，你只需要拿出 3 只袜子。原因是，每只袜子都可以是红色或蓝色的，所以拿出的第 3 只袜子一定与前面的至少一只袜子颜色相同（因为袜子只有两种颜色）。这就是鸽笼原理的应用。

对于所有的 $1 \leqslant i \leqslant n$ 和可加性指标 m 而言，有 $F(m,t) = \sum_{j=1}^{C_i} F_{ij}(m,t)$。如果汇聚之后的时间序列出现了异常，那么从直观上讲，肯定是汇聚之前的一些维度和元素所形成的时间序列出现了异常。

命题 6.4

对于可加性的指标 m 而言，所有的 $1 \leqslant i \leqslant n$ 满足：

(1) 如果时间序列 $F(m,t) = \sum_{j=1}^{C_i} F_{ij}(m,t)$ 在 $t = t_0$ 时刻出现了异常，那么必定存在至少一个 $1 \leqslant j \leqslant C_i$，使得 $F_{ij}(m,t)$ 在 $t = t_0$ 时刻异常。

(2) 反之，如果 $F(m,t) = \sum_{j=1}^{C_i} F_{ij}(m,t)$ 在 $t = t_0$ 时刻正常，那么 $F_{ij}(m,t)$ $(1 \leqslant j \leqslant C_i)$ 不一定正常。

♣

证明 (1) 由鸽笼原理可以直接得到结论。(2) 假设 $F(m,t) = F_{11}(m,t) + F_{12}(m,t)$，如果 $F_{11}(m,t)$ 在 $t = t_0$ 时刻上涨了 r，$F_{12}(m,t)$ 在 $t = t_0$ 时刻下降了 r，那么总量 $F(m,t)$ 在 $t = t_0$ 处没有异常，但是两个元素均出现了异常。例如，在业务的流量调度场景，需要把某地的在线服务数从机房 A 调度到机房 B，总体的在线服务数未发生变化，但是机房 A 和机房 B 都出现了在线服务数异常的情况。□

根据命题 6.4 的结论，可以得到基于时间序列异常检测算法的根因分析方法，如图 6.3 所示。因为每个维度汇聚之后的值都是总量，因此需要对每个维度进行分析和汇总，将多维根因分析问题转换成单维时间序列异常检测问题。

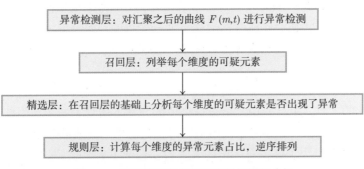

图 6.3 基于时间序列异常检测的根因分析

1. 异常检测层：基于一周前、昨天、今天共 3 个时间段的切片数据（例如，当前时刻的前后 3 小时数据），对汇聚之后的时间序列 $F(m,t)$ 做异常检测。通常检测算法可以使用控制图算法或有监督算法，这里使用的是控制图算法。

2. 召回层：对每个维度 i，列举可疑的元素集合。这一步需要尽可能地去掉不需要考虑的元素（例如，只考虑在异常时间段失败数大于 0 或者大于某个固定阈值的元素）。

3. 精选层：对每个维度 i，在召回层的基础上逐一分析该维度的哪些元素出现了异常，也就是说，可以对 $F_{ij}(m,t)$ 使用时间序列异常检测算法。如果第 j 个元素在这个时间段内出现了异常，那么就把维度 i 的第 j 个元素加入候选集合，逐一罗列。

4. 规则层：对每个维度 i，分析其中的每个异常元素，并且计算出异常元素的占比。在输出时，对异常元素的占比逆序排列即可。

算法 6-1　基于时间序列异常检测的根因分析（列表结构）

1: 参数：下界为 lower bound
2: 对 $\{F(m,t):t \geqslant 0\}$ 进行异常检测。如果 t_0 是 $\{F(m,t):t \geqslant 0\}$ 的异常点，则通过以下步骤进行根因分析：
3: **for** each $i \in \{1,2,\cdots,n\}$ **do**
4: 　计算集合 $\mathcal{C}_i = \{j \in \{1,2,\cdots,C_i\}:F_{ij}(m,t_0) \geqslant \min(1,\text{lower bound})\}$ ；
5: **end for**
6: **for** each $i \in \{1,2,\cdots,n\}$ **do**
7: 　令 $\text{Candidate}_i = \{\}$；
8: 　对所有的 $j \in \mathcal{C}_i$，判断 $\{F_{ij}(m,t):t \geqslant 0\}$ 在 t_0 处是否出现了异常；如果 $F_{ij}(m,t)$ 在 t_0 出现了异常，则把 j 放入 Candidate_i；
9: **end for**
10: 输出 $\text{Candidate} = \cup_{i=1}^{n}\text{Candidate}_i$。

对图 6.3 的详细分析如下。

1. 在分别对 $F(m,t)$ 和 $F_{ij}(m,t)$ 进行异常检测时，可以考虑使用同一种异常检测算法，因为子维度的曲线形状和整体曲线的形状可能是一致的。如果出现了不一致的情况，可以采用不同的时间序列异常检测算法。例如，失败数一般是突升突降型的，子维度也是这种类型的曲线。

2. 在召回层，只考虑失败数大于 0 的情况不一定适用于所有场景。因此，可以提前设置最终异常占比的下界，也就是说，低于这个值的元素不做列表展示，因此在召回层，可以提前过滤量少的元素。如果考虑失败数，可以只考虑"失败数 $\geqslant \max\{1,\text{lower bound}\}$"的元素，其中 1 是为了保证有一定的失败数，参数下界是比例的下界。

3. 在精选层，通常只考虑一段时间的数据（例如历史 3 小时），因此会出现该维度的时间序列出现了持续异常，但是无法分析出原因的情况。

4. 目前算法只能处理突升突降的平稳走势曲线，即控制图算法能够检测的范围。对于控制图算法无法解决的场景（例如高低峰走势的曲线），可以选择更合适的异常检测算法。

6.5.3　根因分析的树状结构

根因分析的结果既可以是列表结构，也可以是树状结构。这两种结构是等价的，可以在一定的条件下互相转化。具体细节在后续的章节中介绍，这里仅列出如何把列表结构改造成树状结构。伪代码如算法 6-2 所示，要点如下。

- n 表示维度的元素个数，也就是说，要递归计算 n 次。
- 规则列表（rule list）和 $F|_{\text{rule list}}$ 都表示数列，且长度一样，$F|_{\text{rule}}$ 表示原始数据在规则 rule 下的限制，二者之间是一一对应的。
- 每个规则形如 $[(1, E_{1j_1^{(1)}}), (2, E_{2j_1^{(2)}}), \cdots, (n, E_{nj_1^{(n)}})]$，而规则的列表形如 $[\text{rule}_1, \text{rule}_2, \cdots, \text{rule}_m]$。

算法 6-2 基于时间序列异常检测的根因分析（树状结构）

1: 递归解法如下所示。
2: 参数：下界为 lower bound，n 表示维度的个数。
3: 对 $\{F(m, t) : t \geqslant 0\}$ 进行异常检测。如果 t_0 是 $\{F(m, t) : t \geqslant 0\}$ 的异常点，则通过以下步骤进行根因分析。
4: **function** $f(i, \text{rule list}, F|_{\text{rule list}})$:
5: **if** $i == n + 1$ **then**
6:     return rule list
7: **else**
8:     令 rule list temp = [], $F|_{\text{rule list temp}}$ = [];
9:     计算集合 $\mathcal{C}_i = \{j \in \{1, 2, \cdots, C_i\} : F_{ij}(m, t_0) \geqslant \min(1, \text{lower bound})\}$;
10:     **for** each rule in rule list **do**
11:         对所有的 $j \in \mathcal{C}_i$，判断 $\{F_{ij}(m, t)|_{\text{rule}} : t \geqslant 0\}$ 在 t_0 处是否异常。如果异常，则 rule = rule $\cap$ (i, E_{ij}), rule $\rightarrow$ rule list temp, $F_{ij}(m, t)|_{\text{rule}} \rightarrow F|_{\text{rule list temp}}$。
12:     **end for**
13:     $f(i + 1, \text{rule list temp}, F|_{\text{rule list temp}})$。
14: **end if**
15: 令 rule list = [], $F|_{\text{rule list}}$ = F, 计算 $f(1, \text{rule list}, F|_{\text{rule list}})$ 即可。

6.6 基于熵的根因分析

6.6.1 熵的概念和性质

定义 6.8 熵

假设 X 是一个离散的概率空间，其元素分别是 $\{x_1, x_2, \cdots, x_n, \cdots\}$，对应的概率值是 $\{p_1, p_2, \cdots, p_n, \cdots\}$，$\sum\limits_{i=0}^{\infty} p_i = 1$ 且 $p_i \geqslant 0 (\forall i \geqslant 1)$。于是该系统的熵可以定义为

$$H(X) = -\sum_{i=1}^{\infty} p_i \ln p_i$$

命题 6.5 熵的性质

(1) 当 $p_i = 0$ 时，可以令 $p_i \ln p_i = 0$。

(2) 对于一个有 n 个元素的离散概率空间 X，有 $0 \leqslant H(X) \leqslant \ln(n)$。

证明 （1）根据洛必达法则可得：

$$\lim_{x \to 0^+} x \ln(x) = \lim_{y \to +\infty} \frac{\ln(1/y)}{y} = -\lim_{y \to +\infty} \frac{\ln(y)}{y} = -\lim_{y \to +\infty} \frac{1/y}{1} = 0$$

因此，当 $p_i = 0$ 时，定义 $p_i \ln p_i = 0$ 是合理的。

（2）由于 $H(X) = -\sum_{i=1}^{n} p_i \ln p_i$，而 $0 \leqslant p_i \leqslant 1$，因此 $\ln p_i \leqslant 0$，所以 $H(X) \geqslant 0$。另外，令 $g(x) = -x \ln(x)$，可以得到 $g'(x) = -(\ln(x) + 1)$ 且 $g''(x) = -1/x < 0$。因此，根据 Jensen 不等式可得：

$$\frac{1}{n} H(X) = \frac{1}{n} \sum_{i=1}^{n} (-p_i \ln p_i) = \frac{1}{n} \sum_{i=1}^{n} g(p_i) \leqslant g\left(\frac{1}{n} \sum_{i=1}^{n} p_i\right) = g\left(\frac{1}{n}\right) = -\frac{1}{n} \ln\left(\frac{1}{n}\right) = \frac{1}{n} \ln(n)$$

于是，$H(X) \leqslant \ln(n)$。 □

6.6.2　概率之间的距离

假设 $X = \{x_1, x_2, \cdots, x_n\}$ 是一个有 n 个元素的集合，有两个概率分布函数 $P = \{p_1, p_2, \cdots, p_n\}$ 和 $Q = \{q_1, q_2, \cdots, q_n\}$，那么可以定义这两个概率分布之间的差异性如下。

定义 6.9 KL 散度

对于两个概率分布 P 和 Q，从 Q 到 P 的 KL 散度可以定义为

$$\mathrm{KL}(P||Q) = \sum_{i=1}^{n} p_i \ln \frac{p_i}{q_i}$$

其中，$\mathrm{KL}_i(P||Q) = p_i \ln(p_i/q_i)$。

这里，当且仅当 $\forall 1 \leqslant i \leqslant n, q_i = 0 \Rightarrow p_i = 0$ 时，KL 散度才是定义好的（well defined）。如果 $p_i = 0$，那么 $p_i \ln(p_i/q_i)$ 可以定义为 0。根据 Jensen 不等式可得 $\mathrm{KL}(P||Q) \geqslant 0$。

定义 6.10 詹森-香农散度

对于两个概率分布 P 和 Q，它们之间的詹森-香农散度（Jensen Shannon Divergence，JSD）可以定义为

$$\mathrm{JSD}(P||Q) = \frac{1}{2}\Big(D_{\mathrm{KL}}(P||M) + D_{\mathrm{KL}}(Q||M)\Big)$$

其中，$M = (P+Q)/2$。♣

命题 6.6 KL 散度和 JSD 的性质

(1) 如果 KL 散度是定义好的，那么 $D_{\mathrm{KL}}(P||Q)] \geqslant 0$。
(2) $\mathrm{JSD}(P||Q) \geqslant 0$。♣

证明 （1）根据 KL 散度的定义可得：

$$\mathrm{KL}(P||Q) = \sum_{i=1}^{n} p_i \ln \frac{p_i}{q_i} = -\sum_{i=1}^{n} p_i \ln \frac{q_i}{p_i}$$

令 $g(x) = \ln(x)$，可以得到 $g'(x) = 1/x$，$g''(x) = -1/x^2 < 0$。于是，根据 Jensen 不等式可得：

$$\sum_{i=1}^{n} p_i \ln \frac{q_i}{p_i} \leqslant \ln\left(\sum_{i=1}^{n} p_i \frac{q_i}{p_i}\right) = \ln\left(\sum_{i=1}^{n} q_i\right) = 0$$

因此，$\mathrm{KL}(P||Q) = -\sum_{i=1}^{n} p_i \ln(q_i/p_i) \geqslant 0$。

（2）根据 JSD 的定义，令 $M = (P+Q)/2$，可得：

$$\mathrm{JSD}(P||Q) = D_{\mathrm{KL}}(P||M) + D_{\mathrm{KL}}(Q||M) \geqslant 0$$

示例 6.2 假设一个系统中有红、黄、蓝三种颜色的小球，每天小球的个数都在变化。请问在数学上有哪些统计指标可以衡量该系统前后两天的变化情况？

证明 红色、黄色、蓝色分别用 A, B, C 表示。

（**情形一**）假设第一天：$P = (p_A, p_B, p_C) = (1/3, 1/3, 1/3)$；第二天：$Q = (q_A, q_B, q_C) = (1/3, 1/3, 1/3)$。此时计算 P 和 Q 的 KL 散度、JSD、L^p 范数都是 0。

$$\mathrm{KL}(Q||P) = \mathrm{JSD}(Q||P) = 0$$

（**情形二**）假设第一天：$P = (p_A, p_B, p_C) = (1/3, 1/3, 1/3)$；第二天：$Q = (q_A, q_B, q_C) = (0, 1/3, 2/3)$。计算可得：

$$\text{KL}(Q\|P) = 0 + \frac{1}{3}\ln 1 + \frac{2}{3}\ln 2 = \frac{2}{3}\ln 2$$

但 $D_{\text{KL}}(P\|Q)$ 并不是定义好的。同时，$\text{KL}_{\text{A}}(Q\|P) = \text{KL}_{\text{B}}(Q\|P) = 0$ 且 $\text{KL}_{\text{C}}(Q\|P) > 0$，说明 Q 相对于 P 在蓝色球上面有变化，并且占比变大。下面来计算 $\text{JSD}(Q\|P) = \text{JSD}(P\|Q)$ 的值。

我们需要计算的是

$$\text{JSD}(P\|Q) = \frac{1}{2}\left(\text{KL}(P\|M) + \text{KL}(Q\|M)\right)$$

其中，M 是 P 和 Q 的均值分布，即

$$M = \frac{1}{2}(P + Q) = \left(\frac{1}{6}, \frac{1}{3}, \frac{1}{2}\right)$$

然后需要计算 $\text{KL}(P\|M)$ 和 $\text{KL}(Q\|M)$，分别是

$$\begin{aligned}
\text{KL}(P\|M) &= \sum P(i)\ln\left(\frac{P(i)}{M(i)}\right) \\
&= \frac{1}{3}\ln\left(\frac{1/3}{1/6}\right) + \frac{1}{3}\ln\left(\frac{1/3}{1/3}\right) + \frac{1}{3}\ln\left(\frac{1/3}{1/2}\right) \\
&= \frac{1}{3}\ln(2) + 0 - \frac{1}{3}\ln(3/2) \\
&= \frac{2}{3}\ln(2) - \frac{1}{3}\ln(3/2)
\end{aligned}$$

$$\begin{aligned}
\text{KL}(Q\|M) &= \sum Q(i)\ln\left(\frac{Q(i)}{M(i)}\right) \\
&= 0 + 0 + \frac{2}{3}\ln\left(\frac{2/3}{1/2}\right) \\
&= \frac{2}{3}\ln\left(\frac{4}{3}\right)
\end{aligned}$$

最后，计算 $\text{JSD}(P\|Q)$：

$$\begin{aligned}
\text{JSD}(P\|Q) &= \frac{1}{2}\left[\text{KL}(P\|M) + \text{KL}(Q\|M)\right] \\
&= \frac{1}{2}\left[\left(\frac{2}{3}\ln(2) - \frac{1}{3}\ln\left(\frac{3}{2}\right)\right) + \left(\frac{2}{3}\ln\left(\frac{4}{3}\right)\right)\right] \\
&= \frac{7}{6}\ln 2 - \frac{1}{2}\ln 3
\end{aligned}$$

（**情形三**）假设第一天：$P = (p_{\text{A}}, p_{\text{B}}, p_{\text{C}}) = (1/3, 1/3, 1/3)$；第二天：$Q = (q_{\text{A}}, q_{\text{B}}, q_{\text{C}}) = $

$(1/10, 2/5, 1/2)$。计算可得：

$$\mathrm{KL_A}(Q||P) = \frac{1}{10} \ln \frac{1/10}{1/3} = \frac{1}{10} \ln \frac{3}{10} < 0$$

$$\mathrm{KL_B}(Q||P) = \frac{2}{5} \ln \frac{2/5}{1/3} = \frac{2}{5} \ln \frac{6}{5}$$

$$\mathrm{KL_C}(Q||P) = \frac{1}{2} \ln \frac{1/2}{1/3} = \frac{1}{2} \ln \frac{3}{2}$$

通过 $\mathrm{KL_B}(Q||P) < \mathrm{KL_C}(Q||P)$ 可以得到，蓝色球的变化幅度大于黄色球的变化幅度。

同样，我们可以计算 JSD 中每个分量的值，例如 $\mathrm{JSD_B}(Q||P)$ 和 $\mathrm{JSD_C}(Q||P)$。首先可以计算出：

$$M = 1/2 \cdot (P + Q) = (1/5, 3/8, 5/12)$$

其次，可以计算出：

$$\begin{aligned}
\mathrm{JSD_B}(Q||P) &= \frac{1}{2}\left(\mathrm{KL}_B(P||M) + \mathrm{KL}_B(Q||M)\right) \\
&= \frac{1}{2}\left(\frac{1}{3}\ln\left(\frac{1/3}{3/8}\right) + \frac{2}{5}\ln\left(\frac{2/5}{3/8}\right)\right) \\
&= \frac{1}{2}\left(\frac{1}{3}\ln\left(\frac{8}{9}\right) + \frac{2}{5}\ln\left(\frac{16}{15}\right)\right) \\
\mathrm{JSD_C}(Q||P) &= \frac{1}{2}\left(\frac{1}{3}\ln\left(\frac{1/3}{5/12}\right) + \frac{1}{2}\ln\left(\frac{1/2}{5/12}\right)\right) \\
&= \frac{1}{2}\left(\frac{1}{3}\ln\left(\frac{4}{5}\right) + \frac{1}{2}\ln\left(\frac{6}{5}\right)\right)
\end{aligned}$$

通过计算可得 $\mathrm{JSD_B}(Q||P) < \mathrm{JSD_C}(Q||P)$。 $\square$

6.6.3 基于熵的根因分析方法

本节参考自文献 [33]，使用熵的方法来介绍多维时间序列中的根因分析算法。假设 m 是可加性指标，$\{F_{ij}(m,t) : t \geqslant 0\}, 1 \leqslant i \leqslant n, 1 \leqslant j \leqslant C_i$ 是汇聚之前的时间序列，并且 $F(m,t) = \sum\limits_{j=1}^{C_i} F_{ij}(m,t)$。维度 D_i 存在一个划分 $D_i = \{E_{i1}, E_{i2}, \cdots, E_{iC_i}\}$，$D = \{E_{i1}\} \cup \{E_{i2}\} \cup \cdots \cup \{E_{iC_i}\}$，并且

$$F(m,t) = \sum_{j=1}^{C_i} F_{ij}(m,t) \Rightarrow \sum_{j=1}^{C_i} \frac{F_{ij}(m,t)}{F(m,t)} = 1$$

定义 6.11

设 m 是可加性指标，对于每个维度 D_i（$1 \leqslant i \leqslant n$），它的概率分布可以定义为

$$P_i(m,t) = \Big(P_{i1}(m,t), P_{i2}(m,t), \cdots, P_{iC_i}(m,t) \Big)$$
$$= \left(\frac{F_{i1}(m,t)}{F(m,t)}, \frac{F_{i2}(m,t)}{F(m,t)}, \cdots, \frac{F_{iC_i}(m,t)}{F(m,t)} \right)$$

从定义上看，$P_i(m,t)$ 表示 $(E_{i1}, E_{i2}, \cdots, E_{iC_i})$ 的概率分布，并且随着时间的推移而变化，也就是说，这个概率分布是多维时间序列 $\{P_i(m,t) : t \geqslant 0\}$。

在正常情况下，如果时间序列没有出现异常，那么在 t_1 和 t_2（$t_1 < t_2$）两个不同的时刻，其概率分布 $P_i(m,t_1)$ 与 $P_i(m,t_2)$ 应该是近似的。也就是说，它们的 KL 散度、JSD 或 L^p 范数（其中 $p \in [1, +\infty]$）应该是相对小的。

命题 6.7

对于多维时间序列 $\{P_i(m,t) : t \geqslant 0\}$：

(1) 针对第 i 个维度，如果多维时间序列 $P_i(m,t_0)$ 相对于历史数据 $\{P_i(m,t), 0 \leqslant t < t_0\}$ 出现了变化，那么其元素必定出现了异常，但是整体时间序列 $F(m,t)$ 未必出现异常。

(2) 针对第 i 个维度，如果 $P_i(m,t_0)$ 相对于历史数据 $\{P_i(m,t), 0 \leqslant t < t_0\}$ 没有出现变化，不代表元素没有出现异常。

也就是说，该维度概率分布发生变化是该维度出现异常的充分条件，并不是必要条件。因此，可以使用概率分布的变化情况来反映某个维度是否出现异常。

证明　(1) 如果在时间戳 t_0 出现了异常或者故障，那么 $P_i(m,t_0)$ 相对于历史数据会出现变化，但是整体的时间序列 $F(m,t)$ 没有问题。(2) 假设 $t_0' < t_0$，并且 $F_{ij}(m,t_0) = 2F_{ij}(m,t_0')$ 对于所有的 $1 \leqslant j \leqslant C_i$ 都成立，则 $P_i(m,t_0) = P_i(m,t_0')$ 同样成立。　□

命题 6.8

对于多维时间序列 $\{P_i(m,t) : t \geqslant 0\}$，判断它是否存在异常的方法如下。

(1) 找到一个多维时间序列 $\{P_i(m,t) : t \geqslant 0\}$ 正常的时刻 t_0'，如果要判断 $P_i(m,t)$ 在 $t_0 > t_0'$ 时刻是否出现了异常，可以查看两个概率分布 $P_i(m,t_0)$ 和 $P_i(m,t_0')$ 的 KL 散度、JSD 和 L^p 范数等度量指标。如果指标大于某个阈值，说明 D_i 维度在 t_0 时刻出现了异常，并且肯定存在 $1 \leqslant j_0 \leqslant C_i$，使得 E_{ij_0} 是该维度异常的元素。也可以通过 KL 散度、JSD 和 L^p 范数的分量来判断哪些元素出现了异常。

(2) 如果要判断 $P_i(m,t)$ 在时间戳 t_0 是否出现了异常，可以使用时间序列异常检测的

方法，也就是查看整段的时间序列 $\{P_i(m,t) : 0 \leqslant t \leqslant t_0\}$ 在 t_0 时刻是否出现了异常。这里可以使用 3-Sigma 控制图算法、移动平均控制图算法、EWMA 控制图算法、高维控制图算法等。

定义 6.12 一些数学符号的定义

假设 $t_1 < t_2$，对于所有的 $1 \leqslant i \leqslant n$，$1 \leqslant j \leqslant C_i$，令

$$\mathrm{EP}_{ij}(m,t_1,t_2) = \frac{F_{ij}(m,t_2) - F_{ij}(m,t_1)}{F(m,t_2) - F(m,t_1)}$$

$$\mathrm{EP}_i(m,t_1,t_2) = \Big(\mathrm{EP}_{i1}(m,t_1,t_2), \mathrm{EP}_{i2}(m,t_1,t_2), \cdots, \mathrm{EP}_{iC_i}(m,t_1,t_2)\Big)$$

$$\mathrm{KL}_{ij}(m,t_1,t_2) = P_{ij}(m,t_2) \ln\left(\frac{P_{ij}(m,t_2)}{P_{ij}(m,t_1)}\right)$$

$$\mathrm{KL}_i(m,t_1,t_2) = \Big(\mathrm{KL}_{i1}(m,t_1,t_2), \mathrm{KL}_{i2}(m,t_1,t_2), \cdots, \mathrm{KL}_{iC_i}(m,t_1,t_2)\Big)$$

$$\mathrm{JSD}_{ij}(m,t_1,t_2) = \frac{1}{2}\left\{ P_{ij}(m,t_2) \ln\left(\frac{2P_{ij}(m,t_2)}{P_{ij}(m,t_2) + P_{ij}(m,t_1)}\right) \right.$$
$$\left. + P_{ij}(m,t_2) \ln\left(\frac{2P_{ij}(m,t_2)}{P_{ij}(m,t_2) + P_{ij}(m,t_1)}\right) \right\}$$

$$\mathrm{JSD}_i(m,t_1,t_2) = \Big(\mathrm{JSD}_{i1}(m,t_1,t_2), \mathrm{JSD}_{i2}(m,t_1,t_2), \cdots, \mathrm{JSD}_{iC_i}(m,t_1,t_2)\Big)$$

$$L_{ij}(m,t_1,t_2) = |P_{ij}(m,t_2) - P_{ij}(m,t_1)|$$

$$L_i(m,t_1,t_2) = (L_{i1}(m,t_1,t_2), L_{i2}(m,t_1,t_2), \cdots, L_{iC_i}(m,t_1,t_2))$$

从定义上看，$\mathrm{EP}_i(m,t_1,t_2)$ 表示元素 $(E_{i1}, E_{i2}, \cdots, E_{iC_i})$ 在两个时间戳 t_1 和 t_2 上的变化情况。

命题 6.9

如果 $t_1 < t_2$，那么：

(1) $P_i(m,t_1) = P_i(m,t_2) \Leftrightarrow \mathrm{EP}_i(m,t_1,t_2) = P_i(m,t_1)$。

(2) $\forall 1 \leqslant i \leqslant n$，$\displaystyle\sum_{j=1}^{C_i} \mathrm{EP}_{ij}(m,t_1,t_2) = 1$。

(3) 如果 $\mathrm{EP}_{ij}(m,t_1,t_2) < 0$，表示元素 E_{ij} 的变化方向与整体的变化方向相反；如果 $\mathrm{EP}_{ij}(m,t_1,t_2) > 0$，表示元素 E_{ij} 的变化方向与整体的变化方向相同；如果 $\mathrm{EP}_{ij}(m,t_1,t_2) = 0$，表示元素 E_{ij} 在两个时间戳 t_1 和 t_2 上没有变化。

> (4) 如果 $\mathrm{EP}_{ij}(m, t_1, t_2) > 1$，表示元素 E_{ij} 的变化程度大于整体的变化程度。 ♣

证明 (1) 通过等比性质可得：

$$P_i(m, t_1) = P_i(m, t_2)$$

$$\Leftrightarrow \frac{F_{ij}(m, t_1)}{F(m, t_1)} = \frac{F_{ij}(m, t_2)}{F(m, t_2)}, \forall 1 \leqslant j \leqslant C_i$$

$$\Leftrightarrow \frac{F_{ij}(m, t_1)}{F(m, t_1)} = \frac{F_{ij}(m, t_2) - F_{ij}(m, t_1)}{F(m, t_2) - F(m, t_1)}, \forall 1 \leqslant j \leqslant C_i$$

$$\Leftrightarrow P_i(t_1) = \mathrm{EP}_i(m, t_1, t_2)$$

(2) 由于 $F(m, t) = \sum\limits_{j=1}^{C_i} F_{ij}(m, t)$，则有

$$F(m, t_2) - F(m, t_1) = \sum_{j=1}^{C_i} (F_{ij}(m, t_2) - F_{ij}(m, t_1))$$

$$\Rightarrow \sum_{j=1}^{C_i} E_{ij}(m, t_1, t_2) = \sum_{j=1}^{C_i} \frac{F_{ij}(m, t_2) - F_{ij}(m, t_1)}{F(m, t_2) - F(m, t_1)} = 1$$

对所有的维度 $1 \leqslant i \leqslant n$ 都成立。

(3) $\mathrm{EP}_{ij}(m, t_1, t_2) < 0 \Leftrightarrow (F_{ij}(m, t_2) - F_{ij}(m, t_1)) \cdot (F(m, t_2) - F(m, t_1)) < 0$ 表示变化方向相反。 □

在对 $F(m, t)$ 进行根因分析时，通常有两种方式来选择时间切片。

1. 时间点的选择：正常时间点和异常时间点。

2. 时间段的选择：正常时间段和异常时间段。

选择两个时间点，分别表示正常时间点和异常时间点。不妨假设 $F(m, t)$ 在 t_1 时刻正常、t_2 时刻异常，那么可以令 $B(m) = F(m, t_1)$、$A(m) = F(m, t_2)$，于是每个维度的元素的指标为 $B_{ij}(m) = F_{ij}(m, t_1)$、$A_{ij}(m) = F_{ij}(m, t_2)$。从而，

$$B(m) = \sum_{j=1}^{C_i} B_{ij}(m) = \sum_{j=1}^{C_i} F_{ij}(m, t_1) = F(m, t_1)$$

$$A(m) = \sum_{j=1}^{C_i} A_{ij}(m) = \sum_{j=1}^{C_i} F_{ij}(m, t_2) = F(m, t_2)$$

选择前后两个时间段，分别表示正常时间段和异常时间段。不妨假设 $[t_{11}, t_{12}]$ 表示正常

时间段、$[t_{21}, t_{22}]$ 表示异常时间段，于是每个维度的元素指标可以通过取均值的方式获得：

$$B_{ij}(m) = \frac{\sum\limits_{t=t_{11}}^{t_{12}} F_{ij}(m,t)}{t_{12} - t_{11} + 1}$$

$$A_{ij}(m) = \frac{\sum\limits_{t=t_{21}}^{t_{22}} F_{ij}(m,t)}{t_{22} - t_{21} + 1}$$

从而，

$$B(m) = \sum_{j=1}^{C_i} B_{ij}(m) = \frac{\sum\limits_{j=1}^{C_i} \sum\limits_{t=t_{11}}^{t_{12}} F_{ij}(m,t)}{t_{12} - t_{11} + 1} = \frac{\sum\limits_{t=t_{11}}^{t_{12}} F(m,t)}{t_{12} - t_{11} + 1}$$

$$A(m) = \sum_{j=1}^{C_i} A_{ij}(m) = \frac{\sum\limits_{j=1}^{C_i} \sum\limits_{t=t_{21}}^{t_{12}} F_{ij}(m,t)}{t_{22} - t_{21} + 1} = \frac{\sum\limits_{t=t_{21}}^{t_{22}} F(m,t)}{t_{22} - t_{21} + 1}$$

当对每个维度的元素指标取均值时，就等价于对汇总后的时间序列在整个时间段取均值。

1. 在取均值时，除以时间窗窗口长度的意义在于，由于正常时间段和异常时间段的窗口长度不一致，因此 $B(m)$ 和 $A(m)$ 的量级可能不一样，除以时间窗窗口长度可以将二者压缩到一个量级上。但是如果 $t_{12} - t_{11} = t_{22} - t_{21}$，则可以不进行除法操作。

2. 当 $t_{12} = t_{11}$ 和 $t_{22} = t_{21}$ 时，时间窗就坍缩成一个时间点，在这种情况下，上述两种方法等价。

3. 除了同时选择时间段和时间点，也可以一个选择时间段，另一个选择时间点。例如，正常范围选择正常时间段，异常范围选择异常时间点。

在文献 [32] 中，从两个维度来判断哪些元素出现了问题，一个是量值的变化程度，另一个是概率的变化程度。量值的变化程度可以用 EP 表示，概率的变化程度可以用 KL 散度或 JSD 表示。其大致思路是：由于每个维度汇聚之后的值都是总量，因此需要对每个维度进行分析，最后在每个维度中推选出三个候选集。对每个维度 i 执行同样的操作步骤，具体如下。

1. 计算维度 D_i 的每个元素的 JSD 值。

2. 对 JSD 值进行逆序排列。

3. 把高于 EP 阈值（T_{EEP}）的元素收集起来，同时累加 EP 和 JSD 的值。

4. 当维度 D_i 中的候选集元素的 EP 值高于阈值（T_{EP}）时，收集完毕，退出循环。

对每个维度 D_i 执行完同样的操作之后，列举出来即可。以上过程即为基于熵的根因分析，如图 6.4 所示。

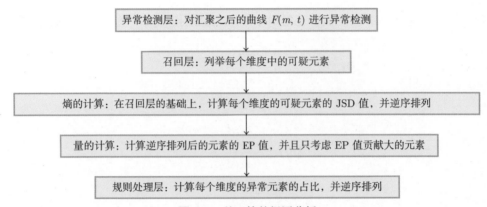

图 6.4　基于熵的根因分析

这里选择 JSD 而不选择 KL 散度的原因是，KL 散度未必是定义好的，而 JSD 是定义好的，并且是对称的。以上算法执行后的结果是列表结构，也就是说把每个维度的异常元素都列举出来了，而没有考虑维度和维度之间的组合，如算法 6-3 所示。

算法 6-3　基于熵的根因分析（列表结构）

1: 参数：下界为 lower bound，T_{EP}，T_{EEP}。
2: 对 $\{F(m,t) : t \geqslant 0\}$ 进行异常检测。如果 $[t_{11}, t_{12}]$ 是 $\{F(m,t) : t \geqslant 0\}$ 的正常时间段，并且 $[t_{21}, t_{22}]$ 是 $\{F(m,t) : t \geqslant 0\}$ 的异常时间段，则执行以下步骤进行根因分析。
3: 根据公式计算出 $B(m)$ 和 $A(m)$，并且对于所有的 $1 \leqslant i \leqslant n$，$1 \leqslant j \leqslant C_i$ 计算出 $B_{ij}(m)$ 和 $A_{ij}(m)$。
4: Candidate $= \emptyset$。
5: **for** each $i \in \{1, 2, \cdots, n\}$ **do**
6: 　　计算集合 $\mathcal{C}_i = \{j \in \{1, 2, \cdots, C_i\} : F_{ij}(m, t_0) \geqslant \max(1, \text{lower bound})\}$ 或者 $\mathcal{C}_i = \{j \in \{1, 2, \cdots, C_i\} : \sum_{t=t_{21}}^{t_{22}} F_{ij}(m, t) \geqslant \max(1, \text{lower bound})\}$。
7: **end for**
8: **for** each $i \in \{1, 2, \cdots, n\}$ **do**
9: 　　令 Candidate$_i = \{\}$，$\text{EP}_i = 0$；
10: 　　对所有的 $j \in \mathcal{C}_i$，计算 JSD$_{ij}$ 并且对它进行逆序排列，也就是 $L_i = \text{SortDecend}(\text{JSD}_{ij})_{j \in \mathcal{C}_i}$。
11: 　　**for** each $j \in L_i$ **do**
12: 　　　　$\text{EP}_{ij}(m) = (A_{ij}(m) - B_{ij}(m))/(A(m) - B(m))$
13: 　　　　**if** $\text{EP}_{ij}(m) \geqslant T_{EEP}$ **then**
14: 　　　　　　$\text{EP}_i(m) += \text{EP}_{ij}(m)$，$E_{ij} \rightarrow$ Candidate$_i$；
15: 　　　　**end if**
16: 　　　　**if** $\text{EP}_i(m) \geqslant T_{EP}$ **then**
17: 　　　　　　Candidate $=$ Candidate $\cup$ Candidate$_i$。
18: 　　　　**end if**
19: 　　**end for**
20: **end for**
21: 输出 Candidate $= \cup_{i=1}^{n}$ Candidate$_i$。

上述算法存在一定的改进空间，通过命题 6.8 可知，除了使用 JSD 来判断是否存在异常，还可以使用 KL 散度和 L^p 范数，甚至可以使用时间序列异常检测。下面来看一个特殊的例子。

示例 6.3 假设 $t_1 < t_2$，t_1 是正常时刻。在维度 D_i $(1 \leqslant i \leqslant n)$ 上存在 $j_0 \in [1, C_i]$，使得

$$F_{ij_0}(m, t_2) = F_{ij_0}(m, t_1) + r$$
$$F_{ij}(m, t_2) = F_{ij}(m, t_1), j \neq j_0, 1 \leqslant j \leqslant C_i$$

这里 r 是常数。于是，使用 KL 散度、JSD、L^p 范数或者其余的评价指标、时间序列异常检测算法，都能看出问题。

证明 不管是使用 KL 散度、JSD，还是 L^p 范数，都是为了判断下面两个概率分布中的哪些元素出现了异常。

$$P_i(m, t_1) = (P_{i1}(m, t_1), P_{i2}(m, t_1), \cdots, P_{iC_i}(m, t_1))$$
$$P_i(m, t_2) = (P_{i1}(m, t_2), P_{i2}(m, t_2), \cdots, P_{iC_i}(m, t_2))$$

在本例中，我们期望当 $j \neq j_0$ 且 r 很大时：

- $\mathrm{KL}_{ij_0}(m, t_1, t_2)$ 与 $\mathrm{KL}_{ij}(m, t_1, t_2)$ 不一样；
- $\mathrm{JSD}_{ij_0}(m, t_1, t_2)$ 与 $\mathrm{JSD}_{ij}(m, t_1, t_2)$ 不一样；
- $L_{ij_0}(m, t_1, t_2)$ 与 $L_{ij}(m, t_1, t_2)$ 不一样。 $\square$

在这种假设下，

$$
\begin{aligned}
F(m, t_2) &= \sum_{j=1}^{C_i} F_{ij}(m, t_2) \\
&= \sum_{j \neq j_0} F_{ij}(m, t_2) + F_{ij_0}(m, t_2) \\
&= \sum_{j \neq j_0} F_{ij}(m, t_1) + (F_{ij_0}(m, t_1) + r) \\
&= F(m, t_1) + r
\end{aligned}
$$

首先计算 KL 散度

$$
\begin{aligned}
\mathrm{KL}_{ij_0}(m, t_1, t_2) &= P_{ij_0}(m, t_2) \cdot \ln\left(\frac{P_{ij_0}(m, t_2)}{P_{ij_0}(m, t_1)}\right) \\
&= \frac{F_{ij_0}(m, t_1) + r}{F(m, t_1) + r} \cdot \ln\left(\frac{F_{ij_0}(m, t_1) + r}{F(m, t_1) + r} \Big/ \frac{F_{ij_0}(m, t_1)}{F(m, t_1)}\right) \\
\mathrm{KL}_{ij}(m, t_1, t_2) &= P_{ij}(m, t_2) \cdot \ln\left(\frac{P_{ij}(m, t_2)}{P_{ij}(m, t_1)}\right)
\end{aligned}
$$

$$= \frac{F_{ij}(m,t_1)}{F(m,t_1)+r} \cdot \ln\left(\frac{F_{ij}(m,t_1)}{F(m,t_1)+r} \Big/ \frac{F_{ij}(m,t_1)}{F(m,t_1)}\right)$$

$$= \frac{F_{ij}(m,t_1)}{F(m,t_1)+r} \cdot \ln\left(\frac{F(m,t_1)}{F(m,t_1)+r}\right)$$

于是，

$$\mathrm{KL}_{ij_0}(m,t_1,t_2) = \begin{cases} >0, & r>0 \\ <0, & r<0 \\ =0, & r=0 \end{cases}$$

$$\mathrm{KL}_{ij}(m,t_1,t_2) = \begin{cases} <0, & r>0 \\ >0, & r<0 \\ =0, & r=0 \end{cases}$$

如果只有一个维度的元素出现了变化（上涨或者下跌），那么 KL 散度的变化情况不一样。因此，在基于熵的根因分析中，对 KL 散度进行逆序排列不一定合适，需要考虑指标异常是上涨还是下跌。当只考虑 $r>0$ 的情形时，对 KL 散度进行逆序排列是合适的。在基于熵的根因分析中，如果只考虑指标上涨的情况，那么把 JSD 换成 KL 散度是合适的。

其次计算 JSD 的值，因为

$$P_{ij}(m,t_1) = \frac{F_{ij}(m,t_1)}{F(m,t_1)}$$

$$P_{ij}(m,t_2) = \frac{F_{ij}(m,t_2)}{F(m,t_2)}$$

因此，

$$\lim_{r\to+\infty} P_{ij_0}(m,t_2) = \lim_{r\to+\infty} \frac{F_{ij_0}(m,t_1)+r}{F(m,t_1)+r} = 1$$

$$\lim_{r\to+\infty} P_{ij}(m,t_2) = \lim_{r\to+\infty} \frac{F_{ij}(m,t_1)}{F(m,t_1)+r} = 0, \quad j\neq j_0$$

可得：

$$\lim_{r\to+\infty} \mathrm{JSD}_{ij_0}(m,t_1,t_2) = \frac{1}{2}\left(P_{ij_0}(m,t_1)\cdot\ln\frac{2P_{ij_0}(m,t_1)}{P_{ij_0}(m,t_1)+1} + \ln\frac{2}{P_{ij_0}(m,t_1)+1}\right)$$

$$\lim_{r\to+\infty} \mathrm{JSD}_{ij}(m,t_1,t_2) = \frac{1}{2}P_{ij}(m,t_1)\ln 2, \quad j\neq j_0$$

通过计算可以得到，$x \in [0,1]$ 的 JSD 值为

$$g(x) = \frac{1}{2}\left(x \ln \frac{2x}{x+1} + \ln \frac{2}{x+1}\right)$$

$$g'(x) = \frac{1}{2}\left(\ln 2 - \ln \frac{x+1}{x}\right)$$

因此，$g(x)$ 是 $[0,1]$ 上的减函数，且

$$0 = g(1) \leqslant g(x) \leqslant g(0) = \frac{\ln 2}{2}$$

令

$$\delta = \max_{1 \leqslant j \leqslant C_i} \frac{F_{ij}(m, t_1)}{F(m, t_1)}$$

并且 δ_0 是 $[0,1]$ 上的递减函数 $h(x)$ 的零点：

$$h(x) = \frac{1}{2}\left(x \ln \frac{2x}{x+1} + \ln \frac{2}{x+1}\right) - \frac{1}{2}x \ln 2 = g(x) - \frac{1}{2}x \ln 2$$

即 $h(\delta_0) = 0$，$\delta_0 \approx 0.293$。

如果 $\delta \leqslant \delta_0$，则

$$\begin{aligned}
\lim_{r \to +\infty} \mathrm{JSD}_{ij_0}(m, t_1, t_2) &= g(P_{ij_0}(m, t_1)) \\
&\geqslant g(\delta) \\
&= h(\delta) + \frac{1}{2}\delta \ln 2 \\
&> h(\delta_0) + \frac{1}{2}P_{ij}(m, t_1) \ln 2 \\
&= \frac{1}{2}P_{ij}(m, t_2) \ln 2 \\
&= \lim_{r \to +\infty} \mathrm{JSD}_{ij}(m, t_1, t_2), \quad j \neq j_0
\end{aligned}$$

因此，在 $\delta \leqslant \delta_0$ 的情况下，将 JSD 值逆序排列会把元素 E_{ij_0} 排在第一位。

如果 $\delta > \delta_0 \approx 0.293$，由于概率总和是 1，则最多存在三个候选项使得 $P_{ij}(m, t_1) > \delta_0$。因此，在对 JSD 值逆序排列时，$E_{ij_0}$ 至少可以排在第四位。在该算法内部，除了 JSD，还考虑了 EP 的指标，在这个假设下，有

$$\begin{aligned}
\mathrm{EP}_{ij_0}(m, t_1, t_2) &= 1, \\
\mathrm{EP}_{ij}(m, t_1, t_2) &= 0, \quad j \neq j_0
\end{aligned}$$

再次，考虑 L^1 范数的情况：

$$
\lim_{r \to +\infty} L_{ij_0}(m, t_1, t_2) = \lim_{r \to +\infty} |P_{ij_0}(m, t_2) - P_{ij_0}(m, t_1)|
$$

$$
= 1 - P_{ij_0}(m, t_1)
$$

$$
= 1 - \frac{F_{ij_0}(m, t_1)}{F(m, t)}
$$

$$
= \sum_{j \neq j_0} \frac{F_{ij}(m, t_1)}{F(m, t)}
$$

$$
\lim_{r \to +\infty} L_{ij}(m, t_1, t_2) = \lim_{r \to +\infty} |P_{ij}(m, t_2) - P_{ij}(m, t_1)|
$$

$$
= P_{ij}(m, t_1)
$$

$$
= \frac{F_{ij}(m, t_1)}{F(m, t_1)}, \quad j \neq j_0
$$

于是，$\displaystyle\lim_{r \to +\infty} L_{ij_0}(m, t_1, t_2) > \lim_{r \to +\infty} L_{ij}(m, t_1, t_2)$，$j \neq j_0$。因此，使用 L^1 范数是合理的，这里可以把 JSD 换成 L^1 范数。

最后，考虑时间序列异常检测算法，可以令 r 趋于正无穷，于是

$$
\lim_{r \to +\infty} P_{ij_0}(m, t_2) = \lim_{r \to +\infty} \frac{F_{ij}(m, t_1) + r}{F(m, t_1) + r} = 1,
$$

$$
\lim_{r \to +\infty} P_{ij}(m, t_2) = \lim_{r \to +\infty} \frac{F_{ij}(m, t_1)}{F(m, t_1) + r} = 0, j \neq j_0
$$

也就是说，当 $r > 0$ 充分大时，$P_{ij_0}(m, t_2)$ 一定会上涨，并且趋于概率的最大值 1；其余的 $P_{ij}(m, t_2)$ 趋于 0（$j \neq j_0$）。于是，对多维时间序列 $\{P_i(m, t) : t \geqslant 0\}$ 应用时间序列异常检测算法是合理的。因此，这里也可以把 JSD 部分换成时间序列异常检测算法。时间序列异常检测算法既可以做排序，也可以判断序列异常与否。也就是说，在基于时间序列异常检测算法的根因分析中，是对 $(F_{i1}(m, t), F_{i2}(m, t), \cdots, F_{iC_i}(m, t))$ 做时间序列异常检测，而这里是对概率分布

$$
P_i(m, t) = \left(\frac{F_{i1}(m, t)}{F(m, t)}, \frac{F_{i2}(m, t)}{F(m, t)}, \cdots, \frac{F_{iC_i}(m, t)}{F(m, t)} \right)
$$

做异常检测。KL 散度和 JSD 是从时间切片的角度来判断异常，时间序列异常检测算法是从整体的时间序列走势上来判断。

基于时间序列异常检测算法的根因分析和基于熵的根因分析的对比如表 6.10 所示。

表 6.10 基于时间序列异常检测算法的根因分析和基于熵的根因分析的对比

比较维度	基于时间序列异常检测的根因分析	基于熵的根因分析
结构	树状结构和列表结构均可	树状结构和列表结构均可
量值	考虑	考虑
元素差异性	单维时间序列异常检测算法	概率分布的变化情况
时间序列	整段时间序列	时间序列的切片数据

6.7 基于树模型的根因分析

无论用哪种根因分析算法，最重要的一点就是算法的可解释性，因为根因分析的规则最终需要让运维人员理解。如果算法产生推荐结果的原因过于复杂，导致运维人员无法理解，那么算法就失去了意义。基于以上事实，需要在机器学习的各个算法中选择出一个可解释性较强的模型进行根因分析。因此，可解释性强的决策树算法可以应用在根因分析领域。

将决策树应用在智能运维的根因分析中，可以参考文献 [34]。该论文的目标是在运维过程中，发现高搜索响应时间之后，使用机器学习算法进行根因定位，也就是发现导致异常的原因和规则。

6.7.1 特征工程和样本

在多维分析的场景下，维度会有省份、城市、运营商、返回码等内容，而其中的元素以离散型居多，也就是 ×× 省、×× 市、×× 运营商、×× 返回码等。在这种情况下，若要使用机器学习，就需要进行独热编码（one-hot）的特征工程变换。例如，假设第 i 个维度 D_i 的元素包括 $\{E_{i1}, E_{i2}, \cdots, E_{iC_i}\}$，通常要将特征离散化，才能使用机器学习模型。也就是说，把 D_i 维度拆成 $E_{i1} \in D_i, E_{i2} \in D_i, \cdots, E_{iC_i} \in D_i$ 这样的 C_i 个特征。如果当前的流水在 D_i 维度上是元素 E_{ij} $(1 \leqslant j \leqslant C_i)$，那么特征 $E_{ij} \in D_i$ 的取值就是 1，其余的 $E_{ij} \in D_i$ $1 \leqslant j \leqslant C_i, j \neq i$ 的取值是 0。在这种情况下，一个维度被拆成多个特征，并且每个特征的取值只有 0 和 1。

在机器学习中，如果要使用决策树算法，同样需要有样本。如果监控的指标是成功率，那么肯定通过成功数和失败数计算而来。于是，成功的数据就可以作为正常样本，失败的数据作为异常样本。通过对指标和维度进行整理，就可以得到以特征和样本标记的数据。

6.7.2 决策树算法

在决策树算法中，构造了样本和特征后，可以将其输入决策树模型。决策树模型通常有以下三种选择，分别是 ID3、C4.5 和 CART。

决策树形成分支的依据主要是信息增益、信息增益率或 Gini 系数。同时，因为决策树很有可能存在过拟合，所以需要去除分支，去除分支的手段包括前剪枝和后剪枝。

在构建了决策树模型之后，可以根据异常样本在叶子节点的聚集程度来判断其是否为关键的叶子节点。这里可以考虑以下几个指标。

- 异常聚集率：叶子节点的异常样本数量除以叶子节点的样本总量。
- 异常检出率：叶子节点的异常样本数量除以所有样本总量。
- F1-Score：以上两者的 F1-Score。

通过对所有的叶子节点进行计算，可以得到叶子节点的排序，然后选择出 Top N 异常的叶子节点，接着把从根节点到这些叶子节点的路径打印出来，得到根因分析的规则集合，最后对规则进行必要的排序即可。

6.8　规则学习

6.8.1　根因分析的列表结构

通常来说，基于高维时间序列所得到的根因分析有两种形式，一种是列表结构，逐一列举每个维度的异常元素，然后全部推荐出来；另一种是树状结构，整个结构是一个树状结构，每个分支就是一个规则，对规则集按照某种顺序进行排列。

假设在一次根因分析中，对于 $1 \leqslant i \leqslant n$，维度 D_i 的可疑元素是 $\{E_{ij_1^{(i)}}, E_{ij_2^{(i)}}, \cdots, E_{ij_{k_i}^{(i)}}\}$，其中 $\{j_1^{(i)}, j_2^{(i)}, \cdots, j_{k_i}^{(i)}\}$ 是 $\{1, 2, \cdots, C_i\}$ 的子集，那么其根因分析的最终结果为

$$\text{rule} = \{E_{1j} \in \{E_{1j_1^{(1)}}, E_{1j_1^{(1)}}, \cdots, E_{1j_{k_i}^{(1)}}\}\}$$

$$\bigcap \{E_{2j} \in \{E_{2j_1^{(2)}}, E_{2j_2^{(2)}}, \cdots, E_{2j_{k_i}^{(2)}}\}\}$$

$$\cdots$$

$$\bigcap \{E_{nj} \in \{E_{nj_1^{(n)}}, E_{nj_2^{(n)}}, \cdots, E_{nj_{k_i}^{(n)}}\}\}$$

其中 $E_{ij}(1 \leqslant j \leqslant C_i)$ 是维度 D_i 的所有元素。

由于列表结构的规则没有关注维度与维度之间的关系，而倾向于分析每个维度本身的性质，因此列表结构的排序一般对每个维度的所有可疑元素进行分析，然后根据占比（例如失败数的占比、卡顿数的占比）逆序排列，也就是把最异常的元素放在首位，然后逐一列举。列表结构的规则通常只能展示一条异常的时间序列，即把总的时间序列分成两个部分，一个是在规则下的时间序列，另一个是剩余项。根因分析的列表结构如表 6.11 所示。

表 6.11　根因分析的列表结构

维度	可疑元素
D_1	$E_{1j_1^{(1)}}, E_{1j_2^{(1)}}, \cdots, E_{1j_{k_1}^{(1)}}$
D_2	$E_{2j_1^{(2)}}, E_{2j_2^{(2)}}, \cdots, E_{2j_{k_2}^{(2)}}$
$\cdots$	$\cdots$
D_n	$E_{nj_1^{(n)}}, E_{nj_2^{(n)}}, \cdots, E_{nj_{k_n}^{(n)}}$

如果要查看列表结构的维度之间的关系，可以考虑对某个维度进行切分，目的是进一步辅助定位。假设在列表中，维度 D_1 的可疑元素是 $E_{1j_1^{(1)}}, E_{1j_2^{(1)}}, \cdots, E_{1j_{k_1}^{(1)}}$，那么规则可以拆分为

$$\text{rule} = \{D_1 : E_{1j_1^{(1)}}, D_2 : E_{2j_1^{(2)}}, \cdots, D_n : E_{nj_1^{(n)}}, \cdots\}$$

$$\bigcup \{D_1 : E_{1j_2^{(1)}}, D_2 : E_{2j_2^{(2)}}, \cdots, D_n : E_{nj_2^{(n)}}, \cdots\}$$

$$\cdots$$

$$\bigcup \{D_1 : E_{1j_{k_1}^{(1)}}, D_2 : E_{2j_{k_2}^{(2)}}, \cdots, D_n : E_{nj_{k_n}^{(n)}}, \cdots\}$$

这样可以看到某个维度与其他维度之间的关系，例如接口与 ID 的关系、省份与 ID 的关系等。

6.8.2　根因分析的树状结构

通常来说，树状结构可以通过列表结构转换而来，根据数学公式：

$$(A_1 \cup A_2 \cup \cdots \cup A_n) \cap B = (A_1 \cap B) \cup (A_2 \cap B) \cup \cdots \cup (A_n \cap B)$$
$$(A_1 \cap A_2 \cap \cdots \cap A_n) \cup B = (A_1 \cup B) \cap (A_2 \cup B) \cap \cdots \cap (A_n \cup B)$$

可以把规则

$$\text{rule} = \{E_{1j} \in \{E_{1j_1^{(1)}}, E_{1j_2^{(1)}}, \cdots, E_{1j_{k_1}^{(1)}}\}\}$$

$$\bigcap \{E_{2j} \in \{E_{2j_1^{(2)}}, E_{2j_2^{(2)}}, \cdots, E_{2j_{k_2}^{(2)}}\}\}$$

$$\cdots$$

$$\bigcap \{E_{nj} \in \{E_{nj_1^{(n)}}, E_{nj_2^{(n)}}, \cdots, E_{nj_{k_n}^{(n)}}\}\}$$

转换成

$$\text{rule} = \{\{E_{1j} = E_{1j_1^{(1)}}\} \cap \{E_{2j} = E_{2j_1^{(2)}}\} \cap \cdots \cap \{E_{nj} = E_{nj_1^{(n)}}\}\}$$

$$\bigcup \{\{E_{1j} = E_{1j_2^{(1)}}\} \cap \{E_{2j} = E_{2j_2^{(2)}}\} \cap \cdots \cap \{E_{nj} = E_{nj_2^{(n)}}\}\}$$

$$\cdots$$

$$\bigcup \{\{E_{1j} = E_{1j_{k_1}^{(1)}}\} \cap \{E_{2j} = E_{2j_{k_2}^{(2)}}\} \cap \cdots \cap \{E_{nj} = E_{nj_{k_n}^{(n)}}\}\}$$

也就是把 rule 拆成 $\text{rule} = \text{rule}_1 \cup \text{rule}_2 \cup \cdots \cup \text{rule}_n$ 的形式。在列表结构的规则下，rule 是多张表格横排的格式。

示例 6.4　从列表结构到树状结构的转换。例如，$(E_{11} \cup E_{12}) \cap (E_{21} \cup E_{22} \cup E_{23})$ 作为列表结构可以写为

$$(E_{11} \cup E_{12}) \cap (E_{21} \cup E_{22} \cup E_{23})$$
$$= (E_{11} \cap E_{21}) \cup (E_{11} \cap E_{22}) \cup (E_{11} \cap E_{23}) \cup (E_{12} \cap E_{21}) \cup (E_{12} \cap E_{22}) \cap (E_{12} \cap E_{23})$$

逐一列举树状结构中的可疑元素，即可实现从树状结构到列表结构的转换，如表 6.12 至表 6.14 所示。

表 6.12　拆分的规则 1

维度	可疑值
D_1	$E_{1j_1^{(1)}}$
$\cdots$	$\cdots$
D_n	$E_{nj_1^{(n)}}$

表 6.13　拆分的规则 2

维度	可疑值
D_1	$E_{1j_2^{(1)}}$
$\cdots$	$\cdots$
D_n	$E_{nj_2^{(n)}}$

表 6.14　拆分的规则 3

维度	可疑值
D_1	$E_{1j_{k_1}^{(1)}}$
$\cdots$	$\cdots$
D_n	$E_{nj_{k_n}^{(n)}}$

如果每个子表格只有一个维度，那么会写成横排的形式，如表 6.15 所示。针对一条一条的规则集合，可以考虑使用占比进行排序，也可以使用 KL 散度、JSD 等指标。

表 6.15　根因分析的树状结构

规则	规则集合
rule_1	$D_1 : E_{1j_1^{(1)}},\ D_2 : E_{2j_1^{(2)}}, \cdots,\ D_n : E_{nj_1^{(n)}}$
rule_2	$D_1 : E_{1j_2^{(1)}},\ D_2 : E_{2j_2^{(2)}}, \cdots,\ D_n : E_{nj_2^{(n)}}$
$\cdots$	$\cdots$
rule_n	$D_1 : E_{1j_n^{(1)}},\ D_2 : E_{2j_n^{(2)}}, \cdots,\ D_n : E_{nj_n^{(n)}}$

6.8.3 列表结构与树状结构的对比

列表结构和树状结构的根因分析可以互相转化，因此可以根据不同的需求选择不同的技术方案，如图 6.5 所示。

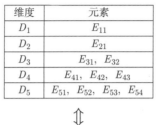

维度	元素
D_1	E_{11}
D_2	E_{21}
D_3	E_{31}，E_{32}
D_4	E_{41}，E_{42}，E_{43}
D_5	E_{51}，E_{52}，E_{53}，E_{54}

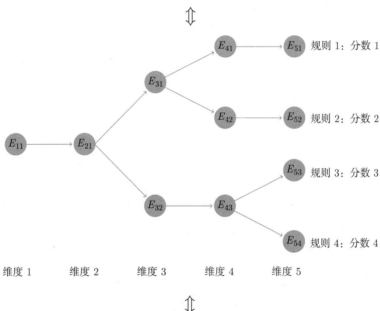

规则	规则集合
rule$_1$	$(D_1: E_{11})$, $(D_2: E_{21})$, $(D_3: E_{31})$, $(D_4: E_{41})$, $(D_5: E_{51})$
rule$_2$	$(D_1: E_{11})$, $(D_2: E_{21})$, $(D_3: E_{31})$, $(D_4: E_{42})$, $(D_5: E_{52})$
rule$_3$	$(D_1: E_{11})$, $(D_2: E_{21})$, $(D_3: E_{32})$, $(D_4: E_{43})$, $(D_5: E_{53})$
rule$_4$	$(D_1: E_{11})$, $(D_2: E_{21})$, $(D_3: E_{32})$, $(D_4: E_{43})$, $(D_5: E_{54})$

图 6.5　根因分析的列表结构与树状结构对比

1. 列表结构和树状结构是等价的。
2. 列表结构无法体现维度和维度之间的关系，但是可以通过对单个维度进行切分获得部分信息；树状结构可以体现维度和维度之间的关系，但是有时分支过多，导致规则集合太多，需要排序才行。

3. 列表结构只能展示一条异常曲线,即基于规则的一条异常曲线;树状结构可以展示 TopN ($N \geqslant 1$) 条异常曲线, 按照规则 1, 2, 3, $\cdots$ 逐一列举即可。

4. 列表结构和树状结构都可以展示除已有规则之外的一条剩余曲线,用于查看多维下钻 得到的规则集合是否已经将异常的维度和元素全部召回,实现召回率的指标接近或达到 100%。

6.8.4　规则的排序

在根因分析中,如果存在多个异常元素,那么需要对这些元素进行排序,将可疑概率最 高的元素放在前面,可疑概率最低的元素放在后面。排序算法有多种设计方法。

首先介绍第一种方法。假设 $F(m,t)$ 的正常时间段是 $[t_{11}, t_{12}]$,异常时间段是 $[t_{21}, t_{22}]$。 对于第 i 个维度 D_i,如果它的异常元素是 $E_{ij_1}, E_{ij_2}, \cdots, E_{ij_k}$,那么计算这些元素在异常时 间段内的指标的占比为

$$s_{ij_\ell} = \frac{\sum\limits_{t=t_{21}}^{t_{22}} F_{ij_\ell}(m,t)}{\sum\limits_{t=t_{21}}^{t_{22}} F(m,t)} = \frac{A_{ij_\ell}(m)}{A(m)}$$

其中,$1 \leqslant \ell \leqslant k$,只需要对 $\{s_{ij_\ell}, 1 \leqslant \ell \leqslant k\}$ 按照一定的顺序排列。如果 $F(m,t)$ 表现 为上升异常,那么按照从大到小的顺序对 $\{E_{ij_\ell}, 1 \leqslant \ell \leqslant k\}$ 进行排序。但是这种方法存在一 些不足之处,列举如下。

- 在根因分析中,如果 $F(m,t)$ 存在一条基线, 如 $F(m,t) \gg 0$。同时,它的变化量只有 10%,那么如果按照绝对量值来计算元素的占比,会导致分数 s_i 偏小。因此,在根因分 析中,不应该考虑绝对量值的占比,而应该考虑变化量的占比。

- 如果 $F(m,t)$ 表现为单调下降异常,那么如果按照量值来计算,会导致分数 s_i 偏小,按 照逆序来排序就会有问题。

为了应对以上两个不足之处,可以考虑使用第二种方法,也就是计算元素的变化率。这 里可以借鉴基于熵的根因分析算法。在正常时间段 $[t_{11}, t_{12}]$ 计算出 $B_{ij}(m)$ 和 $B(m)$,在异常 时间段 $[t_{21}, t_{22}]$ 计算出 $A_{ij}(m)$ 和 $A(m)$。对于每个异常的元素 $\{E_{ij_\ell}, 1 \leqslant \ell \leqslant k\}$,考虑它们 相对于正常时间段的变化程度:

$$s_{ij_\ell} = \frac{A_{ij_\ell}(m) - B_{ij_\ell}(m)}{A(m) - B(m)}$$

其中,$1 \leqslant \ell \leqslant k$。此时,计算的是每个元素在异常时间段 $[t_{21}, t_{22}]$ 相对于正常时间段 $[t_{12}, t_{22}]$ 的变化量占比。相比于第一种方法,第二种方法有两个优势。

- 即使 $F(m,t)$ 存在基线，如 $F(m,t) \gg 0$，也不影响变化率占比的计算。
- 无论是 $F(m,t)$ 单调上升异常，还是单调下降异常，都可以将 $s_{ij\ell}$ 按照从大到小排序。

6.9　小结

本章深入剖析了多维时间序列的根因分析技术，展示了这一领域的前沿理论和实践应用。本章首先介绍了多维时间序列的定义和应用场景，通过对比单维时间序列和多维时间序列可知，多维时间序列因具有更高维度的信息和更复杂的日志内容，而在诸如广告分析、业务运维等众多领域中有着广泛的应用。本章解释了 OLAP 如何在根因分析中起到关键作用，以及如何利用 OLAP 技术对多维时间序列进行有效处理。更重要的是，本章提供了一系列先进的根因分析算法，包括基于时间序列异常检测算法的根因分析、基于熵的根因分析、基于树模型的根因分析，以及规则学习等。每种算法都有各自的优势和应用场景，运维开发人员可以根据实际需求进行选择和调整。

第 7 章

智能运维的应用场景

7.1 智能运维

运维是指对已投入使用的系统和平台进行管理、监控和优化的过程。运维的目标是确保系统的高可用性、高性能以及安全性。运维人员需要保障服务的稳定运行，从保障系统稳定性的角度提出开发需求，根据故障告警定位系统问题，并对突然出现的故障问题做出快速响应和及时处理。

详细来说，运维人员需要持续追踪系统的运行状态，以便在出现故障时迅速发现并处理问题。当系统出现问题时，运维人员需要尽快找出问题的原因并进行修复，以减少对业务的影响。运维人员在日常工作中需要通过对系统进行调优，提高系统的性能，以满足业务的需求。同时，运维人员也需要定期对系统进行更新和迭代，以引入新的功能或改善系统性能。除此之外，如果运维人员承担安全业务，则需要时刻保护系统免受恶意攻击，同时确保符合相关的法规和标准。

在互联网发展初期，运维工作大多可以靠运维人员手工完成，包括人工查找问题、定位问题、解决问题。但是在互联网技术发展日新月异的当下，业务规模和复杂度都在不断提升，数据中心规模也在快速增长，传统的运维方式已经无法满足现代企业的需求。传统的手工运维方式不仅效率低下，而且难以应对复杂多变的技术环境，容易出错，给企业带来了巨大的风险。而且，人工运维的成本也在逐年上升，对企业的财务状况造成了压力。

传统的运维方式往往依赖少数熟悉系统的专家，而随着系统的扩展和升级，这些专家可能难以跟上系统的发展。因此，企业开始寻求更加智能化、自动化的运维方式，以应对这些挑战。在这种背景下，AIOps（智能运维）和 DevOps（开发运维一体化）等新型运维方式应运而生。新型运维方式强调通过自动化和智能化手段提高运维效率，减少人为错误，提升服务质量和可用性。这不仅可以大幅降低运维成本，同时能提升业务的灵活性和可扩展性，帮助企业在激烈的市场竞争中取得优势。

智能运维（Artificial Intelligence for IT Operations，AIOps），是一种采用人工智能、大数据和机器学习等技术的 IT 运维策略。智能运维的主要目标是自动化和增强 IT 运维的各个方面，包括故障预测、故障检测、根因分析、事件管理、服务管理等，以提高运维效率，减少人工干预，提升服务质量，降低运维成本。

7.1.1 智能运维的主要方向

运维的主要方向包括质量保障、效率提升、成本优化三个方面。

质量保障是运维人员的核心职责，如果没有有效的质量保障体系，就没有业务的稳定和健康运行。质量保障包括故障监控、响应、恢复、修复，以及通过预防和优化来提升系统的稳定性和可靠性，还包括确保数据安全和完整性、防止数据丢失和破坏。其子方向包括以下方面。

1. 系统监控：通过人工监控、巡查规则配置等多种手段，对公司的服务器集群等系统进行监控，确保系统正常运行。如有异常，则需要通过告警系统让运维人员得到报警消息。

2. 业务监控：通过规则配置或者人工智能技术对公司的多种业务数据进行监控，例如在线用户数、成功率等，确保业务能够稳定运行。如有异常，则需要通过告警系统让运维人员得到报警消息。

3. 故障恢复：当故障发生时，运维人员的任务是尽快恢复服务。这可能需要具备自动化的故障检测和恢复机制，以减少系统和服务的故障时间。

4. 故障预防：预防问题的发生总比解决问题更重要。故障预防主要包括系统和业务的定期检查、维护、更新，以及使用人工智能技术进行故障预测。

效率提升是现代运维工作的关键目标之一，在如今快节奏、高要求的商业环境中，快速、有效地响应和解决问题是至关重要的。运维团队需要不断提高工作效率，以缩短服务恢复时间，减少对业务的影响。这涉及自动化工具的使用、工作流程的优化，以及运维和开发团队的研发环境。其子方向包括以下方面。

1. 自动化的研发工具：这是提高运维效率的主要方式。通过使用自动化工具和技术，可以显著减少手工劳动，释放人力资源去处理更复杂、对技能要求更高的任务。例如，使用脚本或配置管理工具可以自动执行一些常规任务，如系统更新、服务部署和配置更改等。自动化还可以减少错误，因为在执行明确、重复的任务时，机器比人出错的可能性更小。

2. 高效的流程环境：通过优化工作流程，可以进一步提高运维团队的效率。这主要包括将常见问题和解决方案文档化，以便在类似问题再次发生时，团队可以快速查找和应用解决方案；优化工作分配和调度，确保团队成员可以专注于自己擅长并且对业务价值更大的任务；改进交流和协作方式，提高团队协同的效率。这有利于开发和运维团队的紧密协作，不仅可以加快新功能的发布速度，还可以使运维团队更早、更频繁地参与到软件生命周期的各个阶段，提早发现并解决运维问题。

成本优化是个人、团队、公司的关键任务之一。任何企业都需要平衡成本和研发的开支，研发部门通常需要管理大量的资本和运营开支。这就需要运维团队找到有效的方法来优化成本，包括有效地利用现有的 IT 资源，有效地进行预算控制。其子方向包括以下方面。

1. 资源优化：运维人员需要确保 IT 资源的充分有效利用，IT 资源包括服务器、存储、网络等，涉及的技术有负载均衡、资源复用、虚拟化和容器化等。
2. 控制预算：运维人员需要对研发人员的预算和成本进行合理控制，并且保障业务的稳定运行。选择正确的硬件和软件、维持合适的备份，以及正确的采购决策可以避免浪费和过度投资。

AIOps 将上述三个方向人工智能化，通过人工智能技术为这些方向赋能，让其从手工运维或者 DevOps 迭代到 AIOps。AIOps 可以利用人工智能和机器学习技术，及时发现系统或者业务中存在的故障问题，进行有效定位，从而高效推送告警，让运维人员和研发人员在第一时间了解当前的故障情况。同时，AIOps 还可以使用机器学习或者自然语言处理技术，自动化处理大量的运维数据，从而发现已有的模式和解决方法，让下一次的故障或者事件处理从容不迫，最终提升运维人员的效率，提升运维团队的整体服务质量。在成本优化领域，AIOps 可以使用机器学习技术对运维数据进行分析，预测未来所需要和管理的 IT 资源需求，从而优化云服务和资源的使用，让公司耗费的资源都能够得到有效使用。机器学习可以自动获取一些复杂的决策过程，使运维专家的经验得以继续传承。

7.1.2　智能运维的实施路径

在实现智能运维的过程中，一般涉及数据采集、数据处理、数据存储、离线计算和在线计算等多个步骤，这些步骤是实现智能运维的基础。

1. 第一步：数据采集。数据采集涵盖了从各种系统和设备收集运维相关的日志、指标和事件信息，主要包括服务器、网络设备、应用程序、数据库等性能指标、日志和状态信息，以及各种各样的业务数据指标。在这个阶段，可能需要利用各种数据采集工具和技术来获取数据。
2. 第二步：数据处理。即对数据进行清洗和预处理，包括数据清洗（如去除重复数据、填充缺失值）、数据转换（如日志解析、指标计算）、数据标注（如添加标签或注释）等。
3. 第三步：数据存储。处理后的数据需要存储在适当的地方，供后续计算和分析使用，主要包括时间序列数据库（如 InfluxDB）、日志存储系统（如 Elasticsearch）、数据仓库（如 Hive）等。
4. 第四步：离线计算。这主要是对存储的数据进行大规模的计算和分析，以便发现数据的模式和趋势，构建和训练机器学习模型，包括数据统计分析、特征工程、机器学习训练等。
5. 第五步：在线计算。模型被训练好之后，需要被部署到在线环境中，实时地处理新产生的运维数据，提供预测或决策，包括模型服务、实时推理、在线学习等。

在讨论了智能运维的技术之后，需要介绍一下智能运维的人力配备。智能运维体系并不是由单一角色构建的，而是由多种类型的员工共同完成的。智能运维的实现离不开运维工程师的经验、开发工程师的技术，以及算法工程师的智慧。他们不仅需要相互协作，还要相互支持，才能让整个智能运维系统达到最佳的工作效果。上述三个角色分别承担着不同的职责。

- 运维工程师是智能运维的第一道防线，他们利用自身的专业知识和丰富的运维经验，对整个运维过程进行全面管理和监控。他们需要熟悉各种网络协议、系统结构、常见的故障及其处理方法。他们对系统的稳定性、安全性和效率负直接责任。在智能运维过程中，他们是第一时间发现问题、定位问题，并开始处理故障的关键人员。
- 开发工程师是智能运维的技术支撑，他们主要负责开发和维护数据平台，提供稳定的数据服务，以供智能运维的各个环节使用。他们需要了解数据结构、数据库管理、网络和服务器编程等技术，以保证数据平台的稳定和高效运行。他们通过精细化的数据处理和高效的数据算法，将海量的运维数据转化为有用的信息，为运维团队提供决策支持。
- 算法工程师是智能运维的智慧核心，他们负责开发并优化各种智能算法，如机器学习、深度学习等，以帮助运维团队更好地理解运维数据，预测可能的问题，提供解决方案。他们的工作需要深厚的数学和编程基础，同时需要对运维数据有深入的理解，以便能够将复杂的运维问题转化为可计算的模型，利用算法找出最优解。

因此，在搭建智能运维团队的过程中，只配备一种类型的员工是远远不够的，需要根据业务需求的变化组建一个多元化的团队。

7.2 指标监控

> **定义 7.1 指标监控**
>
> 在信息技术和运维领域，指标是指可以度量的数值或统计信息，用于反映系统或服务的特定方面的状态或性能。指标监控是运维人员的重要职责，用于检测和跟踪系统的各种性能指标，以确保服务的正常运行，并对可能出现的问题进行预警。 ♣

常用的指标包括但不限于以下三类。

1. 硬件指标：如 CPU 使用率、内存占用、磁盘空间、磁盘读写速度、网络带宽使用等。
2. 软件指标：如数据库查询速度、服务响应时间、错误率等。
3. 业务指标：如网站访问量、用户活跃度、购物车转化率等。

指标的具体定义可能根据不同的系统、服务和业务需求而有所不同。对于运维团队来说，重要的是找到能够有效反映系统健康状况和业务运行情况的关键性指标，并对其进行持续的监控和优化，从而获得有用的信息，以了解系统是否运行在预期的状态。指标监控通常与日志分析、应用性能管理（APM）和事件管理等工具结合使用，共同构成了现代 IT 运维的一部分。这些工具和方法可以帮助运维团队更快地发现和解决问题，从而提高系统的可用性和性能，保证用户体验。

7.2.1   硬件监控与软件监控

> **定义 7.2 硬件监控**
>
> 硬件监控是指监控计算机硬件设备的各项性能指标的活动，主要关注服务器、存储设备、网络设备等硬件资源的状态和性能。

硬件监控通常包括以下内容。

1. CPU 使用率：CPU 是计算机的中央处理器，其使用率是评估计算机性能的重要指标。如果 CPU 使用率长期过高，表示当前的计算任务过于繁重，可能需要扩充或优化硬件配置。
2. 内存使用情况：内存用于存储计算机正在运行的程序和数据。如果内存使用率过高，可能导致程序运行缓慢或者崩溃。
3. 磁盘使用情况：监控硬盘的使用情况，包括磁盘空间的使用情况和读写速度。如果磁盘空间不足，可能导致系统崩溃；读写速度慢可能导致数据处理效率低下。
4. 网络带宽使用率：监控网络的使用情况，包括上传和下载速度、网络延迟等。如果网络带宽使用率过高，可能导致网络瓶颈，影响数据传输效率。

针对这些指标，运维人员通常会设定预期的范围或阈值。当实际的指标数值超出这些预设范围时，可以触发告警，以便运维团队尽快介入处理，确保系统或服务的正常运行。例如，如果服务器的 CPU 使用率持续超过 90%，那么可能需要增加更多的资源或者优化应用，以提高性能，避免 CPU 使用率过高。

软件监控与硬件监控类似，目的是监控软件服务的性能，保障服务质量。

7.2.2   业务监控

指标监控并不仅限于基础设施层面，业务指标的监控也同样重要。例如，电商网站可能需要监控每日活跃用户数、转化率、购物车放弃率等指标，以了解业务的运行情况，并对可能存在的问题进行预警和应对。

> **定义 7.3 业务监控**
>
> 业务监控，也称业务活动监控（Business Activity Monitoring，BAM），是一种用于查看、追踪企业的业务流程和活动的实时数据分析技术。

通过业务监控，运维人员可以在第一时间了解到业务运行状态，及时发现和处理异常，预防潜在的业务风险，从而提升业务运行效率和客户满意度。业务监控需要监控业务流程的运行速度、业务交易的处理效率、服务的响应时间等指标，以评估业务的性能状态；还需要对关键业务指标（Key Performance Indicators，KPI）进行实时跟踪，如在线用户数、接口调用成功率、销售额、客户满意度、市场份额等。业务监控的实施需要收集、整合和分析来自不同业务系统的数据，以提供实时的业务视图和预警。此外，随着人工智能和大数据技术的发展，越来越多的企业开始利用机器学习等技术进行更深入的业务监控，如时间序列的异常检测、时间序列的趋势预测等。

在互联网时代，海量业务数据的产生和处理是一项重要的任务。用户的每次点击、每笔交易的完成、每条消息的发送都会产生数据，这些在时间上连续记录的数据构成了大量的时间序列数据。这些时间序列数据从不同维度反映了业务的运行状态，例如用户访问量、服务器响应时间、系统资源占用、接口的成功率等，被称为业务指标。由于互联网业务庞大且复杂，可能产生的业务指标数量可能是成千上万甚至几百万或者更高级别的。

在这样的背景下，如何针对海量业务指标进行海量的时间序列异常检测成为一项重要的任务。其目标是从大量的业务指标中找出异常指标，如某段时间内用户访问量突然下降、服务器响应时间明显升高等。这些异常可能预示着某些潜在的问题或风险，如系统故障、网络攻击、业务流程的疏漏等。及时发现并处理这些异常，对于保证业务的稳定运行、提升用户体验、防范潜在风险等都具有重要意义。

然而，对海量业务指标进行时间序列异常检测的任务充满了挑战。首先，业务指标的数量巨大，使得与时间序列相关的计算资源和存储资源的压力大幅增加。这需要我们开发高效的算法，结合公司业务的具体场景采用分布式、并行等技术来处理大规模的数据。其次，不同的业务指标可能有不同的特性和模式，需要异常检测方法具有很高的适应性和灵活性。再者，异常的定义可能因业务的具体需求而有所不同，需要根据不同的业务场景定制化地定义和检测异常。此外，随着业务的发展和变化，可能产生新的业务指标，旧的业务指标可能失效，这时要求之前设计或者运行的异常检测系统能够持续学习和适应这些变化。

对互联网海量业务指标的时间序列异常检测是一项重要且富有挑战的任务，需要我们在理论研究和工程实践中不断探索和努力。"海量"这个词指企业或者互联网平台每天都会生成大量的业务指标，这些指标的时间序列数据的数量非常庞大。单一的时间序列模型往往很难适应所有业务场景的需求，每种业务场景都可能有其特定的数据特性和异常模式。

首先，数据的特性可能各不相同。例如，有些业务的数据具有明显的季节性变化，如电商的销售额会受到节假日、促销活动等因素的影响；有些业务的数据可能存在突变，如突发事件可能导致新闻网站的访问量瞬间飙升；还有些业务的数据可能存在趋势性变化，如随着用户规模的扩大，社交网络的日活跃用户数可能持续增长。

其次，异常模式可能各不相同。异常既可能表现为数据的突然上升或下降，也可能表现为数据的波动幅度增大或减小，还可能表现为数据的趋势发生变化。

单一的时间序列模型难以同时考虑到所有因素，因此可能无法准确地检测出所有业务场景下的异常。为了解决这个问题，需要开发一系列的时间序列模型，并根据具体的业务场景选择合适的模型进行异常检测。此外，还需要构建能够自动学习和适应业务变化的机器学习模型，以便及时发现新的异常模式，提高异常检测的准确性和实时性。

为了监控所有时间序列的异常情况，需要设计一个能够覆盖所有时间序列的异常检测方法，同时保证监控系统的运行效率、告警的准确率与覆盖率。在时间序列异常检测这个业务场景下，通常可以考虑多种方法，对不同的情况进行分析。

1. 第一种情况：在计算资源允许的情况下，假设有少于 1000 条时间序列，针对某一条时间序列，可以采用时间序列异常检测来判断其是否发生了异常。通过对这条时间序列的历史数据进行建模，可以预测这条时间序列的未来走势。一旦预测的趋势与真实的趋势有较大偏差，就可以判定这条时间序列已经出现了异常。也可以采用回归算法，对这条时间序列的历史数据进行建模，然后用回归算法预测下一个时间点的值。如果预测的值与实际的值产生了较大的偏差，就可以判定这条时间序列已经出现了异常。在第一种情况下，由于该监控系统的时间序列条数不多，例如少于 1000 条，可以对每条时间序列分别建模，然后用这些时间序列模型分别预测未来的走势，一旦发现真实情况与预测情况不符，就可以判定为异常。这种方法的优势在于可以为每条曲线分别建模，个性化建模可以得到更高的准确率，但是由于模型的个数不少于时间序列的条数，维护成本较高。

2. 第二种情况：在时间序列条数较多、计算资源不足的情况下，例如一个监控系统的时间序列条数多于 1000，甚至更多的数量。根据上述分析方法，在海量时间序列的前提下，无法对每条时间序列分别建模，这会导致模型的数量过多，后续的运营维护变得困难。因此，在这种情况下，需要对某一类时间序列批量建模，甚至对全部时间序列一起建模。为了让大量的时间序列共同使用一个模型，可以把业务监控这个问题从时间序列预测转换成异常检测，而在异常检测领域，通常又有两种解决方案，具体的算法可以参考本书第 4 章。

   - 第一种方案：使用无监督模型进行异常检测，例如 3-Sigma、孤立森林等离群点检测方法。
   - 第二种方案：使用二分类模型进行异常检测，例如逻辑回归模型、随机森林模型等。

在样本量不足的情况下，可以考虑使用第一种方案进行建模和获取样本数据；在样本量充足的情况下，可以考虑使用第二种方案进行二分类器的训练和预测。使用样本数据构建一个分类器，然后使用该分类器进行预测，从而判断出正常和异常。总之，无论选择哪种解决方案，最终只要能够在业务上取得较好的精确率和召回率，并且维护成本和运营成本可控，那么它就是一个不错的解决方案。

7.2.3 节假日效应

在时间序列异常检测中，有一种较为常见的场景就是"节假日效应"。节假日效应是指，在节假日期间，时间序列的走势与平常有着明显的差异性，但是又属于正常的情况。我国一年中有好几个重要的假日，比如元旦、春节、清明节、五一劳动节、端午节、国庆节、中秋节。

在节假日时，调休会带来工作日上的调整，各种业务指标（时间序列）通常也会发生变化，与以往的走势不太一致。因此，如何解决节假日效应的时间序列异常检测问题是业务上所面临的问题之一。

清华大学的 Netman 实验室在 2019 年发表了一篇论文，专门用于解决时间序列异常检测中的节假日效应问题，论文的标题是"Automatic and Generic Periodic Adaptation for KPI Anomaly Detection"[35]。文中所用的时间序列与各种各样的业务指标有关，包括搜索引擎、网上的应用商店、社交网络数据等。文中针对 KPI 做时间序列异常检测，并提出一种方法来避免节假日效应的问题；对时间序列的工作日（Work Day）、休息日（Off Day）、节假日（Festival）做了必要区分，然后将时间序列的不同时间段进行合理的拆分和组装，再进行时间序列异常检测，从而在一定程度上解决节假日效应问题。

在实际案例中，我们可以看到同一条时间序列的走势在工作日、休息日、春节明显不同。因此，根据工作日的时间序列走势来预测春节的走势明显不合理；同理，根据春节的走势来预测休息日的走势也会带来一定的偏差。如何解决节假日效应的问题就成了本篇论文的关键内容之一。

如图 7.1 所示，该论文中使用的数据曲线都具有某种周期性。图 7.1 (a)~(c) 具有明显的工作日和周末特点，工作日和周末分别有不同的线条形状；图 7.1 (d) 是关于网上应用商店周五促销的，因此在周五和周六，时间序列会出现一个尖峰（Peak）；图 7.1 (e) 是每隔 7 天出现两个尖刺，然后迅速恢复；图 7.1 (f) 中的时间序列在"十一"期间的走势与其余的时间点

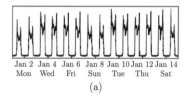

(a)

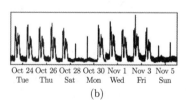

(b)

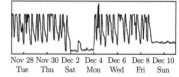

(c)

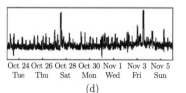

(d)

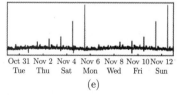

(e)

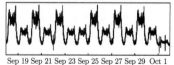

(f)

图 7.1 具有周期性的数据曲线[35]

有明显区别。除此之外，对于旅游、电商等行业的公司，其节假日效应会更加突出，而且不同的业务在节假日的表现不同。有的时间序列在节假日当天可能上涨（电商销售额），有的时间序列在节假日当天反而会下降（车票、飞机票的订单量）。

在实际场景中，通常会遇到以下常见问题。

1. 周期的多样性：通过实际案例可以看出，不同的时间序列的周期完全不一样，而且在不同的周期上也有完全不同的表现。
2. KPI 数量巨大：这是智能运维领域中的常见问题。
3. 周期的漂移：一般来说，根据时间序列的走势，只能看出一个大致的变化，但具体细节存在一定的波动。例如，周期不一定恰好是 7 天，可能是 7 天加减 5 分钟。这与业务的具体场景、当时的实际情况有关。

于是，文献 [35] 中提出一种健壮的机器学习算法来解决这个问题，该系统被命名为 Period，有解决周期性和节假日效应的寓意。

Period 的整体架构如图 7.2 所示，包括两个部分。

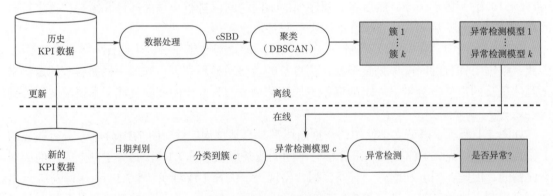

图 7.2　Period 的整体架构[35]

1. 离线周期性检测（Offline Periodicity Detection）。
2. 在线适应性异常检测（Online Anomaly Detection Adaptation）。

在第一部分中，每条时间序列会被按天切分成很多子序列（Subsequence），然后将其聚集起来，把相似的时间序列放在一类，不相似的放在另一类；在第二部分中，新时间序列会根据其具体的日期被分入相应的聚类，然后用该类的时间序列异常检测方法进行异常检测。

图 7.3 所示为 Period 的核心思路。文献 [35] 中使用数据的时间序列较长，一般是几个月到半年不等，甚至更长的时间。对于一条时间序列，可以将它的历史数据（Historical KPI）按天切分，获得多个子序列。然后对多个子序列进行聚类，得到不同类别。或者按照日历直接对时间序列的工作日、休息日、春节序列进行切分，将工作日、休息日、春节各自分别放在一起。对这些子序列进行拼接就可以得到 3 条时间序列数据（Sub-KPI），分别是原时间序

列的工作日序列（Work Day Subsequence）、休息日序列（Off Day Subsequence）、春节序列（Spring Festival Subsequence），图 7.4 所示为工作日序列的拼接。然后针对这 3 条时间序列分别训练异常检测模型，例如 Holt-Winters（HW）算法。对于新时间序列，可以根据具体日期（工作日、休息日或者春节）放入相应的模型进行异常检测，从而进一步得到最终的结果。

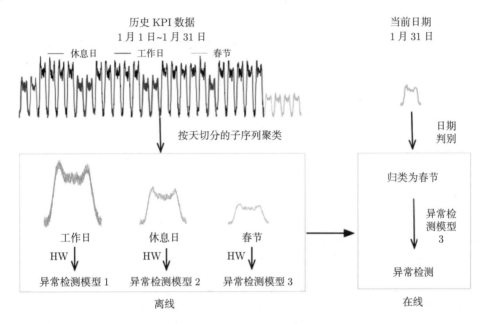

图 7.3　Period 的核心思路[34]

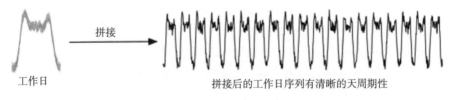

图 7.4　将相同类别的子序列拼接在一起（以工作日序列为例）[34]

在离线周期性检测的技术方案中，需要对时间序列进行周期性检测（Periodicity Detection），从而对时间序列进行聚类。周期性检测有多种方法可以选择：一种是周期图方法（Periodogram），另一种是自相关函数（Auto-Correlation Function）。但这两种方法都不适用于该场景。

在文献 [35] 中提出了一种 Shape-Based Distance（SBD）方法，针对两条时间序列 $X = (x_1, x_2, \cdots, x_m)$ 和 $Y = (y_1, y_2, \cdots, y_m)$，采用相似性的计算方法。令

$$X_{(s)} = \begin{cases} (0, \cdots, 0, x_1, x_2, \cdots, x_{m-s}), & s \geqslant 0 \\ (x_{1-s}, x_{1-s+1}, \cdots, x_m, 0, \cdots, 0), & s < 0 \end{cases}$$

其中 0 的个数都是 $|s|$。进一步可以定义，当 $s \in [-w, w] \cap \mathbb{Z}$ 时，

$$\mathrm{CC}_s(X, Y) = \begin{cases} \sum_{i=1}^{m-s} x_i y_{s+i}, & s \geqslant 0 \\ \sum_{i=1}^{m+s} x_{i-s} y_i, & s < 0 \end{cases}$$

于是，选择令 $\mathrm{CC}_s(X, Y)$ 归一化之后的最大值作为 X, Y 的相似度，即

$$\mathrm{NCC}(X, Y) = \max_{s \in [-w, w] \cap \mathbb{Z}} \frac{\mathrm{CC}_s(X, Y)}{\|x\|_2 \|y\|}$$

那么基于 SBD 的距离公式可以定义为

$$\mathrm{SBD}(X, Y) = 1 - \mathrm{NCC}(X, Y)$$

s 表示漂移量，为什么需要考虑漂移量 s 呢？因为在一些实际情况下，时间序列会存在漂移，如图 7.5 所示。该时间序列在 10 月 30 日、10 月 31 日、11 月 1 日都出现了一个凸起，但是如果考虑它的同比图，其实可以清楚看出该时间序列就存在了漂移。也就是说，并不是在一个固定的时间戳就会出现同样的凸起，而是间隔了一段时间。

我们可以使用相似性和距离的衡量工具对时间序列进行聚类，并对聚类后的时间序列使用异常检测方法，包括 Holt-Winters（HW）、时间序列分解（TSD）、差分（Diff）、移动平均（MA）、指数加权移动平值（EWMA）、Donut。在 HW 方法中，针对不同的日期使用不同的参数，分别定义为 HW-Day、HW-Week、HW-Period；其余的方法也针对不同的日期来做。从实验效果来看，Period 可以有效减轻时间序列异常检测受节假日效应的影响。

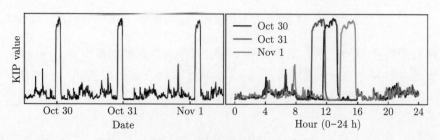

图 7.5   时间序列漂移[35]

7.2.4 持续异常的情况

在实际的业务场景中，根据异常持续时间的长短，通常会出现以下几种情况。

- 情况 1：当前的异常只持续一分钟，在下一分钟迅速恢复，也就是毛刺。
- 情况 2：当前的异常持续了几分钟到几十分钟，并且在 1 小时以内就恢复正常。
- 情况 3：当前的异常持续了 1 小时，甚至几小时以上。

从业务经验来看，情况 1 不需要关注，因为这种情况实在太多了，可能是网络的问题，也可能是存储的问题等。一般需要关注情况 2 和情况 3。在情况 2 下，只需要考虑历史上几小时的数据，就可以精准地发现异常；在情况 3 下，历史上几小时的数据会出现数据不足的情况，因为从几小时的角度来看，该时间序列很可能处于正常状态。

在基于时间序列异常检测算法和基于熵的根因分析中，可以看到在持续异常的情况下（情况 3），如果只考虑历史上几小时的数据，利用时间序列异常检测的算法很难看出这些点出现异常，因为前面已经出现了很长一段时间的异常。但是使用基于熵的算法可以看出异常状况。在这种情况下，每个维度都根据 JSD 逆序排列，判断 EP 值的变化是否与大盘的变化趋势相同，因此可以加大对异常元素的召回力度。在实际使用过程中，基于熵的根因分析的召回比基于时间序列异常检测的根因分析力度大。我们可以把异常检测放在前面，如果召回力度不够，就启动基于熵的根因分析来加大召回力度。

7.2.5 存在基线的情况

在实际场景中，成功率等于成功数除以总数，在 [0,1] 闭区间内。一般情况下，成功率在 100% 左右，只要存在一定程度的下跌，就表示有异常情况出现。但是在一些场景下，成功率却出现了高低峰的走势，例如凌晨时成功率下跌，中午开始升高，晚上达到高峰，到第二天凌晨又开始下跌。为什么成功率会呈现这种走势？根据成功率的定义可以得到：

$$
\begin{aligned}
F(\text{成功率}, t) &= F\left(\frac{\text{成功数}}{\text{总数}}, t\right) \\
&= \frac{F(\text{成功数}, t)}{F(\text{总数}, t)} \\
&= 1 - \frac{F(\text{失败数}, t)}{F(\text{总数}, t)} \\
&= 1 - \frac{F(\text{失败数的 baseline}, t) + F(\text{失败数的 residual}, t)}{F(\text{总数}, t)}
\end{aligned}
$$

意思是说，如果失败数存在一个基线 baseline，并且 $F(\text{失败数的 residual}, t)/F(\text{总数}, t)$ 一直接近于 0，那么每到凌晨的时候，$F(\text{总数}, t)$ 减少，于是 $F(\text{失败数的 baseline}, t)/F(\text{总数}, t)$

增大，从而导致成功率下跌。每到晚高峰的时候，$F(总数, t)$ 变大，于是 $F(失败数的\text{baseline}, t)$ 的影响减小，因此成功率会出现上升的趋势。

成功率呈现高低峰走势的原因在于存在一条基线，使得曲线的失败数总是存在的。当基线存在时，成功率在凌晨总会下降。于是，就引出了以下几个问题。

1. 能否分析出基线的量级和具体数字？
2. 能否分析出基线存在的原因？
3. 能否找到不需要监控的失败数基线？
4. 能否找到不需要监控的规则？
5. 减去基线之后，能否得到一条较为平稳的成功率曲线？

如果能够减去基线，那么成功率会趋于 100%，这时使用 3-Sigma 算法就可以进行异常检测和根因分析了。

从业务经验上来看，失败量存在的原因如下。

1. 在用户层面长期存在失败的人。
2. 在用户层面长期存在失败的条件。
3. 某些公司存在刷榜等行为，导致失败。
4. 海外用户由于一些原因而导致长期失败。

7.2.6　寻找基线的方法

以模块调用为例，如果维度 masterid 的某个 ip 存在持续异常，导致失败数一直很大，那么解决方案如下。

1. 对 masterid 做监控。
2. 找到 masterip、slaveip、returnvalue 等维度的持续异常元素。
3. 减去有持续异常的元素之后，观察曲线是否变平稳。

假设 D_1 表示维度 masterip，它的取值范围是 $\mathcal{C} \subseteq \{1, 2, \cdots, C_i\}$，$F(m, t) = \sum_{j=1}^{C_1} F_{1j}(m, t)$，如果存在一个集合 $\mathcal{C} \subseteq \{1, 2, \cdots, C_i\}$，使得：

- $F(m, t)$ 与 $\{F_{1j}(m, t), j \in \mathcal{C}\}$ 中的曲线都相似。
- $F(m, t)$ 与 $\{F_{1j}(m, t), j \notin \mathcal{C}\}$ 中的曲线都不相似。

则 $\{F_{1j}(m, t), j \in \mathcal{C}\}$ 表示长期存在异常的元素，有高低峰走势；$\{F_{1j}(m, t), j \notin \mathcal{C}\}$ 表示平稳走势，去除了高低峰。因此，改进的思路是：查找基线 $\Rightarrow$ 寻找到 $\mathcal{C} \Rightarrow$ 改进当前监控规则。

当时间序列存在一定的高低峰走势时，很多常见的异常检测算法未必有效，因此可以考虑把时间序列转换成算法能够解决的问题。基于 7.2.5 节的分析，失败量等指标其实存在一条基线，也就是长期失败的量。于是，可以想办法找到这条基线，然后通过减法得到转换时间序列。

大致思路是：对于 $F(m,t) = \sum_{j=1}^{C_i} F_{ij}(m,t)$（$1 \leqslant i \leqslant n$），可以用多项式算法来拟合曲线 $F(m,t)$，从而得到基线 $Q(m,t)$。这里，多项式的拟合有多种方法。

- 只考虑今天的曲线。
- 考虑今天、昨天、上周的曲线。
- 考虑历史 7 天的曲线。

根据魏尔斯特拉斯逼近定理，对于 $\forall \epsilon > 0$，有多项式 $Q(m,t)$，使得 $\|F(m,t)-Q(m,t)\| \leqslant \epsilon$，在 t 的一个闭区间上成立。在得到基线 $Q(m,t)$ 之后，令

$$V(m,t) = F(m,t) - Q(m,t)$$

$$V_{ij}(m,t) = F_{ij}(m,t) - \alpha_{ij}Q(m,t)$$

其中，$\sum_{j=1}^{C_i} \alpha_{ij} = 1$ 并且 $\alpha_{ij} \geqslant 0$。在这种情况下，

$$\sum_{j=1}^{C_i} V_{ij}(m,t) = \sum_{j=1}^{C_i} F_{ij}(m,t) - \sum_{j=1}^{C_i} \alpha_{ij}Q(m,t) = F(m,t) - Q(m,t) = V(m,t)$$

对于所有的 $1 \leqslant i \leqslant n$ 都成立。于是，对 $V(m,t) = \sum_{j=1}^{C_i} V_{ij}(m,t)$ 执行前面算法的步骤即可。减去基线的目的是去掉时间序列的高低峰走势，使其变成平稳走势的曲线。

其中，α_{ij} 有多种取法。

- 取常数，例如 $\alpha_{ij} = 1/C_i$，$1 \leqslant j \leqslant C_i$。
- 按比例取，例如 $\alpha_{ij} = F_{ij}(m,t)/F(m,t)$，$1 \leqslant j \leqslant C_i$。此时有：

$$V_{ij}(m,t) = F_{ij}(m,t) - \frac{F_{ij}(m,t)}{F(m,t)}Q(m,t)$$

类似 HotSpot 论文[36] 中的 Ripple Effect。

- 按比例取，并且考虑一段时间 $[t_1, t_2]$ 上的平均值，例如 $\alpha_{ij} = \sum_{t=t_1}^{t_2} F_{ij}(m,t)/\sum_{t=t_1}^{t_2} F(m,t)$，此时同样有 $\sum_{j=1}^{C_i} \alpha_{ij} = 1$，并且：

$$V_{ij}(m,t) = F_{ij}(m,t) - \frac{\sum\limits_{t=t_1}^{t_2} F_{ij}(m,t)}{\sum\limits_{t=t_1}^{t_2} F(m,t)} Q(m,t)$$

也就是 Ripple Effect 的变体。

7.3 容量预估和弹性伸缩

7.3.1 容量预估

> **定义 7.4 容量预估**
>
> 容量预估是指对一个系统或应用在特定的负载和性能目标下所需的资源量（如 CPU、内存、存储、带宽等）进行预估，是一个评估当前和未来需求的过程。

    容量预估的目标是确定系统能否处理预期的负载。比如针对"双十一"大促活动，业务人员需要提前预估当前系统能否支撑业务活动带来的访问量。容量预估可以应用于各种 IT 组件和环境，包括服务器（如 CPU、内存、磁盘空间和带宽的使用情况）、数据库、网络设备、存储系统、云环境（如 AWS、Azure 或 GCP）等。

    常规的容量预估方法是基于业务流量和历史流量峰值计算及预测峰值流量，将其与压力测试流量阈值进行对比，以评估当前系统是否具有承受预期流量峰值的能力，并判断是否需要扩展系统。在智能运维领域中，可以使用机器学习方法进行容量预测，这种方法虽然不能替代压力测试，但是可以和压力测试相互参考、相互校准。比如根据模型预测结果先扩容，然后通过压力测试验证扩容的有效性。

    基于机器学习进行容量预估的常见步骤如下。

1. 数据收集：收集相关系统或组件的使用数据。
2. 数据分析：使用数据分析方法（如时间序列分析、机器学习等）分析历史数据。
3. 特征工程：选择可能影响服务容量的特征作为输入参数，挑选能代表服务容量结果的特征作为预测标签。
4. 模型训练和评估：使用常见的机器学习模型进行训练，并评估模型的准确率。
5. 模型更新：根据压力测试结果，对模型进行更新。服务上线后，参照在线的实际数据对模型进行定期更新。

    影响服务容量的常见特征如下。

1. 服务硬件配置：如内存配置和大小、磁盘配置和大小、CPU 配置和核数等。
2. 服务流量：在线人数、并发数量、每秒事务数（Transaction Per Second，TPS）、每秒请求数（Request Per Second，RPS）等。

预测目标可以是 CPU 利用率、内存使用率和磁盘使用率等。使用机器学习方法进行容量预估比较简便，通过不断校准模型，有一组输入参数即可得到预估的结果。难点是既要保证采集数据的准确性，还要将影响容量的特征尽可能考虑周全，比如除了将输入自身服务的 TPS 作为特征，还要考虑依赖上下游服务的 TPS。

7.3.2 弹性伸缩

> **定义 7.5 弹性伸缩**
>
> Kubernetes（K8s）已经成为云原生应用编排和管理的行业标准，众多应用纷纷选择迁移到 K8s。用户越来越关注如何在 K8s 上快速扩展应用以应对业务高峰，并在业务低谷时快速缩减资源以降低成本。
>
> 在 K8s 集群中，弹性伸缩通常包括 Pod 和节点的扩缩容。Pod 表示应用实例（每个 Pod 内包含一个或多个容器），在业务高峰期需要增加应用实例数目。所有 Pod 都运行在特定的节点（虚拟机）上。当集群中的节点数量不足以承载新扩容的 Pod 时，需要将节点加入集群以确保业务正常运作。
>
> 弹性伸缩应用场景广泛，典型场景包括在线业务弹性、大规模计算训练、用于训练与推理的深度学习 GPU 或共享 GPU，以及定时周期性负载变化等。

云原生的弹性伸缩能力可以保证在高峰期到来前实现自动扩容，在低峰期到来前实现自动缩容。结合机器学习的能力，可以根据用户的在线情况或者其他流量指标，预测下一周期的在线情况或流量情况。通过预测结果判断是否需要扩容或缩容，如果需要，则通过 K8s 的 API Sever 完成 Pod 数量的伸缩。一般来说，Pod 数量的变化趋势、业务流量、业务的在线情况的变化趋势是接近的，所以在线人数指标可以作为机器学习模型的输入。在线指标是一个时间序列，所以这里是一个时间序列预测问题，可以用时间序列预测算法来完成。模型预测在线人数后，得到在未来一段时间内的预测值，以及预测值的置信区间。通过分析预测值，可以判断未来一段时间内在线人数是否会达到某个阈值。根据其他容量规划方法，不同的在线人数需要不同的 Pod 数量。根据置信区间，我们可以了解达到这个阈值的可能性。

建模的常见步骤如下。

1. 数据收集：收集相关系统或组件的使用数据。
2. 数据分析：使用数据分析方法（如时间序列分析、机器学习等）分析历史数据（如用户在线情况等），判断是否有季节性、周期性，以及节假日或活动期间等情况。

3. 模型训练和评估：使用常见的时间序列预测模型进行训练，并评估模型的准确率。

4. 模型上线：将模型部署到线上，对外暴露 HTTP 端口，并根据需要进行负载均衡，模型上线后进行滚动更新。

时间序列预测的准确性受多种因素影响，如数据的周期性和趋势性、模型的选择、参数设置、业务的情况变化。因此，在实际应用中，需要对模型的预测结果进行实时监控和定期验证，如果模型准确性出现了问题，就要调整优化模型。

对于容量预估的具体问题，通常会使用以下时间序列预测算法。

- 线性回归算法：Lasso、Ridge 等。
- 移动平均算法：EWMA、Double EWMA、Holt-Winters。
- 统计算法：Prophet。
- 深度学习：RNN、LSTM 等。

在工业界的实际场景中，指标除了规律的周期性变化，还有两种常见的情况。

1. 缓慢波动：流量在一段时间内上涨缓慢，比如业务不断发展，用户活跃度缓慢提高。这种情况适用于时间序列预测算法。

2. 突然波动：流量在短时间内迅速上涨，比如业务运营活动导致在线人数猛增。这时很难通过时间序列预测算法进行预估。如果没有提前准备，会触发故障告警。因此，运营人员会提前告知，运维人员可以提前调整容量配置。此外，可以搭配使用突变检测和额外预留的缓冲（buffer），额外的缓冲可以应对短时间内突增的流量。使用异常检测算法，对流量突增的情况进行及时告警和处理。

7.4　告警系统

7.4.1　告警系统的定义与评估指标

> **定义 7.6 告警系统**
>
> 告警系统，也称警报系统或通知系统，是一种自动化监控工具，其核心功能是监视特定的系统，如计算机网络、工业生产线、互联网业务等。当这些系统的某些参数超出预定范围或出现异常情况时，告警系统能及时向运维人员发送警报或通知，让他们及时知晓并采取相应的措施。 ♣

告警系统是智能运维中非常重要的组成部分，旨在提早发现和通知潜在的问题，防止影响业务运行。告警系统需要具有高度的实时性，这是因为在运维过程中，尤其是面对重要的业务系统时，即使是短时间内的故障，也可能造成重大损失。因此，告警系统需要能够在问题发生的第一时间进行检测并发出告警。告警系统要有很高的准确性，如果告警系统频繁地产生误报，那么运维人员可能忽视真正的问题，或者浪费时间在处理错误的问题上，这都会影响运维的质量保障能力和效率。不同的业务系统对告警的需求也可能不同。灵活性和可定制性是一个好的告警系统的必备特性。运维人员可以根据自身的个性化需求轻松地设置告警阈值、选择告警方式（如邮件、短信、电话、微信等），以及定义告警的严重程度和级别。

告警发出和运维处理流程如图 7.6 所示。

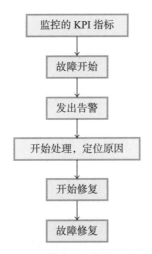

图 7.6 告警发出和运维处理流程

告警系统的衡量指标如下。

1. MTTD：Mean Time to Detect，平均检测时间。MTTD 是指从系统故障到告警所需的平均时间，即图 7.6 中从故障开始到发出告警的时间。

2. MTTA：Mean Time to Acknowledge，平均确认时间。MTTA 是指从系统产生告警到人员收到告警并开始处理的平均时间，即图 7.6 中从发出告警到开始处理的时间。

3. MTTI：Mean Time to Investigate，平均调查时间。MTTI 是指从确认一个告警事件到开始调查其原因的平均时间，即图 7.6 中从开始处理到开始修复的时间。

4. MTTF：Mean Time to Fix，平均修复时间。即图 7.6 中从开始修复到故障修复的时间。

5. MTTR：Mean Time To Repair，平均故障出现到恢复正常时间。MTTR = MTTA + MTTI + MTTF，即图 7.6 中从发出告警到故障修复的时间。

此外，我们也可以借鉴机器学习模型的评估指标来设计告警系统的评估指标。

1. 精确率（Precision）：指告警是否真正指示了系统故障的存在。误报会降低告警的质量，浪费运维人员的时间，影响运维人员的工作效率。

2. 召回率（Recall）：指告警系统能覆盖的真正的故障比例。在计算召回率时，为了统计所有的故障信息，可以借助工单系统，以用户或者客户反馈的故障数量为基准，对现有的告警系统的召回率进行计算与评估。

使用上述评价指标，可以在日常的运维工作中评估告警系统的质量和效果，从而进行下一步的迭代与优化。AIOps 的引入对缩短 MTTR 和减轻运维团队的工作量具有重要意义。运维的主要任务是监控系统正常运行，及时处理故障，业务对系统故障的容忍度很低。引入 AIOps 后，可以通过自动化监控项管理及发现系统异常，同时利用根因定位技术及告警关联技术快速找出问题根源，缩短 MTTR，提高系统的可靠性。人的管理能力和反应速度毕竟有限，就像飞机需要自动导航，AIOps 用于辅助实现自动决策。在 AIOps 决策结果与预设的服务等级（Service Level Agreement，SLA）目标不相符时，才需要人工干预。

一般情况下，告警不仅由时间序列的异常产生，还可能由其他的场景产生。一个告警系统会包含以下关键的因素。

- 数据收集平台：用于收集各个子系统的告警数据。
- 告警发送通道：发送告警的工具，例如电话、短信、微信、小程序、QQ 等。
- 告警日报平台：用于展示业务、场景、时间的告警情况。
- 告警收敛平台：用于在告警发送时实现告警收敛功能。
- 告警关联平台：用于在告警查询时展示 Top N 相关告警。

在 AIOps 中，数据收集平台是数据的基石，告警发送通道是为了让其余业务人员感知到业务出现故障和接收告警。告警日报平台、告警收敛平台、告警关联平台是告警平台的数据化、智能化的核心所在。机器学习算法则是这三个平台的核心所在，但并不是直接使用开源算法，而是需要定制一些告警关联和收敛数据展示方案，才能发挥告警平台的核心价值。

7.4.2　告警关联与收敛

定义 7.7 告警关联与收敛

在运维领域中，告警关联（Alarm Correlation）是指通过收集和分析由多种监控系统和应用程序发出的告警信息，寻找它们之间的联系，把相关的告警关联到一起。告警收敛（Alarm Convergence）是指将多个相关的或冗余的告警事件合并成一个更简洁、更易理解的告警表示，以便运维人员更快速、高效地采取行动。告警收敛技术旨在简化告警事件的处理，降低运维负担，帮助运维人员关注真正重要的问题。告警关联和告警收敛都是为了提高运维效率和故障处理速度。

在运维领域，运维人员需要时刻保持警惕，准确、及时地处理各种问题，以确保业务系统的正常使用。然而，运维人员无法避免的一个问题就是告警的泛滥。每个网络、每个服务器、每款应用程序，都可能在任何时间发送告警信号，指示可能发生的问题和故障。在这些告警中，有的确实是严重的问题，需要立即处理；有的可能只是误报或小问题，可以暂时忽略；

有的业务模块发生了故障，可能引起多个模块触发告警，短时间内会产生大量告警。但无论是哪一种问题，运维团队都必须对其进行评估，以决定下一步的行动。在这种情况下，如何高效、准确地处理大量的告警信息，成为运维团队的一项重要任务。

告警关联和收敛，就是为了解决这一问题而产生的。它利用数据挖掘和机器学习的方法，分析大量的告警数据，找出其中的关联关系和模式。在发送告警时进行必要的关联和收敛，可以帮助运维团队更快、更准确地解决问题，使其从处理大量的独立告警中解放出来，专注于解决真正重要的问题，从而保障业务的正常运转。

在实际的业务场景中，有很多将几条告警关联在一起的场景，举例如下。

- 在单维时间序列监控系统中，一家公司通常会拥有多个业务，在每个业务中都有许多的业务指标（时间序列）数据。在同一个业务下，如果出现了告警，需要将其合并和关联到一起进行发送，或者在用户点击某一条业务指标告警时，通过告警关联算法获取到其余业务指标的告警信息。
- 在多维时间序列监控系统中，在同一条日志流下，可以从不同的维度进行关联，让相关的告警关联在一起。
- 在公司内外部的多个告警系统中，如果事先已经知道某些告警经常在一起出现，可以根据关联规则或者聚类算法获取信息，进一步对未来的告警数据进行关联。

对于监控系统的场景，可以从以下角度使用告警关联技术，以达到告警关联的效果。

- 从业务角度进行下钻分析。在同一个业务下，可以使用多种信息对告警业务指标进行关联，可以参考的信息包括：（1）业务对应的时间序列形状和走势；（2）业务指标的告警时间；（3）业务指标的具体信息；（4）针对某些特殊的业务指标，甚至可以做跨业务的告警关联等。我们可以从单一业务、单一指标开始分析告警的关联关系，然后逐步推广到多个指标、多个业务。这需要我们更深入地理解业务的全貌，熟悉各个指标和各个业务间的关联和影响，以及它们对整体运作的重要性。这是一个复杂的过程，但也是一个可以大幅提升告警关联分析能力的过程。
- 基于根因分析的思路。在单维或多维时间序列监控系统中，如果出现某条时间序列的告警信息或者日志流的告警信息，告警关联模块可以推荐出与这条告警相关的其余告警信息，以及此次故障的原因或者影响范围。针对一条日志流的数据，可以同时监控两个或者多个维度，例如账号和模块等维度。因此，可以考虑从以下的角度来做告警关联：（1）通过对子矩阵做根因分析，得到一个根因分析的列表。根据同一个时间段内的根因分析列表实现不同维度之间的告警关联；（2）在账号 id 和模块 id 的告警上各增加一个告警 id，通过根因分析的列表将二者对应并关联起来。通常，一个模块 id 可以关联多个异常的账号，而一个账号 id 在一个时间段内只对应一个模块 id。
- 基于频繁项集的思路。当某个模块出现问题时，往往会引发上游或下游的模块也一并告警。例如模块 A 调用了模块 B，当模块 B 出现问题时，模块 A 和模块 B 都会产生告警。历史上出现过的告警数据中有相关的关联信息，可以从历史告警数据中挖掘关联的告警策略。常用的频繁项集挖掘方法有 Apriori、Fp-Growth 等。通过挖掘历史告警数据，可以建立关联规则库。

- 基于时间序列相似性或聚类算法的思路。它的告警关联流程如图 7.7 所示。

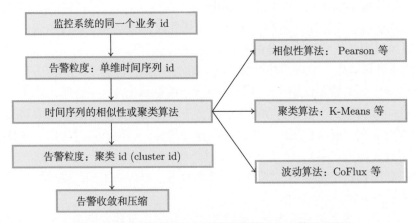

图 7.7   基于时间序列相似性或聚类算法的告警关联流程

7.4.3   基于相似性或聚类算法的告警关联与收敛

1. 相似性或聚类算法

告警关联的目的是推荐 Top N 相关告警原因或影响范围。针对任一业务指标 KPI 曲线，找到与之相关的 Top N 的业务指标 KPI 曲线。对于两条单维时间序列，可以计算它们之间的相似度。常用的方法包括 Pearson、FNN 的隐藏层、J-Measure、SIG、Granger、互相关性、CoFlux 等。我们也可以基于时间序列的相似性或者分类特征，使用时间序列聚类的方法计算 kpi id 与 cluster id 的对应关系，也就是对时间序列进行分类。在告警时，根据 cluster id 做告警，而不是根据 kpi id 做告警。

相似性可以作为排序的依据，利用相似性对候选的 KPI 集合进行排序。通过聚类的方法获得 cluster id，这时不能进行排序，因为只有一个 cluster id。在计算两条时间序列的相似性时，可以做到实时计算；但是在计算一个视图下所有属性的两两之间的相似性时，计算量较大，实时计算有一定压力。

以一趟聚类（One Pass Clustering）的步骤为例，将告警数据按照时间戳升序排列，后面的告警需要与之前的告警进行相似性比较。如果相似，则把这个告警加入已有的类；如果不相似，则这个告警自成一类。一个类可以称为一个簇或者一个事件。简单来说，一趟聚类有两个关键步骤。

- 判别时间序列的相似性。
- 选取每个簇的时间序列代表元。

从业务经验上看，每个告警（alarm id）至少会带有以下两个标识。

- 时间序列的标识：kpi id。
- 告警开始时间的标识：alarm begin time。

因此，最简单的告警排序逻辑如下。

- 对所有告警的开始时间进行升序排序。
- 在告警开始时间相同的情况下，可以结合业务经验对 kpi id 进行排序。

假设 $(\text{alarm id}_1, \text{alarm id}_2, \cdots, \text{alarm id}_n)$ 标识是当前按时间顺序升序排列的 n 条告警，那么使用算法后希望得到 m 个告警簇：

$$(\text{block id}_1, \text{block id}_2, \cdots, \text{block id}_m)$$

每个告警簇中都有一个或多个告警，它们之间存在某种相似性。例如 block id$_i$ 包含 alarm id$_{i_1}$, alarm id$_{i_2}$, $\cdots$, alarm id$_{i_k}$，而 block id$_i$ 中的代表元是最开始成簇的 alarm id。

一趟聚类的实时告警收敛流程如图 7.8 所示。对于新的告警 alarm id，查看历史上 w 分钟内是否存在告警簇 block id。如果不存在，则该 alarm id 自成一类。如果存在，则分析该 alarm id 与历史上 w 分钟内的所有告警簇 block id 的代表元是否存在相似性。

- 如果存在一个簇的代表元与 alarm id 相似，那么将 alarm id 加入该簇，并更新该簇的代表元。
- 如果每个簇的代表元与 alarm id 都不相似，那么 alarm id 就自成一簇，形成该簇的代表元。

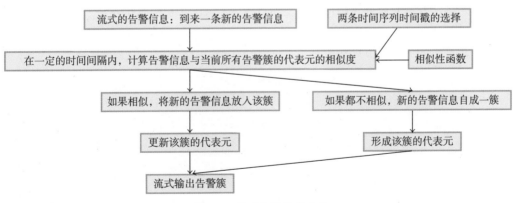

图 7.8 实时告警收敛流程

在计算两条告警相似度时，两者的时间差要在一定的时间间隔以内。假设 alarm id$_1 = (\text{id}_1, t_1)$，alarm id$_2 = (\text{id}_2, t_2)$，那么可以按照以下方法选取时间序列。

- 以 t_1 为结束时间 id_1 的历史一段时间序列，以 t_2 为结束时间 id_2 的历史一段时间序列。
- 以 t_1 为结束时间 id_1 的历史一段时间序列，以 t_1 为结束时间 id_2 的历史一段时间序列。
- 以 t_2 为结束时间 id_1 的历史一段时间序列，以 t_2 为结束时间 id_2 的历史一段时间序列。
- 以 $t_1 + \tilde{w}$ 为结束时间 id_1 的历史一段时间序列，以 $t_1 + \tilde{w}$ 为结束时间 id_2 的历史一段时间序列。
- 以 $t_2 + \tilde{w}$ 为结束时间 id_1 的历史一段时间序列，以 $t_2 + \tilde{w}$ 为结束时间 id_2 的历史一段时间序列。

其中，$\tilde{w} > 0$ 表示某个时间间隔。

2. 判断时间序列共同波动的 CoFlux 算法

CoFlux 算法由清华大学与阿里巴巴集团在 2019 年合作的论文 "CoFlux: Robustly Correlating KPIs by Fluctuations for Service Troubleshooting" [37] 中提出，其主要用途如下。

- 告警压缩和收敛。
- 推荐与已知告警相关的 Top N 的告警。
- 在已有的业务范围内（例如数据库的实例）构建异常波动链。

CoFlux 的输入是两条时间序列。输出包括以下内容。

- 波动相关性：两条时间序列是否存在波动相关性？
- 前后顺序：如果两条时间序列相关，那么它们的前后波动顺序是什么？是同时发生异常，还是存在固定的前后顺序？
- 方向性：如果两条时间序列是波动相关的，那么它们的波动方向是什么？是一致，还是相反？

CoFlux 算法并没有做异常检测，而是直接从 14 天的历史数据出发，发现两条时间序列之间的波动相关性。

CoFlux 算法的流程如图 7.9 所示。

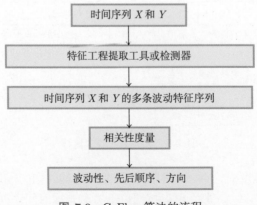

图 7.9　CoFlux 算法的流程

已知一个长度为 n 的时间序列 $S = (s_1, s_2, \cdots, s_n)$，对于任意一个检测器，可以得到一个预测值曲线 $P = (p_1, p_2, \cdots, p_n)$。针对某个检测器，可以得到一个波动特征序列 $E = (\epsilon_1, \epsilon_2, \cdots, \epsilon_n)$，其中 $\epsilon_i = s_i - p_i$，$1 \leqslant i \leqslant n$。因此，一个检测器可以对应一个波动序列特征，也就是一个时间序列。m 个检测器可以对应 m 条波动特征序列，并且它们的长度都是 n。

在 CoFlux 算法内部，根据不同的参数总共使用了 86 个检测器，大致列举如下。

- 差分：对前 1 天和前 7 天的数据做差分。
- Holt-Winters：$\{\alpha, \beta, \gamma\} \in \{0.2, 0.4, 0.6, 0.8\}$。
- 历史上的均值或中位数：1 周、2 周、3 周、4 周。
- TSD 或 TSD 中位数：1 周、2 周、3 周、4 周。
- Wavelet：1 天、3 天、5 天、7 天。

根据直觉来看：

- 对于任何一条时间序列 KPI，总有一个检测器可以相对准确地提炼到其波动特征。
- 如果两条时间序列 X 和 Y 波动相关，那么 X 的一个波动特征序列与 Y 的一个波动特征序列应该也是相关的。两条时间序列的波动特征可以对齐同一个检测器，也可以不做对齐工作。如果做对齐，则时间复杂度低；如果不做对齐，则时间复杂度高。

图 7.10 是从时间序列中提取的波动特征曲线，左图为原始时间序列，右图为通过检测器提取的特征。

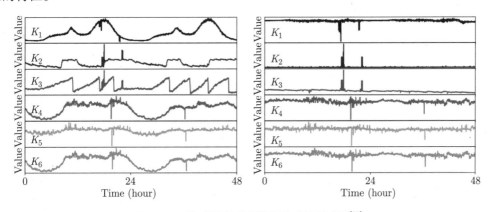

图 7.10　从时间序列中提取波动特征曲线[37]

提取时间序列的波动曲线特征只是第一步，CoFlux 算法还有后续几个关键步骤。

- 特征工程的放大（Amplify）：将波动序列特征放大，让某些波动序列特征更加明显。
- 相关性衡量（Correlation Measurement）：时间序列可能存在时间前后的漂移，即两条时间序列之间存在滞后的情况，因此需要对其中一条时间序列做平移操作。
- CoFlux 算法以历史数据（历史半个月或者一个月）作为参考，并且一段时间范围内的 KPI 数量不超过 60 条。

下面针对每条波动特征曲线讲解具体的步骤。

第一步：对波动特征曲线 $E = (\epsilon_1, \epsilon_2, \cdots, \epsilon_n)$ 做 Z-Score 的归一化。

$$\mu = \frac{\sum\limits_{i=1}^{n} \epsilon_i}{n}$$

$$\delta = \sqrt{\frac{\sum\limits_{i=1}^{n} (\epsilon_i - \mu)^2}{n}}$$

第二步：对归一化之后的波动特征曲线做特征放大，定义函数 $f_{\alpha,\beta}(x)$ 为

$$f_{\alpha,\beta}(x) = \begin{cases} e^{\alpha \min(x,\beta)} - 1, & x \geqslant 0 \\ -e^{\alpha \min(|x|,\beta)} + 1, & x < 0 \end{cases}$$

则 $E = (\epsilon_1, \epsilon_2, \cdots, \epsilon_n)$ 放大之后的波动特征曲线为

$$\hat{E} = (f(\epsilon_1), f(\epsilon_2), \cdots, f(\epsilon_n))$$

第三步：对于两条放大之后的波动特征曲线 $G = (g_1, g_2, \cdots, g_\ell)$ 和 $H = (h_1, h_2, \cdots, h_\ell)$，可以计算它们之间的相关性、先后顺序，以及是否同向。令

$$G_s = \begin{cases} (0, \cdots, 0, g_1, g_2, \cdots, g_{\ell-s}), & s \geqslant 0 \\ (g_{\ell-s}, g_{\ell-s+1}, \cdots, g_\ell, 0, \cdots, 0), & s < 0 \end{cases}$$

这里 0 的个数是 $|s|$。其中，$-\ell < s < \ell$。特别地，当 $s = 0$ 时，$G_0 = (g_1, g_2, \cdots, g_s) = G$，那么可以定义 G_s 与 H 的内积为

$$R(G_s, H) = G_s \cdot H$$

其中，$\cdot$ 指的是向量之间的内积（Inner Product）。同时，可以定义互相关性（Cross Correlation）为

$$\mathrm{CC}(G_s, H) = \frac{R(G_s, H)}{\sqrt{R(G,G) \cdot R(H,H)}}$$

由于波动可能是反向的，所以不仅要考虑相关性是大于 0 的情况，还要考虑小于 0 的情况。于是，

$$\mathrm{minCC} = \min_{-\ell < s < \ell} \mathrm{CC}(G_s, H)$$

$$\mathrm{maxCC} = \max_{-\ell < s < \ell} \mathrm{CC}(G_s, H)$$

则最小值和最大值的指标分别是

$$s_1 = \arg\min_{-\ell < s < \ell} \mathrm{CC}(G_s, H)$$
$$s_2 = \arg\max_{-\ell < s < \ell} \mathrm{CC}(G_s, H)$$

令

$$\mathrm{FCC}(G, H) = \begin{cases} (\mathrm{minCC}, s_1), & |\mathrm{maxCC}| < |\mathrm{minCC}| \\ (\mathrm{maxCC}, s_2), & |\mathrm{maxCC}| \geqslant |\mathrm{minCC}| \end{cases}$$

从定义中可以看出，$\mathrm{FCC}(G, H)$ 是一个元组，包含相关性、波动方向、前后顺序三种信息。$\mathrm{FCC}(G, H) \in [-1, 1]$，越接近 1 或 −1 就表示放大之后的波动特征曲线 G 和 H 越相关。正值的 $\mathrm{FCC}(G, H)$ 表示 G 与 H 的波动方向相同，是正相关的；负值的 $\mathrm{FCC}(G, H)$ 表示 G 与 H 的波动方向相反，是负相关的。根据 $s < 0$ 或者 $s \geqslant 0$，就可以判断先后顺序。因此，CoFlux 算法通过对 $\mathrm{FCC}(G, H)$ 的分析得到最终结果。

如果两条时间序列存在波动相关性，则需要输出这两条时间序列的波动先后顺序、是否同向波动。如果两条时间序列不存在波动相关性，则不需要判断波动先后顺序、是否同向波动。上述流程如图 7.11 所示。

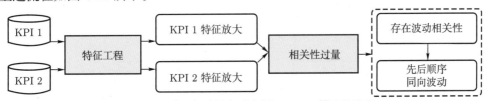

图 7.11　对两条时间序列应用 CoFlux 算法的流程

CoFlux 相关论文中使用的数据集中包括 CPU、错误率、错误数、内存使用率、成功率等指标。文献 [37] 中的案例对时间序列曲线进行分类和告警压缩，21 条时间序列的告警量实际可能只有 3 条告警。

7.4.4　基于告警属性泛化层次的告警关联与收敛[38-40]

> **定义 7.8 告警及其泛化**
>
> 一条告警 a 由 n 个维度 $(A_1, A_2, \cdots, A_n)$ 及相应的值组成。对于 $1 \leqslant i \leqslant n$，每个维度 A_i 的定义域记为 $\mathrm{dom}(A_i)$，那么告警 a 的定义域就是 $\mathrm{dom}(A_1) \times \mathrm{dom}(A_2) \times \cdots \times \mathrm{dom}(A_n)$，并且告警 a 记为 $a = (a[A_1], a[A_2], \cdots, a[A_n])$。
>
> 告警的泛化是指对告警的某些维度的定义域进行扩充。假设告警 $a = (a[A_1], a[A_2], \cdots,$

$a[A_n])$ 的定义域是 $\mathrm{dom}(A_1) \times \mathrm{dom}(A_2) \times \cdots \times \mathrm{dom}(A_n)$，它可以被扩充为 $\mathrm{Dom}(A_1) \times \mathrm{Dom}(A_2) \times \mathrm{Dom}(A_2) \times \cdots \times \mathrm{Dom}(A_n)$，其中 $\mathrm{dom}(A_i) \subseteq \mathrm{Dom}(A_i)$ 对于所有的 $1 \leqslant i \leqslant n$ 都成立。即 $\mathrm{Dom}(A_i) := \mathrm{dom}(A_i) \cup \{$属性 A_i 泛化后的取值$\}$。

通常情况下，告警具有以下属性。

- 时间属性：所有的告警都会带上相应的时间戳，包括告警的开始时间、发送时间、恢复时间等。
- 类别属性：告警的级别、IP、端口、告警的接收人、告警类别、产生告警的平台、告警状态等。
- 数值属性：阈值、网络包的大小等。
- 文本属性：用户自定义的文本信息，具有任意性和不可预知性。

定义 7.9　泛化层次结构

泛化层次结构是指告警的每个属性都存在一个层次结构，顶层的元素最抽象，底层的元素最具体。而每个属性可能存在不止一个泛化层次结构，也就是说，可能同时存在多个泛化层次结构。

时间属性的泛化层次结构如图 7.12 所示，时间戳可以按照天、星期、月来划分层次结构，并且根据不同的层次结构获得不同的聚类效果。

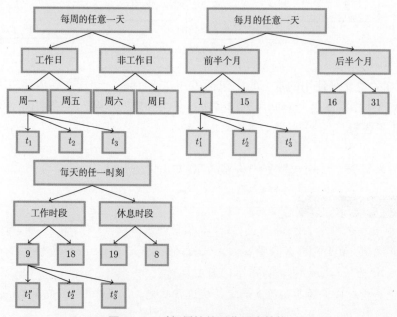

图 7.12　时间属性的泛化层次结构

IP 和端口属性的泛化层次结构如图 7.13 所示。

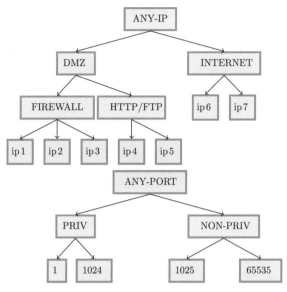

图 **7.13**　IP 和端口属性的泛化层次结构

在网络告警中，告警字段包括但不限于以下内容：Alarm Type、Source Port、Dest Port、Dest IP、Time、Context、Size。

其中，IP 的定义域为 $\mathrm{dom(IP)} = \{p.q.r.s|p,q,r,s \in \{0,1,\cdots,255\}\}$，而泛化后的 IP 定义域为 $\mathrm{Dom(IP)} = \mathrm{dom(IP)} \cup \{\mathrm{HTTP/FTP, FIREWALL, DMZ, INTERNET, ANY\text{-}IP}\}$。类似地，泛化后的 PORT 定义域为 $\mathrm{Dom(PORT)} = \mathrm{dom(PORT)} \cup \{\mathrm{PRIV, NON\text{-}PRIV, ANY\text{-}PORT}\} = \{1,2,\cdots,65535, \mathrm{PRIV, NON\text{-}PRIV, ANY\text{-}PORT}\}$。由此可知：

$$\mathrm{ip1} \in \mathrm{FIREWALL} \in \mathrm{DMZ} \in \mathrm{ANY\text{-}IP}$$

$$(\mathrm{ip1}, 80) \in (\mathrm{FIREWALL\ PRIV})$$

给定一批告警的日志，告警聚类是指把这些告警聚成多个簇，使每个簇的告警都是由同一个原因造成的。在考虑告警聚类时，关键在于如何定义告警之间的距离函数，也叫作相似性函数。

定义 7.10 告警之间的距离

两个具有相同属性的告警 $a_1 = (a_1[A_1], a_1[A_2], \cdots, a_1[A_n])$ 和 $a_2 = (a_2[A_1], a_2[A_2], \cdots, a_2[A_n])$，它们之间的距离可以由属性之间的距离表示：

$$d(a_1, a_2) = \sum_{i=1}^{n} d(a_1[A_i], a_2[A_i])$$

其中 $d(a_1[A_i], a_2[A_i])$ 表示第 i 个属性下，两个属性值 $a_1[A_i]$ 和 $a_2[A_i]$ 之间的距离。而属性值 $x_1, x_2 \in A_i$ 之间的距离定义为

$$d(x_1, x_2) = \min\{\delta(x_1, p) + \delta(x_2, p), p \in \mathcal{G}_i, x_1 \trianglelefteq p, x_2 \trianglelefteq p\},$$

其中，$\mathcal{G}_i$ 指的是属性 A_i 的层次结构，p 同时是 x_1 和 x_2 的父代，$\delta(\cdot, \cdot)$ 指的是 $\mathcal{G}_i$ 中两个节点的最短路径。

图 7.13 中两个属性值之间的距离为

$$d(\mathrm{ip1}, \mathrm{ip1}) = 0$$

$$d(\mathrm{ip1}, \mathrm{ip4}) = d(\mathrm{ip1}, \mathrm{DMZ}) + d(\mathrm{DMZ}, \mathrm{ip4}) = 2 + 2 = 4$$

$$d(\mathrm{PRIV}, \mathrm{NON\text{-}PRIV}) = d(\mathrm{PRIV}, \mathrm{ANY\text{-}PORT}) + d(\mathrm{ANY\text{-}PORT}, \mathrm{NON\text{-}PRIV}) = 1 + 1 = 2$$

两个告警之间的距离为

$$d((\mathrm{ip1}, 80), (\mathrm{ip2}, 1234)) = d(\mathrm{ip1}, \mathrm{ip2}) + d(80, 1234) = 2 + 4 = 6$$

对于两个告警 a_1 和 a_2，假设 g 同时是它们的泛化结构，即 $a_1, a_2 \trianglelefteq g$。根据上面的定义，$\delta(a_i, g)$ 表示泛化层次结构 $\mathcal{G}_i$ 中的最短路径。对于不同的 g，$\sum_{i=1}^{2} \delta(a_i, g)$ 越大，表示 g 相对于 a_1 和 a_2 而言就越抽象，越接近泛化层次结构 $\mathcal{G}_i$ 的顶层；反之，如果 $\sum_{i=1}^{2} \delta(a_i, g)$ 越小，表示 g 越具体，越接近底层。

有了告警之间距离的定义，告警聚类问题就可以转化为：寻找一个集合 $\mathcal{C} \subseteq \mathcal{L}$，使得聚类 $H(\mathcal{C})$ 的不均匀度达到最小，同时满足 $|\mathcal{C}| \geqslant \mathrm{min\_size}$。此时，集合 $\mathcal{C}$ 就被称为一个告警聚簇。其中，$\mathcal{L}$ 是一批告警的集合，$\mathrm{min\_size} \in \mathbb{N}$ 表示一个整数，$\mathcal{G}_i$ 表示属性 A_i 的层次结构（$1 \leqslant i \leqslant n$），$H(\mathcal{C})$ 表示告警聚簇的不均匀性。

定义 7.11 告警聚簇的不均匀性

告警聚簇 $\mathcal{C}$ 的不均匀性 $H(\mathcal{C})$ 是由聚簇中的所有告警决定的。假设 g 是聚簇 $\mathcal{C}$ 中所有告警 a 的一个泛化，那么对于所有的 $a \in \mathcal{C}$，都有 $a \trianglelefteq g$。g 和聚簇 $\mathcal{C}$ 的平均距离为

$$\overline{d}(g,\mathcal{C}) = \frac{1}{|\mathcal{C}|} \sum_{a \in \mathcal{C}} d(g,a)$$

$$H(\mathcal{C}) = \min\{\overline{d}(g,\mathcal{C}) : \forall a \in \mathcal{C} : a \trianglelefteq g, g \in \mathrm{Dom}(A_1) \times \mathrm{Dom}(A_2) \times \cdots \times \mathrm{Dom}(A_n)\}$$

一个泛化后的告警 g（$\forall a \in \mathcal{C} : a \trianglelefteq g$）如果满足 $\overline{d}(g,\mathcal{C}) = H(\mathcal{C})$，那么就称 g 为聚簇 $\mathcal{C}$ 的覆盖。

对于告警聚簇 $\mathcal{C}$ 而言，如果 $H(\mathcal{C})$ 越小，表示聚簇 $\mathcal{C}$ 越均匀；反之，如果 $H(\mathcal{C})$ 越大，表示聚簇 $\mathcal{C}$ 越不均匀。

虽然告警聚类问题可以被明确定义，但是想要解决它并不简单，有定理可以证明，告警聚类问题是一个 NP-hard 问题。因此，只能采用启发式的方法逐步逼近最佳的聚类结果，启发式告警聚类算法如算法 7-1 所示。

算法 7-1 启发式告警聚类算法

1: 输入：告警聚类的问题的必备元素 $(\mathcal{L}, \mathrm{min\_size}, \mathcal{G}_1, \mathcal{G}_2, \cdots, \mathcal{G}_n)$。
2: 输出：对聚类问题 $(\mathcal{L}, \mathrm{min\_size}, \mathcal{G}_1, \mathcal{G}_2, \cdots, \mathcal{G}_n)$ 的启发式聚类结果。
3: 令 $T = \mathcal{L}$；
4: 对所有的告警 $a \in T$，令 $a[\mathrm{count}] = 1$。
5: **while** $\forall a \in T$，当 $a[\mathrm{count}] < \mathrm{min\_size}$ 时，**do**
6:     用启发式算法选择出属性 A_i，其中 $i \in \{1, 2, \cdots, n\}$；
7:     **for** 对所有的告警 $a \in T$，**do**
8:       $a[A_i] =$ 在层级结构 $\mathcal{G}_i$ 中 $a[A_i]$ 的父代；
9:       **while** 如果告警 a 和 a' 恒等，**do**
10:         两个告警合并，$a[\mathrm{count}] = a[\mathrm{count}] + a'[\mathrm{count}]$，在 T 中删除 a'
11:       **end while**
12:     **end for**
13: **end while**
14: 输出所有满足条件 $a[\mathrm{count}] \geqslant \mathrm{min\_size}$ 的泛化告警 $a \in T$。

其中，如果两个告警 a 与 a' 是恒等的，则表示它们对应的每个元素都是相等的，即 $a[A_i] = a'[A_i]$ 对于所有的 $1 \leqslant i \leqslant n$ 都成立。

而启发式属性是这样选择的：对于所有的 $1 \leqslant i \leqslant n$，令

$$F_i = \max_{v \in \mathrm{DOM}(A_i)} f_i(v) = \max_{v \in \mathrm{DOM}(A_i)} \{a \in T : a[A_i] = v\}$$

$$= \max_{v \in \mathrm{DOM}(A_i)} \{\text{筛选出 } A_i = v \text{ 的告警 } a, \text{统计 } a(\mathrm{count}) \text{ 之和}\}$$

启发式算法选择属性 A_i 使得 F_i 达到最小值，即对于所有的 $1 \leqslant j \leqslant n$，都有 $F_i \leqslant F_j$。

由此可断言，在泛化之后的告警集合 T 中，如果有一个告警 a 满足 $a[\text{count}] \geqslant \min\_\text{size}$，那么对于所有的 $1 \leqslant j \leqslant n$，$F_j \geqslant f_j(a[A_j]) \geqslant \min\_\text{size}$ 都成立。事实上，如果存在 $i_0 \in \{1, 2, \cdots, n\}$ 使得 $F_{i_0} < \min\_\text{size}$，则表示

$$\min\_\text{size} > F_{i_0} = \max_{v \in \text{DOM}(A_{i_0})} f_{i_0}(v) = \max_{v \in \text{DOM}(A_{i_0})} \{a \in T : a[A_{i_0}] = v\}$$

即对于所有的 $v \in \text{DOM}(A_{i_0})$，都有 $\{a \in T : a[A_{i_0}] = v\} < \min\_\text{size}$，那么必定存在泛化告警 a 使得 $a[\text{count}] < \min\_\text{size}$。这与假设矛盾，所以断言成立。

泛化告警聚类后可以得到如表 7.1 所示的聚类结果。

表 7.1　泛化告警的聚类结果

告警类型	Source-Port	Source-IP	Dest-Port	Dest-IP	时间	内容	聚簇的大小（告警数量）
WWW IIS view source attack	NON-PRIV	INTERNET	80	ip4	Any	See Text	54310
IP fragment attack	Undefined	ip6	80	ip1	Any	Undefined	4581
...	...	...	...	...	...	...	...

7.4.5　基于根因分析的告警关联与收敛

在多维时间序列的场景下，通常是对汇总之后的流进行异常检测，只要出现异常，就启动根因分析模块，分析造成流异常的原因。在生产环境中，几乎很少只对一条流进行异常检测，通常会对这条流按照某个维度进行切分，对切分后的时间序列进行异常检测。切分的维度可能是不同的产品，也可能是不同的 ID。于是，在对流做异常检测时，通常会出现三种情况。

- **情况 1**：一条流只需要对汇总数据的指标进行异常检测即可。
- **情况 2**：一条流只有一个维度需要对指标进行异常检测。
- **情况 3**：一条流同时有大于或等于 2 个维度需要对指标进行异常检测。

下面对每种情况进行详细介绍。

情况 1：一条流只需要对汇总后的指标 $F(m, t)$ 进行异常检测。这相当于只对一条时间序列进行异常检测，然后触发根因分析，如图 7.14 所示。因此，这条流的告警不会太多，只需要根据必要的规则进行告警收敛即可。在多维时间序列场景中，根因分析自带告警收敛的功能。

情况 2：一条流需要将汇总后的指标 $F(m, t)$ 按照某个维度进行切分，对切分后的时间序列进行异常检测，然后触发根因分析，如图 7.15 所示。不妨假设这条流对第一个维度进行切分，即

$$F(m, t) = \sum_{j=1}^{C_1} F_{1j}(m, t)$$

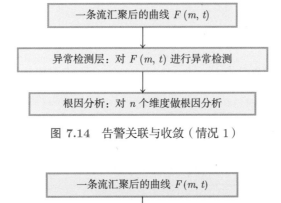

图 7.14　告警关联与收敛（情况 1）

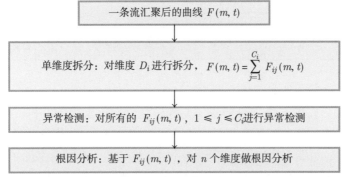

图 7.15　告警关联与收敛（情况 2）

也就是说，对 C_1 条时间序列进行异常检测，当 $F_{1j}(m,t)$ 出现异常时，需要启动它的根因分析模块。如果 C_1 不算太大，这条流的告警数量也不会太多，那么只要根据必要的规则进行告警收敛即可。如果 C_1 比较大，那么要判断是否有必要对这么多维度同时进行异常检测。有时也可以基于业务经验汇聚一部分指标数据做异常检测，这时通常不需要进行告警收敛和聚合。

情况 3：一条流同时需要对大于或等于 2 个维度进行异常检测，例如检测产品维度和用户维度。这时需要考虑这两件事情。

- 产品维度异常，影响了哪些用户。
- 用户维度异常，是由哪些产品引起的。

因此，不同维度的监控结果需要发送给不同的人员，但是在这种情况下，有些告警可以归类为一件事情，需要做告警收敛和聚合，如图 7.16 所示。

根据图 7.16，有以下两种解决方案。

- 解决方案 1：把告警串在一根绳子上，同一个时间段对应同一件事情。具体可以根据根因分析的结果来看，例如产品维度和用户 ID，分别对它们的根因分析结果进行对比，只要能够对应上，就可以串在一根绳子上。

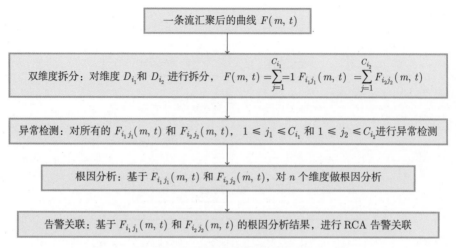

图 7.16 告警关联与收敛（情况 3）

- 解决方案 2：只监控汇聚之后的流，发现异常之后再做根因分析，将结果自动对应起来。将同一个告警通过根因分析推送给产品和用户 ID，这样做的风险点在于如果该产品的异常量少，可能不足以引起汇聚之后的曲线异常。有时会出现一条流的大故障，也就是大量产品或者大量用户 ID 在某个时间段受到了影响，这时对汇聚之后的时间序列 $F(m, t)$ 做异常检测可以发现异常，并且在启动根因分析模块之后可以发现诸多产品也存在异常。异常的影响面举例如下。
  - 产品维度：产品 1，产品 2，……
  - 用户维度：ID 1，ID 2，……
  - 接口维度：接口 1，接口 2，……

除此之外，还需要分析以下两个方面。
  - 用户的影响面：哪些用户用了某个产品，即用户和产品的对应关系。
  - 产品的影响面：哪些产品影响了用户，即产品和用户的对应关系。

因此，在这种场景下有必要对规则进行切分。

7.5 小结

本章主要介绍了智能运维在各种应用场景中的实践和挑战。智能运维（AIOps）是一种采用人工智能、大数据和机器学习等技术的 IT 运维策略。接下来介绍了指标监控，包括硬件监控、业务监控。针对节假日效应问题，介绍了一种对时间序列进行分类检测的方法，以及在时间序列异常检测中，如何处理持续异常和存在基线的情况。

本章还介绍了容量预估和弹性伸缩及其在云原生中的应用。容量预估关注系统在特定负载和性能目标下所需的资源量，通过机器学习方法进行预测。弹性伸缩实现了在业务高峰期自动扩容和低峰期自动缩容，结合机器学习预测在线人数与流量。同时，本章也介绍了容量预估的具体问题和实际场景中的挑战，如缓慢波动和突然波动。

本章最后介绍了告警系统的定义、评估指标和告警关联与收敛的方法。告警系统在智能运维中扮演着重要角色，能够实时监控系统并在出现异常时通知运维人员。这里提出了基于机器学习的方法（如 CoFlux 算法），用于挖掘告警之间的关联和收敛，以提高运维效率。同时，还介绍了多种告警聚类方法，包括基于根因分析和泛化层次结构的方法。这些方法有助于运维团队更快、更准确地解决问题，保障业务正常运转。

第 8 章

金融领域的应用场景

金融市场具有庞大和复杂的经济系统，对于投资者和风险管理者来说，理解和预测市场行为一直以来都是极具挑战性的任务。在金融领域，时间序列数据是最重要的数据类型之一，常见的数据类型包括收益率、股票价格、利率、汇率等。金融时间序列数据的特点包括：高度的波动性和不稳定性，具有长期趋势和季节性变化，存在非线性关系，受政治、经济和社会因素的影响等。

在处理金融数据时，传统的统计时间序列方法常常受限于许多问题，如复杂的非线性关系导致的模型失效等。这正是机器学习和深度学习能发挥重要作用的地方，它们可以克服传统方法的局限性，提高金融模型的准确度和泛化能力。

金融行业的常见应用场景如下。

1. 量化交易：也称算法交易，是以计算机程序和数学模型为基础的金融交易方法。量化交易利用高级数学和统计模型、机器学习算法以及自动化程序来分析金融市场数据、设计交易策略，并执行交易。与传统的基于人工判断的主观交易方式相比，量化交易更加客观、系统，减少了主观判断和情绪干扰。在股票、期权等各类金融产品的交易中，量化交易已得到广泛应用。

2. 投资组合管理：采用统计模型、机器学习算法，用历史数据来改进投资决策。将投资者的收入、风险偏好等特征作为模型的输入，算法可以为投资者设计更匹配其需求的投资组合，同时分散风险，并根据市场价格波动不断进行调节。

3. 反欺诈：欺诈对金融机构来说是一个巨大的问题。以前的反欺诈检测系统在很大程度上依赖一套复杂的规则。当今大量用户行为数据已经被存储下来，机器学习系统可以对大量用户行为数据进行训练，这使得机器学习非常适合打击欺诈性金融交易。机器学习还可以不断学习并对新的潜在或真实的安全威胁进行打击，而传统规则的迭代则相对滞后。

4. 资产价格评估：如衍生品定价，传统衍生品定价模型依赖一些理想化假设，通过输入期权类型、到期时间、执行价格等参数来估计价格。机器学习方法不依赖过于理想化的假设，可以直接估计数据和价格之间的函数关系，提高了准确率。

5. 风险管理：由数据、机器学习驱动的解决方案可以辅助金融机构进行风险管理，如银行应该向客户提供多少贷款。

本章主要介绍量化交易，并提供一些关于因子挖掘、资产定价、资产配置的例子。

8.1 量化交易概述

文艺复兴科技公司的创始人詹姆斯·西蒙斯被认为是量化投资的奠基者。从 1989 年到 2009 年，西蒙斯运营的大奖章基金（Medallion）的平均年收益率达到了 35%。然而，自 2012 年起，这家以量化投资而闻名的公司的投资业绩逐年下滑。其旗下的文艺复兴机构期货基金（RIFF）在 2011 年的回报率仅有 1.84%，到 2012 年甚至出现了 3.17% 的亏损。由于投资业绩不佳，文艺复兴科技公司在 2015 年 10 月宣布关闭 RIFF。其中的原因可能是：在经过数十年的发展后，随着量化投资策略日益相似，市场竞争也更加激烈，迫切需要升级投资策略；许多量化投资模型是基于变量之间的线性关系假设构建的，无法准确描述市场要素之间真实且复杂的非线性关系，从而难以获取超额收益。随着机器学习、深度学习技术的发展逐渐成熟，量化投资者开始研究机器学习的相关应用，比如预测市场价格走势、辅助投资组合管理、交易决策等。机器学习辅助的算法交易的优点如下。

1. 减少人类主观认知偏见，机器学习更加客观理性。
2. 算力、数据存储等方面的进步，使得可以对大量历史数据进行训练学习。
3. 跨资产和跨地区市场整合。
4. 多样化数据整合的能力，除了常规的价格、经济数据，其他如卫星图像、情绪、搜索热度等数据也能被整合进机器学习模型中。

来自得克萨斯 A&M 大学的研究人员发现，从 2006 年到 2021 年，以 AI 为指导的北美市场对冲基金创造的平均月收益率为 0.75%，而以人工为指导的对冲基金平均月收益率为 0.25% [41]。他们考察的对冲基金从纯人工到纯 AI 分为全权委托基金（Discretionary Funds）、系统化基金（Systematic Funds）、混合基金（Combined Funds）、纯 Ai 基金（Aiml Funds）。全权委托基金的投资过程仍然由人工主导；系统化基金使用了复杂的统计学模型；混合基金有更系统化的交易风格，由人工和 AI 共同指导交易；纯 AI 基金则全权委托给 AI。研究发现具有最高程度 AI 自动化的基金产生了最大收益，研究还指出由 AI 主导的对冲基金面对市场波动的风险敞口最小，而由人工主导的全权委托基金更容易受传统风险因素影响。

> **定义 8.1 对冲基金**
>
> 对冲（Hedging）是一种旨在降低风险的行为或策略，常见的套期保值形式是在一个市场或资产上进行交易，以对冲在另一个市场或资产上的风险。对冲基金（Hedge Fund），也称避险基金或套期保值基金，是一种利用对冲交易策略的基金。它结合金融期货、金融期权等金融衍生工具和金融组织，采用各种交易手段进行对冲、换位、套头、套期，以此来获取利润。截止到 2020 年，全球对冲基金管理的资产已达 3.87 万亿美元。

基金的投资目标是产生阿尔法收益，即超过评估基准的超额收益，产生阿尔法收益的关键是收益预测和根据预测采取行动的能力。这里通常会用到两个度量指标，分别是 IC 和 IR。引入机器学习的目标是为了产生更好、更可行的预测。

> **定义 8.2 阿尔法收益**
>
> 阿尔法收益指的是资产回报率中未暴露于业绩基准的部分，即超出市场平均回报的收益。旨在产生这种收益的信号被称为阿尔法因子。　　　　　　　　　　　　　　　　♣

> **定义 8.3 IC 和 IR**
>
> IC（Information Coefficient），即信息系数，用于衡量预测值和实际值之间的相关性，是预测能力评估的常见指标。IR（Information Ratio），即信息比率，是指超额收益的均值与标准差之比，用于衡量获得稳定超额收益的能力。　　　　　　♣

机器学习在量化中是如何应用的呢？机器学习是一种非常灵活的工具，可以从不同的数据来源中获取交易信号，以应对不同的资产类别。在获取数据后，经过数据预处理和特征工程，数据被输入机器学习模型，预测资产回报。模型的预测输出既可以作为整体交易策略的一部分输入，也可以作为自动化交易下单的依据。除此之外，机器学习还可以应用于许多步骤：从数据中挖掘特征，提供给研究人员新的洞察，挖掘和发现新的因子；将因子整合到交易策略中；通过算法进行资产分配，以平衡风险；利用算法合成数据用于测试等。

8.1.1　数据

量化数据可以分为以下几类。
1. 市场量价数据：包括交易的量价数据、交易量、成交量、价格，以及日内订单等。
2. 基本面数据：包括上市公司公告记录、公司财务报告，以及证券公司的分析报告等。
3. 另类数据：包括股票新闻、商品数据、宏观经济数据、产业数据、物流数据，以及电商数据等。

数据来源多样，包括时间序列数据等各类数据类型，需要量化人员研究并挖掘各类数据的关联关系和内在价值，评估哪些数据有助于挖掘超额收益，且对应的超额收益信号不会过快衰减。同时，还要注意避免在使用中发生数据泄露的情况。

8.1.2　因子

特征工程对机器学习的重要性不言而喻，在量化领域中，阿尔法因子可以被视为一种特征工程。阿尔法因子是从数据中提取出来的有用的信号，用于预测特定投资领域的投资回报。一个具有预测能力的因子能够在资产回报率和原始数据之间搭建起桥梁，正如精妙的特征工程能够提升模型的准确率一样，最后通过组合不同的因子，建立投资组合。

有些因子反映了宏观经济的关键要素，如经济增长、通货膨胀及人口规模等。另一些因子则反映了投资风格，例如价值型投资、成长型投资、动量投资。此外，还有一些因子通过解读经济学原理、金融市场的制度安排来解释价格波动，以及投资者行为心理因素带来的行为偏差。对这些因子的构建常常需要引入专家经验，以金融理论为指导。各种基于机器学习的数据挖掘技术也能在数据中提取因子。

构建因子后需要估计其预测能力，估计时要考虑实际交易费率、税率等因素，还要避免数据泄露。

在执行阶段，阿尔法因子构成的策略会发出特定的交易信号。此外，还要注意与风险之间的平衡，投资组合的管理还涉及仓位、规模等。

8.1.3　回测

在将研究的策略投入真正的交易（实盘交易）前，需要经过科学的评估，测试策略在历史数据或者其他未反映在历史数据中的表现，这种方法称为回测。回测能够反映策略在不同市场条件下能否产生正确的交易信号、收益和风险。在量化交易中，常常需要关注的指标有策略收益、基准收益、阿尔法比率、贝塔比率、夏普比率等。

8.2　因子特征工程

在传统机器学习领域，有一种说法，"数据和特征决定了机器学习的上限，而模型和算法只是逼近这个上限"。模型的性能受限于输入数据的质量和特征的表达能力。即使使用最先进的机器学习算法，如果数据质量差或者特征不具有代表性，模型仍然无法达到很高的准确性。在金融量化领域，投资收益和特征工程也息息相关。不管是交易策略还是因子投资，都从历史数据中提取信息，寻找优秀的策略和因子。因子在市场中表现良好，即该因子能够预测股票或资产的收益。这意味着当投资者根据这个因子进行投资决策时，可以获得较高的投资回报。

量化领域有一个经典的均线交易策略：当短期均线穿过长期均线向上时，形成金叉，触发买入信号；而当短期均线穿过长期均线向下时，出现死叉，产生卖出信号。用数学语言表达是：假设 x_t 为第 t 天的收盘价，$\mathrm{MA}_{\mathrm{short}}(t)$ 和 $\mathrm{MA}_{\mathrm{long}}(t)$ 分别表示第 t 天的短期移动平均值和长期移动平均值。计算方法如下：

$$\mathrm{MA}_{\mathrm{short}}(t) = \frac{x_t + x_{t-1} + \cdots + x_{t-n_{\mathrm{short}}+1}}{n_{\mathrm{short}}}$$

$$\mathrm{MA}_{\mathrm{long}}(t) = \frac{x_t + x_{t-1} + \cdots + x_{t-n_{\mathrm{long}}+1}}{n_{\mathrm{long}}}$$

其中，n_{short} 和 n_{long} 分别为短期和长期时间周期。

接下来，计算时刻 t 的特征 Feature(t)，即短期移动平均值与长期移动平均值之差：

$$\mathrm{Feature}(t) = \mathrm{MA}_{\mathrm{short}}(t) - \mathrm{MA}_{\mathrm{long}}(t)$$

在交易策略中，可以根据以下规则执行买入和卖出操作。

- 当 Feature(t) > 0 且 Feature($t-1$) $\leqslant 0$ 时，执行买入操作（金叉）。
- 当 Feature(t) < 0 且 Feature($t-1$) $\geqslant 0$ 时，执行卖出操作（死叉）。

这是一种简单的从时间序列数据中提取特征并转化为交易策略的方式。此外，随着因子投资的发展，研究者提出了规模、价值、动量、质量等一系列因子，这些因子能带来超额收益，基于这些因子的条件来选择股票，本质上也是特征工程的一部分。

定义 8.4 因子投资

因子投资（Factor Investing）是一种投资策略，是指基于投资组合管理者对市场中潜在风险和收益的驱动因素（因子）的分析，实现对资产的稳定且持续的超额收益。其中需要基于某些特定的因子或特征来选择投资组合，这些因子既可以是公司的基本面指标（如市盈率、市净率、股息收益率等），也可以是技术指标（如动量、波动率等），或者是其他一些市场因素（如风险溢价、流动性等）。

常见的因子有规模因子、价值因子、动量因子、质量因子等。[42]

- 规模因子：用于衡量与市值相关的风险。一般来说，市值较小的股票的收益率与市值较大的股票的收益率之间可能存在差异。在 Fama-French 三因子模型中，SMB 因子代表规模因子，详见 8.3 节。
- 价值因子：用于衡量公司股票价值的相对便宜程度。相比于估值较高的股票，那些估值较低的股票有着更高的预期收益率。低市盈率和高账面市值比股票通常被认为是价值股。HML 因子代表价值因子，也被纳入 Fama-French 三因子模型，详见 8.3 节。
- 动量因子：表示基于近期收益表现的股票收益趋势。股票价格上涨的态势往往会在短期内延续，而具有动量的股票往往比没有动量的股票表现更好。
- 质量因子：用于衡量公司的盈利能力和运营效率。常见的质量因子包括营业利润率、资产回报率等。利用此类因子，可以在同行业公司中选择基本面质量较好的股票来投资。

如何检验某个因子能否预测股票收益率，某个股票特征能否带来正的投资收益？

一般会使用单变量资产组合排序分析（Univariate Portfolio Analysis）的方法，基于单个变量构建资产组合进行分析，这种方法能揭示股票收益率和变量之间的相关性。假设 X 为某个作为分组依据的股票特征或因子（如市值、资产回报率），参数为 k（计算变量所用窗口长度）、m（等待建仓时间）和 n（持有资产组合的时间），将资产分为 q 组。单变量资产组合排序分析共分为四个步骤。

1. 计算分位数值：计算任意时刻 t 的分组指标 X 的分位数值。计算所有股票在 $[t-k, t]$ 时间段内的指标 X，并计算所有股票特征 X 的 q 分位数点。

2. 建立资产组合：根据时刻 t 的分位数值和等待期，对排序后的股票进行分组，在等待建仓时间 m 后（如 $m=0$，即假设在时刻 t 立即建仓），确定每个分组 q 的成分股票。

3. 计算持有期收益：持有资产组合后，计算在持有期 n 内，$[t+m, t+m+n]$ 时间段（从建仓到卖出）不同投资组合实现的收益率 $(\boldsymbol{R}_t^{(1)}, \boldsymbol{R}_t^{(2)}, \cdots, \boldsymbol{R}_t^{(q)})$。

4. 计算不同时刻：将上述流程在全部样本时间区间 $[T, T+s]$ 内进行循环，计算不同投资组合实现收益率的时间序列 $(\boldsymbol{R}_t^{(1)}, \boldsymbol{R}_t^{(2)}, \cdots, \boldsymbol{R}_t^{(q)})$，其中 $\boldsymbol{R}_t^{(q)} = (R_1^{(q)}, R_2^{(q)}, \cdots, R_t^{(q)})$，对投资组合的收益率进行统计检验。这样可以判断在全部样本中，股票特征 X 是否能用于预测未来股票收益率。

本文以规模因子为例，分析单个因子的表现。规模因子的历史较为悠久，早在 1981 年，Banz 等人就发现纽约证券交易所的股票市值与收益率负相关[43]，并按市值将股票分为 5 组。结果表明，市值最小的股票组的月平均收益率比其他股票高 0.4%，差异相当显著。另外，规模效应呈非线性特征，对市值最小的企业影响最为显著。在 Fama-French 三因子模型中也包含规模因子。规模因子产生的原因可能是，由于小市值股票信息比大市值股票信息的来源少，投资者往往不愿意持有小市值股票，从而导致这些股票的价格低于规模较大的股票，因此具有较高的预期收益。本案例尝试分析 A 股市场的价值因子（这里用流通市值代表）是否为一个有效因子。

使用 2020 年 1 月 1 日沪深 300 指数成分股流通市值进行分位数统计，按照从小到大构建 10 个分组，采用等权方式构建投资组合。

持有资产组合后，计算在持有期 30 天内，10 个分位数分组的收益率，作为一个时间截面的收益率统计。调仓周期为 30 天，即每 30 天根据最新的流通市值进行重新分组和调仓，计算从 2019 年 6 月到 2021 年 6 月不同分位数分组实现的收益率时间序列，如市值最小的组得到的收益率时间序列为 $(R_1^{(1)}, R_2^{(1)}, \cdots, R_t^{(1)})$，市值最大的组得到的收益率时间序列为 $(R_1^{(10)}, R_2^{(10)}, \cdots, R_t^{(10)})$。计算各分位数分组的所有时间截面的平均收益，如图 8.1 所示。分组 1 代表流通市值最小的股票组合，分组 10 代表流通市值最大的股票组合。分组 1 的平均收益率为 0.37%，分组 10 的平均收益率为 0.07%，这说明，企业市值高的股票组合预期 30 天的收益率低于企业市值低的股票组合。计算累积收益，如图 8.2 所示。计算价值因子在该时间范围内的 IC 均值为 −0.122，因为这里的价值因子是升序排列，市值越小，预期收益越高，所以因子值为负值。IC 的绝对值大于 3%，即认为因子有效。

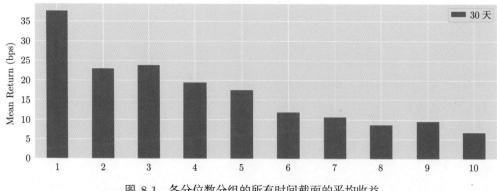

图 8.1   各分位数分组的所有时间截面的平均收益

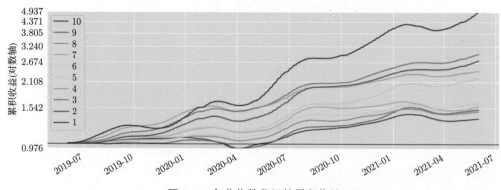

图 8.2   各分位数分组的累积收益

8.3   资产定价

资产定价（Asset Pricing）是金融领域最重要的问题之一，它试图解释不确定条件下未来支付的资产价格或者价值，这里的资产通常是指金融工具或某种证券。资产定价问题对于投资有着重要的指导意义，例如今天你被托付一笔资金，要求你投资一只股票，投资时长为 1 个月，你要如何进行决策？这就涉及资产定价的问题。资本资产定价模型指出，各种资产的超额收益率仅由预期市场组合收益率以及各资产的市场风险暴露程度决定。所以，如果预期市场会上涨，则购入贝塔值高的股票；如果预期市场会下跌，则购入贝塔值低的股票。

定义 8.5 资本资产定价模型

资本资产定价模型（Capital Asset Pricing Model，CAPM）揭示了资产期望回报与市场系统性风险之间的关系，为投资者在股票投资过程中进行投资策略构建和风险管理提供了指导。CAPM 的公式为

$$\mathbb{E}(R_i) = R_{\mathrm{f}} + \beta_i(\mathbb{E}(R_{\mathrm{m}}) - R_{\mathrm{f}})$$

其中，$\mathbb{E}(R_i)$ 表示资产 i 的期望回报；R_{f} 表示无风险利率；β_i 表示资产 i 的贝塔值，即资产 i 面对市场风险的敏感性；$\mathbb{E}(R_{\mathrm{m}})$ 表示市场组合的期望回报；$(\mathbb{E}(R_{\mathrm{m}}) - R_{\mathrm{f}})$ 表示市场风险溢价，即市场组合的超额收益率。该公式表明，一个资产的期望回报由无风险收益率、市场风险溢价和资产的贝塔系数共同决定。公式中等号右侧的第一项对应无风险收益，第二项描述了资产跟随市场波动导致的收益波动。利用这个公式，投资者可以根据市场风险计算合理的期望收益，并对投资组合进行权衡。

  CAPM 基于诸多假设，比如 CAPM 遵循完全市场假设，没有任何摩擦和交易费用，投资者也完全是理性的，会根据预期回报最大化、风险最小化的原则进行投资。而实际情况与这些假设并不相符，实际情况中有交易成本和税，且不存在无风险资产。行为金融学发现投资者的行为受到心理偏好的影响，经常出现非理性行为。

  后续有学者对 CAPM 进行改进，提出了 Fama-French 三因子模型（Fama-French Three-Factor Model）。在 CAPM 模型的基础上，引入另两个影响资产收益的重要风险因子：市值因子（Size Factor，Small Minus Big，SMB）和账面市值比因子（Value Factor，High Minus Low，HML）。这意味着 Fama-French 三因子模型不仅考虑了市场风险因子，还考虑了市场中其他重要的风险因子。没有任何一个模型是完美的，学界和业界不断提出了许多因子模型，通过分析资产的历史数据可以得到许多因子，这些因子或多或少可以预测资产未来的收益率。但是，传统计量模型一般只能考虑少数的因子和变量，无法考虑高维的问题，传统计量模型的处理方式为模型带来了极端的稀疏性，在成百上千个变量和因子中，只考虑了少数因子的影响。

  相比于传统计量模型，机器学习在资产定价问题上有如下优势。[44, 45]

1. 资产定价问题是对未来实现超额回报的预期，是一个预测问题，而机器学习主要用于预测任务。

2. 机器学习能在一定程度上解决高维问题。在高维数据中，很多模型参数往往会出现过拟合的现象，即在训练数据上表现很好，但在测试数据上表现很差。机器学习的正则化技术能在一定程度上减少过拟合。

3. 金融时序数据的信噪比较低，资产的真实收益 r_t 不代表预期收益 $\mathbb{E}(r_t)$，预期收益是不可观测的或在理想情况下才能实现，所以传统模型经常会设定很多理想化的假设。机器学习直接对历史数据进行训练，不需要理想化的假设，完全由数据驱动的方式也有助于研究人员发现新的视角。

4. 机器学习没有严格的函数形式规定，有助于构建解释能力更强的模型。传统计量模型一般假设因子和收益率之间为线性关系。

  同时，机器学习也面临着一些挑战，如政策变动、市场环境、因子拥挤现象等带来的预测失效问题，导致历史数据不一定能预测未来。机器学习利用历史去拟合数据，难以避免此类问题，所以在实际应用中，需要进行相应的调整和优化。

Gu, Kelly 和 Xiu 等人在金融学"三大顶刊"之一的 *The Review of Financial Studies* 上发表了论文 "Empirical Asset Pricing via Machine Learning" [46]，主要探讨了如何利用机器学习技术改进资产定价和预测金融市场回报。论文通过对美国股票市场进行实证分析，收集了从 1957 年到 2016 年近 30000 只美国股票的月收益率数据，平均每月的股票数量超过 6200 只。在特征方面，包括 94 个公司个股级别的特征因子（61 个为每年更新，13 个为季度更新，20 个为每月更新）、74 个行业哑变量（用于指示股票对应的行业）和 8 个宏观经济变量。在这 60 年的数据中，前 18 年（1957~1974 年）的数据用于训练模型，12 年（1975~1986 年）的数据用于验证集，剩下 30 年（1987~2016 年）的数据作为测试集。其中，验证集用于调整算法超参数，测试集真正用于衡量算法表现。

文献 [46] 中将资产的超额收益定义为

$$r_{i,t+1} = E_t\left(r_{i,t+1}\right) + \varepsilon_{i,t+1}$$

$r_{i,t+1}$ 代表第 i 只股票在第 $t+1$ 期（如第 $t+1$ 个月）的真实超额回报率，$E_t\left(r_{i,t+1}\right)$ 代表根据第 t 期的已知信息，在第 t 期对第 $t+1$ 期超额收益率的期望。构建模型的目标是建立从特征变量 $z_{i,t}$ 到 $E_t(r_{i,t+1})$ 之间的映射关系，即

$$E_t\left(r_{i,t+1}\right) = g^*(z_{i,t})$$

其中，$g^*()$ 代表一个灵活的函数形式，如各类机器学习算法。$g^*()$ 既不依赖特定股票 i，也不依赖特定时间 t，这是一种共用参数的方法。上述过程和传统的资产定价方法不同，传统的资产定价方法在每个时间截面重新拟合模型或者为每只股票单独拟合一个时间序列模型。

该论文中评估了以下 9 个机器学习算法模型。

1. OLS+H：Ordinary Least Squares，使用全部特征的线性回归，使用 Huber Loss 代替 L2 Loss。
2. OLS-3+H：只使用 3 个因子（规模、账面市值比、动量）的线性回归，使用 Huber Loss 代替 L2 Loss。
3. PLS：Partial Least Squares，偏最小二乘回归。
4. PCR：Principal Components Regression，主成分回归。
5. ENet+H：Elastic Net，弹性网络，使用 Huber Loss。
6. GLM+H：Generalized Linear Models，广义线性回归，使用 Huber Loss。
7. RF：Random Forest，随机森林。
8. GBRT+H：Gradient Boosted Regression Trees，梯度提升回归树，使用 Huber Loss。
9. NNx：Neural Networks，神经网络，有 x 个隐含层的前馈神经网络。

在样本外测试集（Out of Sample）上评估模型效果的指标为

$$R_{\text{oos}}^2 = 1 - \frac{\sum\limits_{(i,t)\in\mathcal{T}}(r_{i,t+1}-\widehat{r}_{i,t+1})^2}{\sum\limits_{(i,t)\in\mathcal{T}}r_{i,t+1}^2}$$

其中，$\mathcal{T}$ 代表测试集样本，$\widehat{r}_{i,t+1}$ 代表模型预测值，$r_{i,t+1}$ 代表真实值。对比原始 R^2 的计算公式：

$$R^2 = 1 - \frac{\sum\limits_{i=1}^{n}(y_i-\hat{y}_i)^2}{\sum\limits_{i=1}^{n}(y_i-\bar{y})^2}$$

可以发现，R_{oos}^2 的公式中的分母没有做去均值（Demeaning）处理，作者认为虽然在指数或多空投资组合上对预测和历史收益率的均值进行比较是明智的，但是对单只股票的收益率去均值却存在缺陷，单只股票的历史收益率数据信噪比很低。将各个机器学习算法进行评估，其在测试集上的月收益率表现如图 8.3 所示。将所有样本的评估记为 All，每月市值最大的 1000 家公司和最小的 1000 家公司，分别记为 Top 1000 和 Bottom 1000。

	OLS +H	OLS-3 +H	PLS	PCR	ENet +H	GLM +H	RF	GBRT +H	NN1	NN2	NN3	NN4	NN5
All	−3.46	0.16	0.27	0.26	0.11	0.19	0.33	0.34	0.33	0.39	0.40	0.39	0.36
Top 1000	−11.28	0.31	−0.14	0.06	0.25	0.14	0.63	0.52	0.49	0.62	0.70	0.67	0.64
Bottom 1000	−1.30	0.17	0.42	0.34	0.20	0.30	0.35	0.32	0.38	0.46	0.45	0.47	0.42

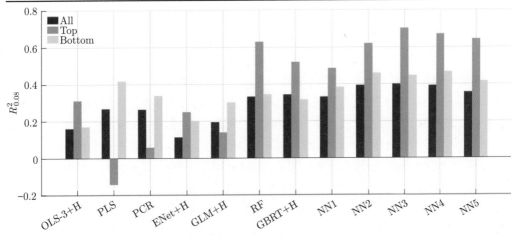

图 8.3　各个机器学习算法预测月收益率的表现[46]

简单来看，非线性模型（如 RF、GBRT、NN）的表现好于线性模型，这符合预期。各算法模型在大市值和小市值的样本上表现也不差，好于全部样本。这表明机器学习能在一定程度上解决流动性较低的小市值公司定价效率低的问题。年收益率的表现如图 8.4 所示。年收益率预测各个算法的表现几乎比月收益率的结果大一个量级，说明机器学习模型在年度经济周期上有更好的表现。

	OLS+H	OLS-3+H	PLS	PCR	ENet+H	GLM+H	RF	GBRT+H	NN1	NN2	NN3	NN4	NN5
All	−34.86	2.50	2.93	3.08	1.78	2.60	3.28	3.09	2.64	2.70	3.40	3.60	2.79
Top	−54.86	2.48	1.84	1.64	1.90	1.82	4.80	4.07	2.77	4.24	4.73	4.91	4.86
Bottom	−19.22	4.88	5.36	5.44	3.94	5.00	5.08	4.61	4.37	3.72	5.17	5.01	3.58

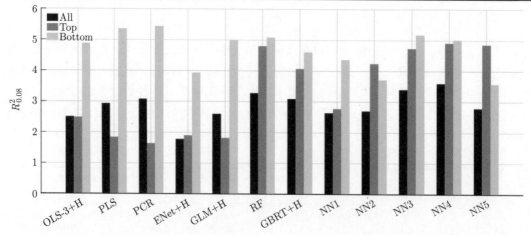

图 8.4　各个机器学习算法预测年收益率的表现[46]

在线性回归中，可以通过回归系数及其 t 检验直观地展示和解释因子的显著性和重要性。机器学习算法中也有描述特征重要性的方法，比如树模型中特征的划分次数、划分带来的总增益，在神经网络模型对单个特征的偏导数平方和。如图 8.5 所示，动量（mom1m，chmom，indmom，mom12m）因子表现出较高的重要性。文献 [46] 使用的公司级别因子如图 8.6 所示，另外 8 个宏观因子分别是：股息率（Dividend-Price Ratio，dp）、市盈率（Earnings-Price Ratio，ep）、账面市值比（Book-to-Market Ratio，bm）、净股本扩张（Net Equity Expansion，ntis）、国债利率（Treasury-Bill Rate，tbl）、期限利差（Term Spread，tms）、违约利差（Default Spread，dfy）和股票方差（Stock Variance，svar）。

这篇论文用实证的方法检验了机器学习在资产定价、收益率预测上的有效性，论述了从在股票时间序列数据中提取因子到使用机器学习进行收益率预测的流程，是机器学习在金融量化领域比较典型的应用案例。

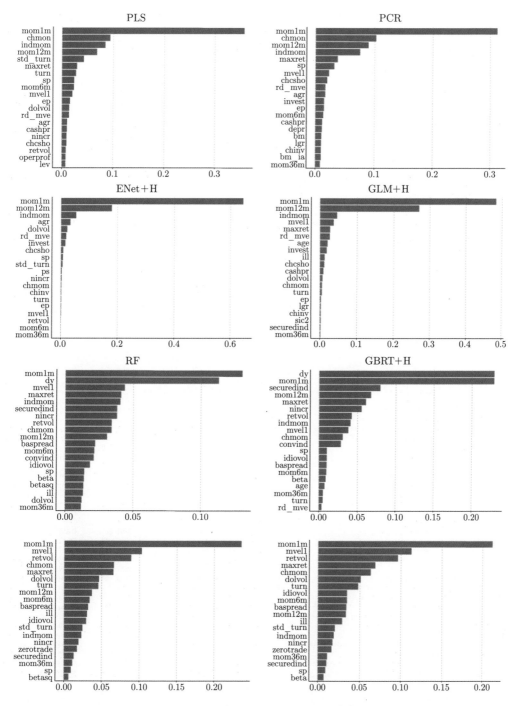

图 8.5 各模型输出的因子重要性[46]

No.	Acronym	Firm characteristic	Paper's author(s)	Year, Journal	Data Source	Frequency
1	absacc	Absolute accruals	Bandyopadhyay, Huang & Wirjanto	2010, WP	Compustat	Annual
2	acc	Working capital accruals	Sloan	1996, TAR	Compustat	Annual
3	aeavol	Abnormal earnings announcement volume	Lerman, Livnat & Mendenhall	2007, WP	Compustat+CRSP	Quarterly
4	age	# years since first Compustat coverage	Jiang, Lee & Zhang	2005, RAS	Compustat	Annual
5	agr	Asset growth	Cooper, Gulen & Schill	2008, JF	Compustat	Annual
6	baspread	Bid-ask spread	Amihud & Mendelson	1989, JF	CRSP	Monthly
7	beta	Beta	Fama & MacBeth	1973, JPE	CRSP	Monthly
8	betasq	Beta squared	Fama & MacBeth	1973, JPE	CRSP	Monthly
9	bm	Book-to-market	Rosenberg, Reid & Lanstein	1985, JPM	Compustat+CRSP	Annual
10	bm_ia	Industry-adjusted book to market	Asness, Porter & Stevens	2000, WP	Compustat+CRSP	Annual
11	cash	Cash holdings	Palazzo	2012, JFE	Compustat	Quarterly
12	cashdebt	Cash flow to debt	Ou & Penman	1989, JAE	Compustat	Annual
13	cashpr	Cash productivity	Chandrashekar & Rao	2009, WP	Compustat	Annual
14	cfp	Cash flow to price ratio	Desai, Rajgopal & Venkatachalam	2004, TAR	Compustat	Annual
15	cfp_ia	Industry-adjusted cash flow to price ratio	Asness, Porter & Stevens	2000, WP	Compustat	Annual
16	chatoia	Industry-adjusted change in asset turnover	Soliman	2008, TAR	Compustat	Annual
17	chcsho	Change in shares outstanding	Pontiff & Woodgate	2008, JF	Compustat	Annual
18	chempia	Industry-adjusted change in employees	Asness, Porter & Stevens	1994, WP	Compustat	Annual
19	chinv	Change in inventory	Thomas & Zhang	2002, RAS	Compustat	Annual
20	chmom	Change in 6-month momentum	Gettleman & Marks	2006, WP	CRSP	Monthly
21	chpmia	Industry-adjusted change in profit margin	Soliman	2008, TAR	Compustat	Annual
22	chtx	Change in tax expense	Thomas & Zhang	2011, JAR	Compustat	Quarterly
23	cinvest	Corporate investment	Titman, Wei & Xie	2004, JFQA	Compustat	Quarterly
24	convind	Convertible debt indicator	Valta	2016, JFQA	Compustat	Annual
25	currat	Current ratio	Ou & Penman	1989, JAE	Compustat	Annual
26	depr	Depreciation / PP&E	Holthausen & Larcker	1992, JAE	Compustat	Annual
27	divi	Dividend initiation	Michaely, Thaler & Womack	1995, JF	Compustat	Annual
28	divo	Dividend omission	Michaely, Thaler & Womack	1995, JF	Compustat	Annual
29	dolvol	Dollar trading volume	Chordia, Subrahmanyam & Anshuman	2001, JFE	CRSP	Monthly
30	dy	Dividend to price	Litzenberger & Ramaswamy	1982, JF	Compustat	Annual
31	ear	Earnings announcement return	Kishore, Brandt, Santa-Clara & Venkatachalam	2008, WP	Compustat+CRSP	Quarterly

No.	Acronym	Firm characteristic	Paper's author(s)	Year, Journal	Data Source	Frequency
32	egr	Growth in common shareholder equity	Richardson, Sloan, Soliman & Tuna	2005, JAE	Compustat	Annual
33	ep	Earnings to price	Basu	1977, JF	Compustat	Annual
34	gma	Gross profitability	Novy-Marx	2013, JFE	Compustat	Annual
35	grCAPX	Growth in capital expenditures	Anderson & Garcia-Feijoo	2006, JF	Compustat	Annual
36	grltnoa	Growth in long term net operating assets	Fairfield, Whisenant & Yohn	2003, TAR	Compustat	Annual
37	herf	Industry sales concentration	Hou & Robinson	2006, JF	Compustat	Annual
38	hire	Employee growth rate	Bazdresch, Belo & Lin	2014, JPE	Compustat	Annual
39	idiovol	Idiosyncratic return volatility	Ali, Hwang & Trombley	2003, JFE	CRSP	Monthly
40	ill	Illiquidity	Amihud	2002, JFM	CRSP	Monthly
41	indmom	Industry momentum	Moskowitz & Grinblatt	1999, JF	CRSP	Monthly
42	invest	Capital expenditures and inventory	Chen & Zhang	2010, JF	Compustat	Annual
43	lev	Leverage	Bhandari	1988, JF	Compustat	Annual
44	lgr	Growth in long-term debt	Richardson, Sloan, Soliman & Tuna	2005, JAE	Compustat	Annual
45	maxret	Maximum daily return	Bali, Cakici & Whitelaw	2011, JFE	CRSP	Monthly
46	mom12m	12-month momentum	Jegadeesh	1990, JF	CRSP	Monthly
47	mom1m	1-month momentum	Jegadeesh & Titman	1993, JF	CRSP	Monthly
48	mom36m	36-month momentum	Jegadeesh & Titman	1993, JF	CRSP	Monthly
49	mom6m	6-month momentum	Jegadeesh & Titman	1993, JF	CRSP	Monthly
50	ms	Financial statement score	Mohanram	2005, RAS	Compustat	Quarterly
51	mvel1	Size	Banz	1981, JFE	CRSP	Monthly
52	mve_ia	Industry-adjusted size	Asness, Porter & Stevens	2000, WP	Compustat	Annual
53	nincr	Number of earnings increases	Barth, Elliott & Finn	1999, JAR	Compustat	Quarterly
54	operprof	Operating profitability	Fama & French	2015, JFE	Compustat	Annual
55	orgcap	Organizational capital	Eisfeldt & Papanikolaou	2013, JF	Compustat	Annual
56	pchcapx_ia	Industry adjusted % change in capital expenditures	Abarbanell & Bushee	1998, TAR	Compustat	Annual
57	pchcurrat	% change in current ratio	Ou & Penman	1989, JAE	Compustat	Annual
58	pchdepr	% change in depreciation	Holthausen & Larcker	1992, JAE	Compustat	Annual
59	pchgm_pchsale	% change in gross margin - % change in sales	Abarbanell & Bushee	1998, TAR	Compustat	Annual
60	pchquick	% change in quick ratio	Ou & Penman	1989, JAE	Compustat	Annual
61	pchsale_pchinvt	% change in sales - % change in inventory	Abarbanell & Bushee	1998, TAR	Compustat	Annual
62	pchsale_pchrect	% change in sales - % change in A/R	Abarbanell & Bushee	1998, TAR	Compustat	Annual

No.	Acronym	Firm characteristic	Paper's author(s)	Year, Journal	Data Source	Frequency
63	pchsale_pchxsga	% change in sales - % change in SG&A	Abarbanell & Bushee	1998, TAR	Compustat	Annual
64	pchsaleinv	% change sales-to-inventory	Ou & Penman	1989, JAE	Compustat	Annual
65	pctacc	Percent accruals	Hafzalla, Lundholm & Van Winkle	2011, TAR	Compustat	Annual
66	pricedelay	Price delay	Hou & Moskowitz	2005, RFS	CRSP	Monthly
67	ps	Financial statements score	Piotroski	2000, JAR	Compustat	Annual
68	quick	Quick ratio	Ou & Penman	1989, JAE	Compustat	Annual
69	rd	R&D increase	Eberhart, Maxwell & Siddique	2004, JF	Compustat	Annual
70	rd_mve	R&D to market capitalization	Guo, Lev & Shi	2006, JBFA	Compustat	Annual
71	rd_sale	R&D to sales	Guo, Lev & Shi	2006, JBFA	Compustat	Annual
72	realestate	Real estate holdings	Tuzel	2010, RFS	Compustat	Annual
73	retvol	Return volatility	Ang, Hodrick, Xing & Zhang	2006, JF	CRSP	Monthly
74	roaq	Return on assets	Balakrishnan, Bartov & Faurel	2010, JAE	Compustat	Quarterly
75	roavol	Earnings volatility	Francis, LaFond, Olsson & Schipper	2004, TAR	Compustat	Quarterly
76	roeq	Return on equity	Hou, Xue & Zhang	2015, RFS	Compustat	Quarterly
77	roic	Return on invested capital	Brown & Rowe	2007, WP	Compustat	Annual
78	rsup	Revenue surprise	Kama	2009, JBFA	Compustat	Quarterly
79	salecash	Sales to cash	Ou & Penman	1989, JAE	Compustat	Annual
80	saleinv	Sales to inventory	Ou & Penman	1989, JAE	Compustat	Annual
81	salerec	Sales to receivables	Ou & Penman	1989, JAE	Compustat	Annual
82	secured	Secured debt	Valta	2016, JFQA	Compustat	Annual
83	securedind	Secured debt indicator	Valta	2016, JFQA	Compustat	Annual
84	sgr	Sales growth	Lakonishok, Shleifer & Vishny	1994, JF	Compustat	Annual
85	sin	Sin stocks	Hong & Kacperczyk	2009, JFE	Compustat	Annual
86	sp	Sales to price	Barbee, Mukherji, & Raines	1996, FAJ	Compustat	Annual
87	std_dolvol	Volatility of liquidity (dollar trading volume)	Chordia, Subrahmanyam & Anshuman	2001, JFE	CRSP	Monthly
88	std_turn	Volatility of liquidity (share turnover)	Chordia, Subrahmanyam, &Anshuman	2001, JFE	CRSP	Monthly
89	stdacc	Accrual volatility	Bandyopadhyay, Huang & Wirjanto	2010, WP	Compustat	Quarterly
90	stdcf	Cash flow volatility	Huang	2009, JEF	Compustat	Quarterly
91	tang	Debt capacity/firm tangibility	Almeida & Campello	2007, RFS	Compustat	Annual
92	tb	Tax income to book income	Lev & Nissim	2004, TAR	Compustat	Annual
93	turn	Share turnover	Datar, Naik & Radcliffe	1998, JFM	CRSP	Monthly
94	zerotrade	Zero trading days	Liu	2006, JFE	CRSP	Monthly

图 8.6 文献 [46] 使用的公司级别因子的简称、特征全称、来源作者、期刊、数据源和计算频率

8.4 资产配置

有效的大类资产配置是成功投资的关键。1986 年，Brinson、Hood、Beebower 等人对 91 家企业年金开展了长达 10 年的收益率归因分析，发现长期投资回报的主要决定因素是股票、债券和现金等不同资产之间的配置。这一观点强调了多样化和平衡投资的重要性，对投资和组合管理领域产生了深远的影响。资产配置策略的主要优点在于降低了整个组合的波动风险，提高了平均投资回报。当个别资产表现不佳时，投资组合中其他资产的表现可能抵消损失，从而降低总体风险。此外，由于各种资产可能具有不同的经济周期和市场反应，资产配置使得投资组合在经济环境变化和不确定性下更为稳健。

机器学习在资产配置上也有相关应用。例如，历史资产价格的形式为时间序列，机器学习时间序列预测技术有助于对资产进行风险预估，投资者可以动态调整资产配置策略。如果投资者预测未来一期为高波动时期，则可以通过减少风险暴露，达到控制风险的目的。不同资产的时间序列相关性也可以通过机器学习方法进行分析，比如设计一个风险平均分配的投资组合。

常见的传统资产配置策略有等权重资产配置法、等波动率资产配置法、最小方差资产配置法、风险平价资产配置法等。以最简单的等权重资产配置法为例，各类资产（如股票、债券、现金、商品、房地产等）在投资组合中的权重设定为平均分配，即为每种资产类型分配

相同的资金。随着时间变化，各类资产的价值会产生波动，需要定期对其进行调整。比如，最初买入了 50000 元 A 股和 50000 元美股，一年后，A 股下跌、美股上涨，持仓中 A 股的价值为 40000 元，美股价值为 60000 元，此时可以卖出部分美股并买入下跌的 A 股进行再平衡，使其价值的比例再次恢复到 1:1。

风险平价模型要求投资组合的总风险平均分配到各类资产上，追求不同类型资产的风险均衡。比如，以波动率来衡量风险，记 σ_p 为投资组合的波动率（总风险），$\boldsymbol{w} = (w_1, w_2, \cdots, w_n)$ 表示投资组合中 n 个子资产的权重向量，$\boldsymbol{\Sigma}$ 是子资产收益率的协方差矩阵。资产组合的预期风险与子资产之间关系的表达式为

$$\sigma_p = \sqrt{\boldsymbol{w}^{\mathrm{T}} \boldsymbol{\Sigma} \boldsymbol{w}}$$

将组合风险 σ_p 看作资产权重 $\boldsymbol{w}$ 的函数，定义子资产对资产组合的边际风险贡献（Marginal Risk Contribution，MRC）为 σ_p 对于子资产权重 w_i 的偏导数乘以权重 w_i，即

$$\mathrm{MRC}_i = w_i \frac{\partial \sigma_p(\boldsymbol{w})}{\partial w_i}$$

风险平价的优化目标为所有资产的风险贡献相等，即 $\forall_{ij}\mathrm{MRC}_i = \mathrm{MRC}_j = \frac{\sigma_p}{N}$。以二次函数为目标函数，风险平价模型可以表示为求解下面的问题：

$$\begin{cases} \min_{\boldsymbol{w}} \frac{1}{2} \sum_i \left(\mathrm{MRC}_i - \frac{\sigma_p}{N} \right)^2 \\ \text{s.t. } \sigma_p = \text{constant} \end{cases}$$

传统风险平价模型在资产分配权重时未充分考虑不同资产之间的相关性。机器学习中常见的降维方法主成分分析，可以将多个资产转化为少数几个互不相关的主成分，这些主成分能够反映原始资产的大部分信息，但是它们互不相关，可以达到分散风险的目的，这就衍生出了主成分风险平价模型[47, 48]。主成分风险平价模型从原资产出发，通过线性转换构建相互独立的主成分组合，并将其重新转换为原资产的投资权重。

定义 8.6 主成分分析

主成分分析（PCA）是一种统计方法，它使用正交变换将一组可能相关的变量转换为一组线性无关的变量，这些线性无关的变量被称为主成分。这种转换通常用于减少数据集的维度，同时保留数据集中的主要特征，这些特征通常是通过保留较高的方差来获得的。在 PCA 中，第一个主成分是原始数据中方差最大的方向，第二个主成分是与第一个主成分正交且具有次大方差的方向，以此类推。这样将数据转换到新的坐标系，使得新的坐标系的基向量是数据的主成分，从而实现数据的降维。

输入：样本集 $D = \{\boldsymbol{x}_1, \boldsymbol{x}_2, \cdots, \boldsymbol{x}_m\}$；低维空间维数 d'。

过程:

1. 对所有样本进行中心化: $\boldsymbol{x}_i \leftarrow \boldsymbol{x}_i - \dfrac{1}{m}\sum_{i=1}^{m}\boldsymbol{x}_i$;

2. 计算样本的协方差矩阵 $\boldsymbol{X}\boldsymbol{X}^{\mathrm{T}}$;

3. 对协方差矩阵 $\boldsymbol{X}\boldsymbol{X}^{\mathrm{T}}$ 做特征值分解;

4. 取最大的 d' 个特征值所对应的特征向量 $\boldsymbol{w}_1, \boldsymbol{w}_2, \cdots, \boldsymbol{w}_{d'}$。

输出: 投影矩阵 $\boldsymbol{W} = (\boldsymbol{w}_1, \boldsymbol{w}_2, \cdots, \boldsymbol{w}_{d'})$。

假设有 N 个资产,每个资产的收益率都为一个时间序列 r,所有资产的收益率为 $\boldsymbol{R} = [r_1, r_2, \cdots, r_N]^{\mathrm{T}}$。可以计算 N 个资产收益率的协方差矩阵 $\boldsymbol{\Sigma}$。由于协方差矩阵具有对称性,可以将协方差矩阵 $\boldsymbol{\Sigma}$ 分解为 N 个正交的特征向量:

$$\boldsymbol{\Sigma} = \boldsymbol{E}\boldsymbol{\Lambda}\boldsymbol{E}^{\mathrm{T}}$$

其中,$\boldsymbol{\Lambda} = \mathrm{diag}(\lambda_1, \lambda_2, \cdots, \lambda_N)$ 为由 $\boldsymbol{\Sigma}$ 的特征值构成的对角矩阵,且 $\lambda_1 \geqslant \lambda_2 \geqslant \cdots \geqslant \lambda_N$。$\boldsymbol{E}$ 为特征向量矩阵,且 $\boldsymbol{E}$ 为正交矩阵。特征向量可以构成 N 个正交的投资组合,称为主成分因子,这些主成分因子也由原有资产构成,每个主成分因子的收益率和原有收益率 $\boldsymbol{R}$ 的关系为 $\boldsymbol{R}_{\mathrm{PC}} = \boldsymbol{E}^{\mathrm{T}}\boldsymbol{R}$。假设所有资产的权重构成权重向量 $\boldsymbol{w}$,则主成分因子的权重向量为 $\boldsymbol{w}_{\mathrm{PC}} = \boldsymbol{E}^{\mathrm{T}}\boldsymbol{w}$。

PCA 将数据转换到新的线性无关的坐标系上,这些坐标系被称为主成分或特征向量,特征值 λ_i 即为对应特征向量方向上包含的信息,这里就是单个投资组合在对应特征向量上的方差。这些主成分能反映原始资产包含的大部分信息,且两两线性无关。

8.5 波动率预测

波动率(Volatility)是用于度量金融市场中证券价格或市场指数变化幅度的统计指标,通常表示为标准差或平均绝对偏差。波动率反映了证券价格或市场指数的不稳定性,用于衡量在特定时期内价格的变动程度。高波动率表示价格波动较大,风险更高;低波动率表示价格变动相对较小,风险相对较低。图 8.7 所示为美国标普 500 指数和 VIX 指数近 10 年的价格表现,VIX 跟踪的是标普 500 指数的成分股的期权波动性。波动率通常呈现以下特点。

1. 波动率聚集性,即高波动率和低波动率在短期内倾向于持续,这有助于基于历史波动率数据预测未来波动率。

2. 同期波动率与收益之间存在负相关关系,也就是说当市场急剧下跌时,市场的波动更大,因此可以通过预测波动率来预测收益。如图 8.7 所示,在 2008 年金融危机和 2020 年新冠疫情导致股价下跌时,波动率指数急剧升高。

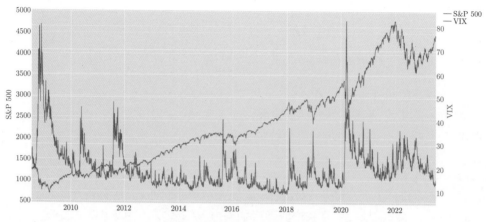

图 8.7   标普 500 指数和 VIX 指数近 10 年的表现

投资者希望依据预期的风险水平来调整投资组合，降低风险敞口，达到稳健投资的目的，所以衍生出了基于波动率的目标策略（Volatility Targeting），其核心思想在于在资产波动率较低时加大投资比例，反之，在资产波动率较高时减小投资比例。通过这种策略，投资者可以将经调整后的投资组合波动率维持在预设的目标水平内。不同时间截面上的波动率组成了时间序列数据，所以波动率预测是一种时间序列预测问题。

传统的用于预测波动率的方法有指数加权移动平均、HAR（Heterogeneous Autoregressive）和 GARCH（Generalized AutoRegressive Conditional Heteroskedasticity）等。随着机器学习、深度学习技术的发展，有不少学者使用 RNN、LSTM、CNN 等方法来预测波动率，也取得了不错的效果。Rodikov 等人在论文 "Can LSTM outperform volatility-econometric models?" [49] 中比较了 LSTM、EWMA、HAR 和 GARCH 等模型，并使用不同市场的数据，如指数、个股和加密货币的价格和波动率数据作为模型的输入；使用 MSE、RMSE、MAE、MAPE、DM 检验和风险价值（Value at Risk）等衡量模型效果。LSTM 的输入是从时刻 $t-n$ 到 $t-1$ 的波动率序列，目标变量是时刻 t 的波动率。文献 [49] 的不足之处是只进行了单步预测，没有开展多步预测的实验。在训练集和验证集上，对窗口大小、激活函数、优化器等超参数进行优化。通过 MSE 和 MAE 优化 EWMA 和 HAR-RV 模型的参数，通过信息准则优化 GARCH 模型的参数。

定义 8.7 DM 检验

Diebold-Mariano（DM）检验是一种用于比较两种预测方法的准确性的统计检验，它由 Diebold 和 Mariano 于 1995 年提出。DM 检验的核心思想是对两个预测误差序列的差异进行假设检验。如果检验的结果是统计显著的，那么两种预测方法在准确性方面的差别具有统计意义。其计算步骤如下。

1. 获取两种预测方法的预测误差，可以用 MAE 或 MSE。预测误差是实际值与预测值之间的差异，如 $\text{MSE}_1 = (0.1, 0.2, \cdots, 0.5)$，$\text{MSE}_2 = (0.3, 0.3, \cdots, 0)$。

2. 计算预测误差序列之间的差异序列，$\text{Diff} = \text{MSE}_1 - \text{MSE}_2$。

3. 计算 DM 统计量：

$$\text{DM} = (\mu_{\text{diff}})/(\sigma_{\text{diff}})$$

其中，μ_{diff} 是差异序列 Diff 的平均值，σ_{diff} 是差异序列 Diff 的标准误差。

4. 对 DM 统计量进行假设检验。在大样本情况下，DM 统计量服从标准正态分布，这意味着如果 DM 统计量的绝对值大于某一置信程度下的临界值（如 1.96，对应 5% 的显著性水平），则可以拒绝原假设（两个模型没有显著差异），认为两种预测方法具有显著差异。

实验结果表明，经过超参数调节的 LSTM 模型在大部分实验中都有优于传统模型的表现。窗口长度是一个比较关键的参数，经过优化得出的结论是，窗口长度为 5 到 12 是比较好的选择。相比于 HAR、EWMA 等模型，LSTM 的缺点是过程黑盒，不利于解释数据中存在的关系。此外，该实验只使用波动率或价格作为模型的输入，神经网络输入具有灵活性，还可以使用外部数据与波动率数据结合。例如，Xiong 等人在论文 "Deep Learning Stock Volatility with Google Domestic Trends" [50] 中使用谷歌搜索指数[51] 作为模型的输入，谷歌搜索指数和股市波动率密切相关，可以反映投资者的情绪，有助于提高预测精度。互联网上大量的文本信息，如投资者的评论等，反映了投资者的情绪指标，也可以通过文本模型输出情绪指标用于辅助波动率预测。总而言之，机器学习的灵活性和拟合能力为波动率预测、资产定价和资产配置提供了新的研究思路。

8.6 小结

本章首先介绍了量化交易的概念和发展历程，接着结合实例介绍了机器学习在因子挖掘、资产定价和资产配置等金融量化领域的应用。因子挖掘好比机器学习中的特征工程。在均线交易策略示例中，展示了如何从时间序列数据中提取特征并转化为交易策略。同时，本章介绍了常见的因子，如规模因子、价值因子、动量因子和质量因子等，还通过实证分析探讨了 A 股市场的价值因子是否为一个有效因子。在资产定价部分，介绍了资产定价问题的背景和意义，以及传统资产定价模型（如 CAPM 和 Fama-French 三因子模型）等。随后通过一个实例展示了机器学习在资产定价问题上的应用，在资产配置部分介绍了传统资产配置策略，并探讨了机器学习中常见的降维方法 PCA 在资产配置中的应用——主成分风险平价模型，还介绍了一些基于机器学习的波动率预测方法，如 LSTM 模型在波动率预测上的应用。总之，机器学习的灵活性和拟合能力为处理金融领域的问题提供了新的研究思路和解决方案。

参 考 文 献

[1] MITCHELL T M. Machine learning[M]. New York: McGraw-Hill Education, 1997.

[2] 周志华. 机器学习 [M]. 北京: 清华大学出版社, 2016.

[3] ZAREMBA W, SUTSKEVER I, VINYALS O. Recurrent neural network regularization[J]. arXiv, 2014.

[4] HOCHREITER S, SCHMIDHUBER J. Long short-term memory[J]. Neural Computation, 1997, 9(8): 1735-1780.

[5] ARDABILI S F, MOSAVI A, GHAMISI P, et al. Covid-19 outbreak prediction with machine learning[J/OL]. medRxiv, 2020. DOI: 10.1101/2020.04.17.20070094.

[6] SOMALWAR A. Forecasting american covid-19 cases and deaths through machine learning[J/OL]. medRxiv, 2020. DOI: 10.1101/2020.08.13.20174631.

[7] CHRIST M, KEMPA-LIEHR A W, FEINDT M. Distributed and parallel time series feature extraction for industrial big data applications[J]. arXiv preprint arXiv:1610.07717, 2016.

[8] CHRIST M, BRAUN N, NEUFFER J, et al. Time series feature extraction on basis of scalable hypothesis tests (tsfresh–a python package)[J]. Neurocomputing, 2018, 307: 72-77.

[9] LIU D, ZHAO Y, XU H, et al. Opprentice: Towards practical and automatic anomaly detection through machine learning[C]//Proceedings of the 2015 internet measurement conference. [S.l.: s.n.], 2015: 211-224.

[10] TEH H Y, KEVIN I, WANG K, et al. Expect the unexpected: unsupervised feature selection for automated sensor anomaly detection[J]. IEEE Sensors Journal, 2021, 21(16): 18033-18046.

[11] ZHANG R, DONG S D, NIE X, et al. Feedforward neural network for time series anomaly detection[J].arXiv:1812.08389 ,2018.

[12] TAYLOR, SEAN, J., et al. Forecasting at scale[J]. American Statistician, 2018.

[13] SHOEYBI M, PATWARY M, PURI R, et al. Megatron-lm: Training multi-billion parameter language models using model parallelism[Z]. [S.l.: s.n.], 2020.

[14] VASWANI A, SHAZEER N, PARMAR N, et al. Attention is all you need[J]. arXiv, 2017.

[15] WU N, GREEN B, BEN X, et al. Deep transformer models for time series forecasting: The influenza prevalence case[J]. arXiv preprint arXiv:2001.08317, 2020.

[16] ZHOU H, ZHANG S, PENG J, et al. Informer: Beyond efficient transformer for long sequence time-series forecasting[J]. Proceedings of the AAAI Conference on Artificial Intelligence, 2021, 35(12): 11106-11115.

[17] WU H, XU J, WANG J, et al. Autoformer: Decomposition transformers with auto-correlation for long-term series forecasting[J]. 2021.

[18] LIU P, CHEN Y, NIE X, et al. Fluxrank: A widely-deployable framework to automatically localizing root cause machines for software service failure mitigation[C]//2019 IEEE 30th International Symposium on Software Reliability Engineering (ISSRE). [S.l.: s.n.], 2019.

[19] AN J, CHO S. Variational autoencoder based anomaly detection using reconstruction probability[J]. Computer Science, 2015.

[20] XU H, FENG Y, CHEN J, et al. Unsupervised anomaly detection via variational auto-encoder for seasonal kpis in web applications[J]. 2018: 187-196.

[21] REZENDE D J , MOHMMAMED S , WIERSTRA D. Stochastic backpropagation and approximate inference in deep generative models[J]. 2013.

[22] FEI T L, KAI M T, ZHOU Z H. Isolation forest[C]//IEEE International Conference on Data Mining. [S.l.: s.n.], 2008.

[23] PREISS B R. Data structures and algorithms with object-oriented design patterns in java[C]//John Wiley & Sons, Inc. [S.l.: s.n.], 1999.

[24] GUHA S, MISHRA N, ROY G, et al. Robust random cut forest based anomaly detection on streams[C]// International Conference on International Conference on Machine Learning. [S.l.: s.n.], 2016.

[25] ZHOU Z H. A brief introduction to weakly supervised learning[J]. National Science Review, 2017(1): 1.

[26] WANG Y, WANG Z, XIE Z, et al. Practical and white-box anomaly detection through unsupervised and active learning[C]//2020 29th International Conference on Computer Communications and Networks (ICCCN). [S.l.: s.n.], 2020.

[27] HUANG T, CHEN P, LI R. A semi-supervised vae based active anomaly detection framework in multi-variate time series for online systems[C]//WWW ' 22: Proceedings of the ACM Web Conference 2022. [S.l.: s.n.], 2022: 1797-1806.

[28] LIAO T. Clustering of time series data - a survey[J]. Pattern Recognit., 2005, 38: 1857-1874.

[29] AGHABOZORGI S, SHIRKHORSHIDI A S, WAH T Y. Time-series clustering - a decade review[J]. Inf. Syst., 2015, 53: 16-38.

[30] PEREIRA C M M, MELLO R. Ts-stream: clustering time series on data streams[J]. Journal of Intelligent Information Systems, 2014, 42: 531-566.

[31] ALI M, ALQAHTANI A, JONES M W, et al. Clustering and classification for time series data in visual analytics: A survey[J]. IEEE Access, 2019, 7: 181314-181338.

[32] RANI S, SIKKA G. Recent techniques of clustering of time series data: A survey[J]. International Journal of Computer Applications, 2012, 52: 1-9.

[33] BHAGWAN R, KUMAR R, RAMJEE R, et al. Adtributor: Revenue debugging in advertising systems[C]//11th USENIX Symposium on Networked Systems Design and Implementation (NSDI 14). [S.l.: s.n.], 2014: 43-55.

[34] LIU D, ZHAO Y, SUI K, et al. Focus: Shedding light on the high search response time in the wild[C]// IEEE INFOCOM 2016-The 35th Annual IEEE International Conference on Computer Communications. [S.l.]: IEEE, 2016: 1-9.

[35] ZHAO N, ZHU J, WANG Y, et al. Automatic and generic periodicity adaptation for kpi anomaly detection[J/OL]. IEEE Transactions on Network and Service Management, 2019, 16(3): 1170-1183. DOI: 10.1109/TNSM.2019.2919327.

[36] SUN Y, ZHAO Y, SU Y, et al. Hotspot: Anomaly localization for additive kpis with multi-dimensional attributes[J]. IEEE Access, 2018, 6: 10909-10923.

[37] SU Y, ZHAO Y, XIA W, et al. Coflux: Robustly correlating kpis by fluctuations for service troubleshooting[C/OL]//2019 IEEE/ACM 27th International Symposium on Quality of Service (IWQoS). 2019: 1-10. DOI: 10.1145/3326285.3329048.

[38] XIULI W, MO H, JIANMING Z, 等. 基于报警原因的聚类分析方法 [J]. 计算机科学, 2010, 37(4): 67-70.

[39] JULISCH K. Clustering intrusion detection alarms to support root cause analysis[J]. ACM Transactions on Information and System Security, 2003, 6(4): 443-471.

[40] PERDISCI R, GIACINTO G, ROLI F. Alarm clustering for intrusion detection systems in computer networks[J]. Engineering Applications of Artificial Intelligence, 2006, 19(4): 429-438.

[41] GROBYS K, KOLARI J W, NIANG J. Man versus machine: on artificial intelligence and hedge funds performance[J]. Applied Economics, 2022, 54(40): 4632-4646.

[42] 石川, 刘洋溢, 连祥斌. 因子投资：方法与实践 [M]. 北京: 电子工业出版社, 2020.

[43] BANZ R W. The relationship between return and market value of common stocks[J]. Journal of Financial Economics, 1981, 9(1): 3-18.

[44] 吴辉航, 魏行空, 张晓燕. 机器学习与资产定价 [M]. 北京: 清华大学出版社, 2022.

[45] 许杰, 祝玉坤, 邢春晓. 机器学习在金融资产定价中的应用研究综述 [J]. 计算机科学, 2022(049-006).

[46] GU S, KELLY B, XIU D. Empirical asset pricing via machine learning[J]. Review of Financial Studies, 2020, 33.

[47] PARTOVI M H, CAPUTO M. Principal portfolios: Recasting the efficient frontier[J]. Economics Bulletin, 2004, 7.

[48] AVELLANEDA M, LEE J H. Statistical arbitrage in the u.s. equities market[J]. Social Science Electronic Publishing.

[49] RODIKOV G, ANTULOV-FANTULIN N. Can lstm outperform volatility-econometric models?[J]. arXiv e-prints, 2022.

[50] XIONG R, NICHOLS E P, SHEN Y. Deep learning stock volatility with google domestic trends[J]. arXiv preprint arXiv:1512.04916, 2015.

[51] SEO M, LEE S, KIM G. Forecasting the volatility of stock market index using the hybrid models with google domestic trends[J]. Fluctuation and Noise Letters, 2019, 18(01).